U0652364

侯典牧 编著

女性心理学

Nüxing Xinlixue

北京师范大学出版集团
BEIJING NORMAL UNIVERSITY PUBLISHING GROUP
北京师范大学出版社

图书在版编目(CIP)数据

女性心理学/侯典牧编著. —北京：北京师范大学出版社，2018.2(2023.7重印)

(女性教育·影响力丛书)

ISBN 978-7-303-22709-9

Ⅰ.①女…　Ⅱ.①侯…　Ⅲ.①女性心理学　Ⅳ.①B844.5

中国版本图书馆 CIP 数据核字(2017)第 209742 号

教　材　意　见　反　馈　**gaozhifk@ bnupg. com　010-58805079**
营　销　中　心　电　话　010-58802755　58800035
北师大出版社教师教育分社微信公众号　京师教师教育

出版发行：北京师范大学出版社　www. bnupg.com
　　　　　北京市西城区新街口外大街 12-3 号
　　　　　邮政编码：100088
印　　刷：天津旭非印刷有限公司
经　　销：全国新华书店
开　　本：730 mm×980 mm　1/16
印　　张：16
字　　数：265 千字
版　　次：2017 年 9 月第 1 版
印　　次：2023 年 7 月第 3 次印刷
定　　价：34.00 元

策划编辑：王剑虹　　　　　　责任编辑：鲍红玉
美术编辑：陈　涛　焦　丽　　装帧设计：陈　涛　焦　丽
责任校对：陈　民　　　　　　责任印制：马　洁

前　言

　　女人的自然本质有多少不如男人的地方，就有多少优越于男人的地方。

——柏拉图

　　在写《女性心理学》这本书之前，首先要确定从何视角来写。因为视角决定了整本书写作的基调，视角决定了一位作者写作的基本立场。目前出版的女性心理学书基本都是女性学者写的，大多从女性主义的角度进行阐述。作为长期工作在女子学院的男士，基于对心理学学科性质的认知，深感女性心理学与女性学性质是不一样的。女性学从其诞生之日起便呈现出浓厚的政治色彩。建立女性学的任务之一就是认识、分析和揭示女性遭受性别歧视、处于从属地位的根本原因，为女性主义运动提供思想理论工具。因此，女性学具有很强的政治色彩。而女性心理学则不然，它属于心理学的范畴，而心理学属于科学。心理学重视用实验法进行研究，重视学科知识内容的科学实验依据。因此，该书以习近平新时代中国特色社会主义思想为指导，坚持科学的态度阐述女性心理。

　　在设计该书结构时，我增设了其他女性心理学教材中没有的"女性心理倾向的进化心理学阐述"这一章。其实，我在是否涉及这一方面的内容时是比较犹豫的，因为这会激起女性主义者的不满和反对。女性主义者不愿承认进化生物学造就了我们某些男女性别方面的差异，因为按这样的逻辑，就不利于其控制自己的命运。但是，我们承认生物进化对我们男女差异的影响，并不反对社会文明发展进化对构建和谐、平等两性关系的作用和意义。另外，这是在写女性心理学而不是写女性学，因此，我感觉有必要把近年来进化心理学在解释男女两性差异方面的研究结果做一简单介绍，这可帮助我们从"源头"理解男女某些心理行为方面的差异。

罗伊·F. 鲍迈斯特在其著作《部落动物》中提出了一种新的性别理论，即"两性的差异主要源自权衡。如果男人在某些方面有优势，那么，他们在另一些方面可能就有劣势，反之亦然"。他认为在我们的文化中，男人与女人是互补的，他们相互影响、相互融合，不是对立的阵营。正如柏拉图所言："女人的自然本质有多少不如男人的地方，就有多少优越于男人的地方。"同时，近年进化心理学的发展使我们认识到，由于进化造成的男女生理、心理上的差异，使得男女难以存在绝对意义上的平等。一个成功的文化应该很好地运用男人和女人各自的优势，取长补短，和谐共处。因此，本书也将从性别和谐的视角进行阐述。

本书的读者主要定位于女性，主要目的是让广大女性通过了解自身性别的基本心理规律，从而为其更好地适应复杂的社会生活，为营造一个健康、幸福、成功的人生提供有效的指导。因此，该书所选内容主要基于女性生理、生活与发展所需的心理知识。

"不识庐山真面目，只缘身在此山中。"一个人在系统内，很难全面看清本系统内的事情。女性写女性心理学有更多的优势，但一定程度上会受到"庐山中"的限制。本书作为一位长期工作在中华女子学院的男性学者撰写的女性心理学书，希望给女性心理学学习者一个更全面的视角，但也难以排除另一种"限制"。

本书的撰写得到了北京师范大学出版社和中华女子学院管理学院院长张丽琍教授的大力支持。本书在编写过程中参考了大量的心理学、女性心理学方面的文献资料，吸取了其中的一些新的研究成果，在此一并表示感谢！同时，由于本人水平所限，书中不妥之处，敬请广大读者和学术同人批评指正。

本书体现了国家对教育的基本要求，既可作为大学本科生的女性心理学教材，也可作为女性学研究者、为女性服务的政府部门、企事业单位的工作人员和女性心理学爱好者的参考用书。

侯典牧

2023 年 6 月于北京

目　录

第八章　女性的婚姻与家庭心理 /167

第一章 女性心理学概述

女人就像一把竖琴，它仅仅向懂得如何弹拨它的艺术师吐露美妙曲调中的奥秘。

——巴尔扎克

【学习目标】

1. 理解性与性别的内涵。
2. 了解女性心理学的产生。
3. 理解两性表现差异的影响因素。
4. 领会女性心理学的研究视角。

第一节 性别与女性心理学

一、性与性别

性（sex）即生理性别，是生物学术语，指的是按照基因和性器官的不同将有机体分为雄性和雌性。性别（gender）指社会性别，是带有心理学意义和文化意义的概念，是一种社会标签，用来说明文化赋予每一性别的特征和个体给自己安排的与性有关的特质。"sex differences"用来描述非人动物两性个体的差异；"gender differences"用来描述人类男女两性的差异。①

二、性分化与性激素

性是心理形成和发展的物质基础和生物前提，为心理发展提供了潜在的可

---

① ［美］Claire A. Etaugh & Judith S. Bridges. 女性心理学［M］. 苏彦捷，等译. 北京：北京大学出版社，2003：1.

能性。性分化(sex differentiation)是指在性别决定的基础上，进行男性和女性性状分化和发育的过程。人的染色体共 46 条、23 对，其中 22 对为常染色体，1 对为性染色体，女性为 XX，男性为 XY。性染色体携带着生命所必需的影响性决定和男女分化的基因。由于性染色体的差别，决定了激素性别及内外生殖器官的区别，也就是说性染色体的差别控制着性分化的方向。正常的性分化虽然在卵细胞受精时，性染色体的核型已经决定了性别，但是在胚胎发育的第 6～7 周(也有说是第 5 周)时，在解剖学及生理学上仍不能区分性别，这是因为主性器官(性腺)尚未分化成男性或女性。生殖器官与泌尿器官均源于胚胎的中胚层，分化出生殖腺嵴(原始性腺)、中肾管(午非管)及副中肾管(苗勒管)。

如果早期性腺分化为睾丸，则中肾管保留并发育为男性生殖系统；如果原始性腺发育为卵巢，则副中肾管发育形成女性生殖系统。正如 J. 莫尼所指出："胚胎的本质首先是发育为女性，因为形成女性生殖结构，不需要胚胎性腺释放激素。"也就是说男性及女性的生殖器官在胚胎上是同源的，只是由于性染色体决定的原始性腺分化，才使它们分化为男性和女性的生殖系统。

总之，人类的两性是由遗传所致的第 23 对染色体的不同所决定的。而两性的进一步分化，则是在性激素的作用下实现的。在性激素的作用下，两性发展出特定的身体结构、功能，甚至发展出特定的行为。性激素的作用始于胚胎期，在青春期以后迅速增加，对个体发育成为具有全部性特征的男性与女性至关重要。大约在胚胎发育的第 8 周后，内部无区别的生殖器官按照 Y 染色体是否出现而发展成相应的睾丸或卵巢。男性睾丸和女性卵巢是与性有关的腺体，均被称为性腺。它们形成后便产生雄性或雌性激素，使胎儿进一步分化。除了性腺之外，人的大脑垂体也分泌影响生殖器官和性行为的激素，但它对两性分化所起的作用不是直接的，而是通过调节性腺间接实现的。

在整个哺乳动物中，使个体雄性化最重要的睾丸激素是睾酮。而胎儿卵巢分泌不多的雌性激素在性的分化中似乎只起很小的作用。因为切除卵巢并没有明显地影响雌性个体的发育；然而切除睾丸或在雄性发育的适当时机采用药物阻断雄性激素的分泌，原本应发育成长的雄性哺乳动物会完全发育为雌性外表。

当人类胚胎长到两三个月时，如果出现睾酮，在这种雄性激素的作用下，男性外部生殖器官(尿道管、阴囊、阴茎)和附属管道(储精囊、输精管、射精管)发展起来，女性管道退化；如果没有睾酮的作用，则女性性器官(小阴唇、大阴唇、阴蒂、子宫、输卵管、阴道)得到发展，而雄性系统退化。

除了在胎儿期性激素对两性分化具有巨大作用之外，青春期是性激素对性分化作用的又一明显时期。应该说，从出生到 8 岁这段时间里，性激素的分泌是非常少的，对性别差异的贡献不大。而进入青春期以后，两性激素的分泌量都开始增加：其中男性比女性有规律而且连续不断地分泌更多的雄性激素；而女性则周期性地分泌雌激素和黄体酮。此时性激素的作用是发展两性的第二性征，在这一时期男性开始出现雄性特质，如声带增厚、喉结出现、长出胡须；而女性胸部发育、脂肪丰厚并开始出现月经周期，形成典型的雌性特征。至此，男女两性生理上的性特征得到了充分的发展，发育成了成熟的男性与女性。

性激素除了影响人的生理结构发育成长之外，对人类的行为模式也有着不同程度的影响。动物实验表明，睾丸激素与攻击性行为和雄性性行为密切相关。有研究认为男性与女性性情的不同，如男性较暴躁、女性较温和，可用其躯体内部的不同性激素分泌的情况加以解释。此外，女性性激素水平在月经周期的波动与女性在此周期的情绪波动的关联，也表明性激素水平对两性行为存在着不可忽视的影响。

当然，两性不同的性激素可能是男女某些行为差异的基础，但这种生物因素只是当环境为之提供条件时才能对人的行为造成影响，性激素和社会环境是在相互作用中决定人的行为的。

三、性别同一性与性别角色

(一)性别同一性

性别同一性是指人们对自己性别的意识和体验，是人们对自己性别身份的确认，反映着人们对自己性别的归类。

性别同一性某种意义上讲是性别形成的核心和关键。性别同一性不是遗传和生理结构自然决定的，而是社会环境与父母对性别的确认及抚养方式决定的，取决于后天的教养。社会环境和抚养方式对性别同一性的决定性必须符合一定条件：①性别必须在儿童生活早期(18 个月至 3 岁)得到确认；②父母对儿童性别确认迟疑含糊会导致性别分化的不完善。

性别同一性一旦形成就难以改变。性别同一性的不同决定两性行为、人格等方面的差异，生物学的两性差异只是一个必要的前提，而社会环境与父母对性别的确认及抚养方式似乎在决定两性行为、人格等方面的差异上起的作用更大。

(二)性别角色

角色是人们的社会地位和身份的外在表现；是对人们权利和义务的规范，以及相应的行为模式；是人们对处于特定社会地位上的人的行为期待；是社会群体或社会组织和谐有序相处的基础。性别角色(gender roles)是社会按照性的分类赋予个人在社会关系中的特定位置和与之相关联的行为模式。Gilbert认为性别角色是指存在于特定历史或文化情境中的对两性分工的规范性期望和社会互动中与性别相关的规则。性别角色的社会化是指个体逐渐形成社会对不同性别的期望、规范和与之相符的行为过程。社会学习论(Social Learning Theory)指出，社会环境对塑造及强化学习者的性别角色有重大影响，例如，学习者会观察、模仿身边的角色模范(models)而形成对性别的理解(Mischel，1966，1993)[1]，班杜拉(Bandura，1986)[2]更清楚地指出这些影响学习者的角色模范包括在家庭、学校、朋辈、书本及传媒中的角色模范。

心理学家把人的性别角色分为了男性化、女性化、双性化和未分化四类。按照心理学的理论，每个人都可以是双性化的。所谓"双性化"，是指一个人兼有男性化与女性化的气质。双性化者并非"变态"，相反，众多研究表明，双性化者兼有男性和女性较为优良的品质，往往具有更强的社会适应能力。

与性别角色相关的概念还有社会角色和性别角色冲突。社会角色是个人在社会关系中的特定位置和与之相关联的行为模式，它反映了社会赋予个人的身份与责任。性别角色冲突包括角色内冲突与角色间冲突。角色内冲突(intra-role conflict)是指个体承担的同一角色中的不同方面的需要与期望之间产生冲突，而引起的心理困境。角色间冲突(interrole conflict)是指个体承担的两个或多个社会角色之间，出现的社会需要与期望之间的矛盾，而引起的心理困境。

---

① Theodore Mischel，Maurice Mandelbaum. Philosophy，Science and Senseperception：Historical and Critical Studies [J]. Journal of the History of the Behavioral Sciences，1966：96—98.

② Bandura，A. Social Foundations of Thought and Action：A Social Cognitive Theory [M]. Englewood Cliffs，1986，NJ：Prentice-Hall.

四、女性心理学的产生

美国女权运动有两个浪潮。第一次是 20 世纪 20 年代左右，当时的女权斗争主要是反抗制度性歧视，争取普选权、同工同酬、受教育权、婚姻自由权等。1919 年宪法第 19 条修正案授予女性投票权。第二次浪潮是 20 世纪 60 年代到 80 年代左右，主要是追求男女在社会经济上的平等，反抗那些"不成文的性别歧视"，第二次浪潮成果模棱两可的较多。女权运动使女性与性别成为关注的主题，心理学领域也开始自省他们对女性的认识中是否存在固有的思维定式或刻板印象。

心理学家发现，女性确实被许多研究忽略了。而且，与女性相关的理论都是以男性为标准建立的，女性的行为被解释为男性标准的一种偏离。通常对女性的刻板印象不被质疑，而且被当作对女性行为的准确刻画。性别比较的早期研究主要集中在性别差异上，并经常受性别偏见的影响；性别差异往往被归因于生物性差异，而非社会文化的影响。

心理学家认识到，大部分关于女性与性别的心理学知识是以男性为中心的，他们开始反思心理学的概念和方法，着手开创一种新的以女性为学科对象的研究。

心理学中的女性研究者是促成这一转变的决定性力量。20 世纪 70 年代，女性心理学作为心理学领域的一个分支学科得到承认，美国的全国性心理学权威组织——美国心理学会，于 1973 年成立第 35 分支机构——女性心理学分支，标志着女性心理学正式走上心理学的历史舞台。

五、女性心理学的界定

美国心理学家珍尼特·希伯雷·海登和 B. G. 罗森伯格认为女性心理学就是"说明男女两性的心理什么时候相同，什么时候相异，告诉人什么是女性心理。"日本心理学家服部正认为女性心理学就是要"在充分吸收性差异心理学的基础上，重新紧紧扣住并重新探索女性的心理本质。"美国妇女心理学家玛莎·迈尼克认为，女性心理学是"在一定时间内研究团体内妇女体验的变化"。

总之，不跟男性比较，单纯研究女性心理是很难使人认识清楚女性心理的；而如果没有差别的介绍两性心理，那就是性别心理学（psychology of gender），不是女性心理学。另外，心理学是一门科学，如果站在女性主义的角度研究女性心理学，那就是有政治倾向的女性主义心理学（feminist psychology），不科学。

因此，女性心理学是在两性比较的基础上，研究女性心理活动及其规律的心理科学。之所以称为科学，是因为女性心理学研究的目的是更好地让女性了解自身的心理活动的客观规律，以便科学地指导自我实践，从而使广大女性工作更有成效，生活更加幸福。

六、女性心理学的研究内容

女性心理学研究的对象是女性的心理特征和心理活动规律。女性心理学这门课程的学习对象主要是女性（当然也不排除男性），因此，其知识内容也主要是为女性服务的，用来指导女性的成长、发展。女性心理学研究的主要内容包括以下几方面。

（一）性别差异心理

女性心理学要讲清楚造成性别差异的进化因素、生理因素、社会化因素等方面对女性心理与行为的导引与塑造结果。

基于进化因素来认知两性差异，可以使我们更客观地认识两性差异的基因渊源。避免对两性差异主观地从道德、政治角度进行批评和评价。

基于生理因素来认知两性差异，可以使我们更科学地认识男女两性各自的优势和特点，而不是在任何方面都要求平等。

基于社会因素来认识两性差异，可以使我们更好地从个性社会化的角度来认知文化因素对女性行为的塑造和认知发展上的限制，使我们更清楚地理解女性与男性相比，女性的哪些所谓"劣势"是文化逼着我们学来的，即文化引导"制造"的劣势，使女性产生"习得性无助"（learned helplessness）。一旦认识清楚这个问题，就可以使女性更理性地决策，是主动打破这种精神层面的文化限制以求自我实现，还是灵活适应亚文化环境，以求安度人生。

总之，只有基于进化因素、生理因素、社会化因素基础上对两性差异的理解，才是科学的、全面的。

（二）女性特殊的心理特性

女性有自己独特的认知特点、决策特点、情绪情感特点。通过对这些特点的了解，可以使女性更好地驾驭这些特点，从而有效避免认知上的盲点、决策上的限制和情绪情感上的困扰。进一步学会打破限制，提高决策的成功率，学会营造积极情绪，管理消极情绪。最终，提高自我成就感和幸福感。

(三)女性的审美修饰心理

爱美是人的天性，可以说更是女人的天性。但美有美的规律，由于人类视觉进化上的限制，存在视错觉，因此，美感是在视错觉基础上而获得相关审美对象的审美体验。其实美更多的是一种视觉感受，女性身体美和服饰是分不开的，通过对视错觉的基本规律的了解，通过精心设计可弥补自身的某些"缺陷"和不足，帮助女性更科学地设计个性化的服饰搭配，有效美化自身形象，从而达到完美的视觉审美效果。

(四)女性的恋爱、婚姻与家庭心理

爱情是两个独立自我的完美融合，婚姻是男女结成夫妻关系的行为。恋爱与婚姻是女性生命中的两大主题。通过学习两性恋爱心理特点、婚姻家庭的影响因素和发展变化规律，可以帮助女性更理性地恋爱、采取有效方法处理婚姻家庭中的问题，从而营造幸福美满的婚姻家庭生活。

(五)女性的自我职业发展心理

柏拉图说过："女人的自然本质有多少不如男人的地方，就有多少优越于男人的地方。"在职业选择与发展上绝对地讲求男女平等是不现实的，对女性的发展也不一定是有利的。其实，在尊重男女差异的基础上，女性发挥和运用自身优势是个人生活幸福和事业成功的关键。女性在某些素质方面、在适应未来领导环境方面，有自己独特的优势，如果女性能很好地找到自身优势与工作的结合点，扬长避短，就能促进工作、事业成功。

(六)职业女性的压力管理

职业女性要时刻面对来自工作、家庭、社会等多方面的压力，这些压力如果不能及时有效处理、造成堆积，长时间就会引发身心问题。管理压力并不是要消除压力，因为适度的压力对人是有益的，完全没有压力的工作会变得单调乏味。另外，压力也不可能完全消除掉，压力管理就是要将压力控制在适当的水平。压力管理可分为两大方面：一是对压力源的管理；二是对压力反应的管理。通过对这两方面知识的学习，可以为女性有效应对压力、保持充沛精力奠定良好基础。

当然，女性心理学也包括女性自我概念的建立、女性的职场心理等内容，并且女性心理学内容体系将随社会发展的需求以及心理学研究的进展不断充实

新的内容。

以上是女性心理学要研究的内容，从另一个层面来看，也是广大女性学习女性心理学的作用和意义。

第二节 女性心理行为特征及其影响因素

林语堂先生谈女人时说道："她们的重情感轻理智的表面之下，她们能攫住现实，而且比男人更接近人生，我很尊重这个，她们懂得人生，而男人却只知理论。她们了解男人，而男人却永不了解女人。"总之，女性心理特征最突出的表现是比男性富于感情。这是因为女性的神经系统具有较大的兴奋性，对任何刺激反应都比较敏感，无论是愉快的，或是厌烦的，都会通过表情和姿态表达出来，如脸红、哭、笑、发怒、喊叫等。

一、女性心理特征

男性与女性有不同的心理行为特点（如表 1-1 所示）。

表 1-1　男性与女性的差异

	男性	女性
性格	有力量、智慧、大度果断	温柔、善良、美丽和忠诚
压力	独处、安静	诉说、倾听
做事	注重结果	注重过程
人生倾向	完成目标的能力	拥有亲密的关系
思维	逻辑思维	知觉思维

从心理的基本特征上来说，女性心理具体表现如下。

（一）女性的需要

女人对爱的需求比男人强烈，希望被呵护、被拥抱、被抚摸，也可以是一束花，一句爱的话语，甚至静静的陪伴。女性需要诉说、分享，如"我想在我讲话时，他能仔细倾听，有时我并不需要得到什么回答，只要他能继续听我说下去就好。"现在，很多女性把自拍的照片分享到微信朋友圈里，很希望被点赞，这就是被关注的需要。女性还喜欢购物，甚至买了很多东西回家后从来不用，这就是享受购物过程的需要。当然，爱美是女人的天性，女性需要被赞美，尤其是对自己美貌的赞美，为此她们买各种化妆品、衣服以使自己美起来。

(二)女性的知觉

女性的知觉较为敏感，表现在对触觉和痛觉的灵敏度上，当同样的刺激加于男性和女性身上，女性比男性早感觉到。所以，女性比较怕痛。女性的嗅觉、听觉都比男性灵敏，对声音来源的定位、辨别能力胜于男性。在色彩的感受方面亦优于男性。可是女性在视觉、方位能力、空间能力方面不如男性。女性对于事物的知觉方面主观因素较大，易从个人的经验、希望和偏见的角度出发来看待事物，往往难以对事物做客观的评估，判断事物也欠准确。

(三)女性的记忆

总体来看，女性的机械记忆力强，善于记住数字和语言。研究表明：在使用语言材料的记忆任务中，女性的成绩好于男性；而在涉及空间信息加工的记忆任务中，男性的成绩优于女性。

(四)女性的思维

女性的心理感受性高，叙述事件常带有浓厚的情感色彩。一般说来，女性的思维往往偏向具体和个体，逻辑性弱些，无论是推理或归纳都相对较弱，深刻度不够。她们易受暗示，遇到新奇的事物即行退缩，宁可按老规矩办事。

(五)女性的言语

女性语言能力强，用词贴切，善于用语言表达自己的思想感情。女性较男性能聪明灵活地表达她们的思想。女性说话的流程性一般好于男性，但语言的精炼性上往往不如男性，男性往往更容易把握说话的重点。

E. E. 麦科比和 C. N. 杰克林(1974)[1]总结了有关两性心理差异的1600多项研究，认为在语言能力上，女孩优于男孩。研究表明，在学前期和学龄早期，两性的言语能力相近，但从11岁开始，两性在此能力上就开始分化，女孩言语能力的发展快于男孩，在包括接受性和创造性言语任务及需要高水平言语能力的任务上，女孩的得分均高于男孩。

---

[1]　方刚. 性别心理学[M]. 合肥：安徽教育出版社，2010.

（六）女性的情感

女性的神经系统具有较大的兴奋性，尤其是自主神经，对于任何刺激都倾向于做出快速反应。女性易于流露自己的感情，无论是高兴还是悲伤，而且情绪多从面部表达出来。女性的心理相对脆弱，容易接受暗示，因此，很多女性经不起商家的宣传而买回家一些无用的东西。绝大多数的女性心地善良，富有同情心。怜悯弱者，她们照顾病人，保护儿童，常在慈善事业和人道主义事业中做出贡献。女性对自身健康较为关注，遇到身体不适，急于向医生诉述，寻求安慰。

（七）女性的性格

女性较顺从、敏感、害羞，兴趣方面多偏于音乐、文学、戏剧、舞蹈、编织等。女性文雅而优美，但心胸不够开阔，常为小事唠叨不休。有时爱在背后议论别人的长短。女性虚荣心强，往往自信心不够。

（八）女性沟通

女性在沟通交谈中强调关系的建立和亲密程度；女性常批评男性从不认真倾听；女性通过讨论问题增进认同和亲密感；女性倾向于迂回表达问题，并在交谈中保持平衡。而男性在沟通交谈中强调地位、权力和独立性；男性常抱怨女人唠叨；男性通过交谈讨论解决方案；男性更直截了当。

二、两性表现差异的影响因素

造成男女在公开场合行为表现差异的影响因素，概括起来主要包括生理遗传因素、社会文化因素和动机因素。

（一）生理遗传因素

人类每个细胞都含有 23 对染色体，22 对为常染色体，第 23 对为性染色体。女性的性染色体为 XX 型，男性的性染色体为 XY 型。人类性别的分化都是由性染色体的差别所决定的。除了遗传对个体性的决定及染色体的不同对两性性状的出现具有的影响外，研究者还发现某些与两性差异有关的遗传现象。例如，20 世纪 50 年代，研究者就发现，在人类的染色体上存在着一个与空间知觉能力直接相关的隐形基因，50％的男性具有这一性状，而具有这一性状的女性只有 25％(Anastasi，1958)①。这个结果可以部分地解释男性空间知觉能力优于女性的性别差异。其实，猩猩和人的基因差异只有 2％，而男性和女性的基因差异，相差 23 对染色体中的一条，则达到 2％～3％。所以，单纯从基因上看，男性和女性的差异，比猩猩和人的差异还要大。侵犯性行为与两性激素的分泌有直接相关。研究发现男性激素在婴儿期就开始使个体男性化，婴儿期的女孩假如男性激素超过正常水平，则不仅在生理上表现出男性化，而且在行为上也表现出男性化倾向。在婴儿期给婴儿注射男性激素，也发现男性激素的增加引起了更多的侵犯性行为。对成人的研究还发现侵犯性较大的男性一般具有较高的男性激素水平。

生理遗传因素从根上决定两性的先天行为及优势取向。生理会影响心理，进而影响行为表现。另外，有些进化心理学的理论可以对两性的某些心理差异做出适应性的解释。

另外，承认生理遗传因素的作用并不否定后天环境的作用。即使是与遗传因素直接相关的知觉能力和侵犯性行为，也是后天可以学习得到的。比较文化研究表明，不同的文化背景和抚养方式，可以扩大、缩小甚至消除空间知觉上两性的差异。侵犯性行为则可以模仿他人学到。

(二)社会文化因素

文化(culture)这个词来自拉丁词"cultus"，意识是"培植"(cultivation)。培植指的是人类的一种干涉自然以促成某种目的的做法。罗伊·F. 鲍迈斯特认为，文化是一个系统，文化是一个群体的共性，文化是信息的集合(包括共同的信念和价值观，共享的知识和技能)。其中，语言是人类文化信息传递的重要方式。

社会文化因素从宏观上潜移默化地对两性行为产生不同影响。其逻辑可以描述为：社会文化性别行为导向→个体性别意识定位→个体动机→个体行为→结果。社会文化性别行为导向主要是指文化对两性日常生活中的不同行为要求上的取向，如女孩子要文气，男孩子要勇敢等。由于人出生后到成年要经历十几年，这是所有动物中时间最长的成长成熟期。人类这么长的依恋和学习成长时间，为社会文化对人成长成熟的充分影响创造了充足的条件。在这样长的时间内，社会文化会潜移默化地、成功地塑造一个社会文化期望的个体。

---

① A. Anastasi. Differential Psychology. 3rd ed. [M]，Macmillan，New York，1958.

(三)个体动机因素

一个人的行为表现通常直接取决于两个因素,一个是能力,一个是动机。能力决定一个人能不能,动机决定其想不想,单纯的能力是不能带来成功的。罗伊·F. 鲍迈斯特认为,男性与女性的差异可能源于他们想做什么,而不是他们能做什么。密歇根大学的杰基·埃克尔斯教授对男性与女性的成绩差异进行了长达数十年的跟踪研究。她发现,女性在数学及自然科学课程上的表现毫不逊色。她认为动机才是影响男女表现差异的关键因素。① 据此可解释为什么一些学习、工作成绩非常优秀的女性,一旦结婚后,与男性相比就没有发展后劲的原因。而且,从一个人的长远发展来看,动机因素起的作用更大。一般来说男性更有野心,动机更高。动机长时间的持续作用,必然造成两性发展上的差异。如果说是社会文化引导上的歧视造成了两性发展上的差异,也是文化通过对两性动机水平的不同影响,进而在一定程度上造成了两性成就上的差异。

总之,男女心理行为上的差异,应该是以上三种因素交互作用的结果。

第三节　　女性心理学的研究视角

一、女性心理学与女性学的区别

女性学的形成和建立与 20 世纪 60 年代中期爆发的美国女权主义运动存在着千丝万缕的联系。此运动使女性认识到,女性在政治、经济、社会和教育领域受歧视等现象不仅需要通过女权运动等政治斗争去改变,更需要从学理层面研究和阐释。因此,女性学从其诞生之日起便呈现出浓厚的政治色彩。建立女性学的任务之一就是认识、分析和揭示女性遭受性别压迫、沦落至从属地位的根本原因,为女权主义运动提供思想理论武器和斗争战略战术。

而女性心理学属于心理学的范畴,而心理学属于科学。因此,女性心理学应属于科学。重视用实验法进行研究,重视学科知识内容的科学实验依据。

---

① ［美］罗伊·F. 鲍迈斯特. 部落动物［M］. 刘聪慧,刘洁,译. 北京:机械工业出版社,2014:36.

二、女性心理学的研究视角

(一)女性主义视角

女性主义(feminism)又称女权主义,是指为结束性别主义、性剥削、性歧视和性压迫,促进性阶层平等而创立和发起的社会理论与政治运动,批判之外也着重于性别不平等的分析以及推动性底层的权利、利益与议题。20世纪六七十年代,女性主义心理学在女性主义运动中产生。女性主义认为,性别特征差异都是文化潜移默化"建构的"结果。性别角色不是自然形成的,造成男女不同的社会现况也不是自然的,而是现代父权制社会文化建构的结果。著名女性主义者凯特·米利特认为,对男性优越这一偏见的普遍赞同保证了男尊女卑的合理性。表现在性别角色上,就是对男女两性各自的行为举止和态度做了不同的规定。

女性主义属于政治范畴,政治与人的根本利益相关,不同的利益就会有不同的立场,从而形成不同的观点。因此,对政治学的公理很难形成共识。那么对女性主义的观点目前也难以达成共识。其实,由于生理认知特点的差异,决定了男性女性各自的特点和优势,这也决定了两性各自最适应的角色和工作环境。两性很难达到绝对意义上的平等。女性主义比较关注社会制度、社会文化层面对女性造成的不公平。

因此,从女性主义角度研究女性心理学有助于使女性建立起自强、自信,但不属于实证科学,因此,以极端女性主义视角建立的心理学知识体系容易导致与环境的不适应。

(二)性别差异权衡理论视角

罗伊·F.鲍迈斯特基于进化心理学和性别和谐的视角,从更开阔的角度阐述了自己对男女差异及其关系的理解。他认为:在我们的社会文化中,男性与女性是互补的,他们相互影响、相互融合,不是对立的阵营。两性差异主要源自权衡。如果男性在某些方面有优势,那么,他们在另一方面可能就有劣势;同样,女性如果在某方面优于男性,那么在另一些方面就可能不如男性。男性和女性都不存在绝对意义上的平等。成功的文化正是由于可以很好地运用男性和女性各自的优势,取长补短。我们在关注处于社会顶层的男性多于女性的同时,也要注意到处于社会底层的男性也多于女性。权衡理论认为:男女之间在能力和爱好上的差异是先天的,先天的微弱差别在社会文化中经过放大演变成更大的差异。罗伊·F.鲍迈斯特还大胆提出：女性在人际关系方面做得相当不错，但是女性的这种相处模式不适用于大型组织，如市场经济或大型团体；而文化让男性形成了更适合大型组织的相处模式——包括竞争、合作、沟通与武力征服，因此，在这些领域，一直有男人占据主导。该理论有比较高的科学性和适应性。当然，该提法虽有进化心理学的解读，但人的发展是一个不断再社会化的过程，很多事情都是双方互动的结果，这种解读可能也有些武断。

(三)科学心理学视角

本书在写作过程中比较倾向性别差异权衡理论观点，更立足科学心理学观点。心理学是一门科学。心理学有众多分支学科，有的偏自然科学，如生理心理学、神经心理学；有的偏社会科学，如社会心理学、秘书心理学。女性心理学应该是偏社会科学的心理学，但女性心理学的理论和观点应该是基于自然科学的研究结果或类似于自然科学的实验研究法得出的研究结论，而不应是从政治学、政策学的角度先认为该怎么样，然后再想各种办法证明其一定正确。科学不能情绪化，基于科学的研究得出的结论才具有广泛的适用性，才能避免误导，才能更好地指导女性的生活和工作，为广大女性营造一个健康、幸福、成功的人生提供有效的指导。

【本章小结】

性分化是指在性别决定的基础上，进行男性和女性性状分化和发育的过程。青春期是性激素对性分化作用的又一明显时期。性别角色是社会按照性的分类赋予个人在社会关系中的特定位置和与之相关联的行为模式。

女性心理学是在两性比较的基础上，研究女性心理活动及其规律的心理科学。研究的目的是更好地让女性了解自身的心理活动的客观规律，从而使广大女性工作更有成效，生活更加幸福。女性学产生于女权运动，主要为女权主义运动提供思想理论武器和斗争战略战术。

男女心理行为上的差异，是生理遗传因素、社会文化因素和动机因素，三种因素交互作用的结果。女性心理学研究更适合从性别差异权衡和科学视角展开研究。

【关键术语】

　　性；性别；性分化；性别同一性；性别角色；双性化；女性心理学；文化；女性主义；性别差异权衡理论

【思考题】

　　1. 性分化的过程中不同阶段的关键分化内容是什么？

　　2. 女性心理学与女性学的区别是什么？

　　3. 男女两性表现差异的影响因素各起什么作用？

　　4. 如何理解女性心理学的研究视角？

第二章　女性心理倾向的进化心理学阐述

存活下来的物种，并不是最强的和最聪明的，而是最能适应变化的。

——达尔文

【学习目标】

1. 领会进化的基本理论。
2. 掌握生存与繁殖在人类进化中的核心作用。
3. 了解进化对两性配偶选择的不同影响。
4. 了解进化对两性个性特点的影响机制。

女性主义者不愿承认进化生物学造就了我们某些男女性别方面的差异，因为按这样的逻辑，就不利于其争取权利控制自己的命运。当前心理学家不得不接受这样一个不可争辩的事实：在人类多数行为模式中，都免不了进化的痕迹。这里，我们承认生物进化对我们男女差异的影响，并不反对社会文明发展进化对构建和谐平等两性关系的作用和意义。另外，这是在写女性心理学而不是女性学，因此感觉有必要把近年来进化心理学在解释男女两性差异的研究结果做一简单介绍。

学习本章内容时，还要说明的：一方面进化会对女性心理倾向产生影响，但人是所有动物中从出生到成熟独立，经历时间最长的物种，这意味着社会化学习对人的改造作用也是所有物种中最大的。另一方面，社会化学习在一定程度上会弱化进化对人的心理倾向的影响，强化社会化文化对人心理倾向的重新塑造作用。

第一节 进化心理学的基本理论

美国得克萨斯大学心理学系教授戴维·巴斯（David Buss），于 1995 年发表《进化心理学：心理科学的一种新范式》一文，提出进化心理学是心理学的一种新的研究范式，他认为，进化心理学是用进化的观点来理解人类心理或大脑的机制。现代人生理和行为的特点是通过长期进化慢慢形成的。[①]

一、进化心理学的基本理论

（一）自然选择理论——主要针对生存

达尔文认为进化过程中最根本的两大问题就是生存和繁衍。其核心概念包括变异、遗传和选择。各种生物体在许多方面都千差万别，变异是进化过程得以运作的必要成分，是进化的"原材料"。只有一部分变异能够通过遗传，稳定地传递到子代身上，代代相传，而其他变异，比如由于环境的偶然性而导致的翅膀变形，则不会遗传给后代，所以，只有那些得以遗传的变异才能在进化过程中发挥作用。拥有某些遗传特征的生物体将会留下更多的后代，因为这些特征对生存和繁殖非常有帮助。虽然生物体生存多年，但不一定能将遗传特征传给后代，必须进行繁殖才行，差异繁殖率才是自然选择导致物种进化的"关键"。差异繁殖率是某一个体相对于其他个体而言的。自然选择理论为生物学提供了一种统一理论，而且还解决了几个重要的难题：阐明了有机体随着时间而发生变化的因果过程；提出了一种理论来解释新物种的起源；把所有的生命形式都统一到了宏大的进化之树上，同时指明了人类在这张生命谱系上的位置。

（二）性选择理论——主要针对直接繁殖

自然选择理论主要关注的是生存问题。但生物体的某些身体特征显然与生存没有关系，如雄孔雀美丽的羽毛，但长长的羽毛会消耗大量的能量。用自然选择理论无法解释这种现象，于是达尔文提出性选择理论（sexual selection）。

---

① ［美］D. M. 巴斯. 进化心理学（第二版）［M］. 熊哲宏，等译. 上海：华东师范大学出版社，2007.

该理论主要关注因求偶问题而产生的适应问题。性选择有两种主要方式：一是同性竞争（intrasexual competition），即同性之间，竞争与异性的交配机会，导致生物体在同性竞争中获胜的每一种特征都将通过胜利者的繁殖活动而传给下一代。所以进化是由同性间竞争导致的。二是异性选择（intersexual selection），即择偶偏好选择，如果某一性别的成员一致地认为异性的某些特征正是它们想要的，那么拥有这些特征的异性更有可能获得配偶。被异性所看重的那些特征遗传给后代的概率更高，如孔雀羽毛等。

（三）内含适宜性理论——主要针对间接繁殖

达尔文通过繁殖成功或者说产生能存活的后代来定义适应，即适者生存，这种解释不足以描述自然选择的过程。汉密尔顿（William Hamilton，1964）①则以内含适宜性扩展了这个概念，自然选择将倾向于那些能促使有机体的基因得以传播的特性，而不管有机体是否直接繁殖出后代。亲属身上携带着我们的基因拷贝，所以我们才会对亲属给予照顾，而亲代投资（指对子女的投资）则得到了重新解释——它只不过是照顾亲属的一种特例而已。有机体可以通过帮助兄弟姐妹、侄子和侄女、外甥和外甥女等亲属的生存和繁衍来增加其基因繁殖的成功率，因为上述亲属身上都可能携带该有机体的基因，因此我们才会对亲属加以照顾。内含适应性理论对于我们如何考虑家庭、利他、帮助他人、群体的形成、攻击行为等问题都产生了深远的影响。

二、进化心理机制与功能分析

对进化如何运作的全面理解，使我们认识到有机体和自身行为是由基因和环境的交互作用产生的。组成人类心理的先天的信息加工机制不是被设计来解决任意的问题，而是被设计来解决那些在人类进化过程中我们祖先所遇到的由物理的、生态的和社会的环境所带来的特定的适应性问题的心理机制。进化心理机制（evolved psychological mechanisms）存在于有机体内部的信息加工过程，其存在是为了解决生存或繁衍问题。每种机制能加工的信息是有限的，它根据决断规则（design rules）将输入信息转换成输出信息，其输出是为解决某一特定的适应性问题。这里的决策规则是由"如果，那么"语句所组成的程序，比如

① ［美］乔治·威廉斯. 适应与自然选择［M］. 陈蓉霞，译. 上海：上海科学技术出版社，2001：17—125.

"如果看到一条蛇，那就赶紧逃命吧"，或"如果我喜欢的那个人对我表现出兴趣，那就微笑并向他(她)靠近"。当然大多数决策规则至少包含几种可能的选择方案。进化形成的心理机制用于解决人类祖先面临的适应问题，即原始人类在进化历史中遇到的统计上反复出现的情境构成了一系列的适应性问题。这些情境选择出了一套能解决相关的适应性问题的认知机制，即进化形成的心理机制。

在人类进化过程中，过去不仅在人类的身体和生存策略方面刻下了很深的烙印，同样也在人的心理和相互作用策略方面留下了印记，成为探索心理机制的基础。因此，人体结构及其心理机制可根据进化过程中需要解决的问题加以分析。

功能分析是理解心理机制的主要途径。所有的有机体都是适应的产物，适应是演化形成的解决生存和繁殖问题的方法，是通过选择形成的。人的某种特征之所以存在，是因为它能够可靠地、有效地、经济地、精确地解决某种适应问题，这在身体结构方面表现得最为明显。人的心理也是适应的产物，某种心理之所以存在是因为它能解决某种适应问题。心理学的任务就是去发现、描述或解释人的心理机制，而确定、描述和理解心理机制的主要途径是功能分析，即弄清某些特征或机制是用来解决哪些适应问题的，例如大部分女性怀孕初期会出现经常恶心、呕吐现象。从进化的功能分析角度看，这种反应有其功能价值。早在人类还在大量地吃未经加工的原始食物的时候，这些食物可能会带有细菌或毒素，而恶心和呕吐通常会发生在妊娠期的第一阶段，可以帮助正在发育的胎儿避免潜在的有毒物质的侵害。因为虽然妈妈或许能够忍受有毒物质的侵害，但是宝宝却忍受不了。蒂塞森等(Tiserson et al.，1985)①研究表明，在对400位孕妇进行的调查发现，孕妇感到恶心的特色食物的排列是：咖啡(129)、肉(124)、酒精饮料(79)和蔬菜(44)，只有3位孕妇厌恶面包，没有一人厌恶谷类食物。不少孕妇闻到油煎或烤的食物时，会感到恶心，我们知道这些食物中包含致癌物质。呕吐可以阻止有毒物质进入母亲的血液系统，避免有毒物质影响胎儿。因此，如果孕妇非常恶心，吃不下东西，或者只能吃简单清淡的食物，那就会降低胎儿病从口入的风险。从根本上说，孕妇有恶心、呕吐的症状，总比流产要好。因此，有时常呕吐经历的女性，比起没有这样症状的女性来说，更少有流产的可能。有证据表明那些在最初三个月期间没有孕期恶

---

① 朱新秤.进化心理学[M].上海：上海教育出版社，2006：69.

心反应的女性经历自然流产的可能性是那些有恶心反应妇女的 3 倍。在一个对 3853 位孕妇的研究中发现，只有 3.8％的在孕期有恶心反应的妇女有自然流产，而有 10.4％的没有经历孕期恶心反应的妇女会自然流产。孕期恶心是一种适应机制，可防止母亲吃不利于胎儿发育的有毒食物。我们的身体有很多类似的机制，这是其中之一，即牺牲妈妈的舒适，保护宝宝的生命。

三、人类进化过程中的主要问题

在人类进化的过程中，要解决两类大的问题：生存和繁殖后代。人的心理就是在解决这些问题的过程中通过自然选择过程而演化形成的。要成功的繁殖后代，就必须解决下面一些问题：成功的同性内竞争，获得令人喜欢的异性配偶；配偶选择，在潜在的配偶群中进行选择，选择那些对于个人成功有最大价值的配偶；怀孕，通过必需的性行为使受精或怀孕；配偶保持，防止同性成员的侵犯及配偶的背叛；亲本投入，进行一些必不可少的行为，确保后代的生存和生殖；额外的亲本投入，对与自己基因相关的亲戚进行投入。

关于生存与繁衍二者谁更重要，现代进化学家认为，生存不是人类最关键的问题，繁衍才是核心议题。在自然进化中，最基础、最重要的就是繁衍，即传宗接代。没有繁衍，即没有基因的传递，则该族物种将消失。因此，罗伊·F. 鲍迈斯特认为：今天所有人类都是物竞天择，适者"繁衍"的结果。

四、进化心理学的分析层次

进化心理学的分析可分三个层次。

(一)宏观层次

涉及整个物种的生存，用来解释人类共有的心理特征。主要包括一般的进化理论，如内含适宜性理论，指个体将自身的基因遗传给未来一代的总体能力。促使这种能力最大化是人类适应的终极目的，因此，各个功能领域，如亲代投资领域、性选择领域的活动的最终指导原则都是满足内含适宜性理论。

(二)中观层次

涉及不同性别面临不同适应性问题而产生的不同心理机制。如亲代投资理论、性选择理论、互惠式利他主义理论等。亲代投资理论认为后代的生存与发展状况对自身基因遗传的成功与否很重要，因此，与其他后代相比，任何物种都会为自己的后代投入更多的资源，对亲缘关系不确定或无亲缘关系的后代投入的资源就少。

(三)微观层次

涉及具体的进化理论，该层次的理论解释都是依据第二个层次的进化理论提出的，并且，每一个理论解释都说明了人类的一种用来解决特定适应性问题的特定心理机制。比如，可以依据亲代投资和性选择理论做出微观层次上的这样解释：由于男性想要更多的拥有带有自身基因的后代，因此他们在选择女性配偶时就应该对标志着生育力的一些外观线索比较敏感。男性很有可能已经进化出对女性外观线索敏感的心理机制，并且这种机制是为了帮助他们解决繁殖更有竞争力的后代这个适应性问题。再进一步推论，比如有关人类的亲代投资和性选择的理论，由于女性在对后代的投资(怀孕和哺乳等)上比男性更多，如果配偶不忠或不愿意为其投资，那么，女性付出的代价会非常巨大，不仅会因为怀孕丧失与其他男性接触的机会，而且还要独自承担养育后代的重任。因此，与男性相比，女性在选择配偶时就会更加谨慎，并且对男性的要求也相对更高。这已经进化形成了一种特定的心理机制，并且在无意识的状态下对女性的择偶行为产生影响，以便帮助女性解决她们所面临的特定适应性问题。

第二节　进化心理学对配偶选择的影响

进化心理学认为，各物种在代代相传中不断改变自身以更好地适应环境，而择偶策略的形成是长期进化适应自然的结果。由于早期选择压力的结果，把基因传递给下一代是每一个种族成员必然要考虑的问题，因此，人们倾向于选择能成功地繁衍后代并有效地抚育孩子的配偶。所以女性偏好于找能够提供资源并照顾孩子的男性，试图选择能保持长期关系的伴侣，找收入高又值得信赖的男人，毕竟女人必须确保孩子要有经济来源。而男性则会找具有生育潜能的女性做伴侣。男人拼命寻找年轻、有魅力、身体健康的女人，因为这样的女人生命力旺盛——她们能承担传承男人基因的重任。

一、进化心理学对男女择偶策略的研究

进化理论为理解人类配偶选择模式提供了一个有力的理论框架。人们对潜在配偶特征的偏好是由两性的繁殖成本不对称造成的。对于女性来说，繁殖要比男性付出更多，因此一般认为，女性会将更多的注意力放在男性抚育后代的

能力和意愿上。相反，男性则会将注意力放在女性的生育能力上。

(一)双亲投资理论

Trivers(1972)的亲代投资(parental investment)假设：在动物世界中，为后代投资更多的一方(通常是雌性，但并不全是)在择偶时会更挑剔，因为它们的代价更高；投资更少的一方在争夺异性时会更具竞争性①。

亲本投入的差异导致了两性配偶选择的差异，即在养育后代的过程中男性和女性在付出或者叫作投资方面是有差异的。该研究的核心观点认为两性的生物学差异导致女性在养育后代方面投资更多。女性需要冒巨大的风险怀孕、生产、哺乳、养育、保护孩子。因此，为了解决生存及适应问题，女性更倾向于寻找具有实际或潜在的经济实力，并愿意提供承诺的男性。

(二)亲子关系理论

因为女性负责孕育和生产，她们十分清楚自己是否是孩子的母亲。但是对于男性，孩子是否是自己亲生的没有十足的把握，他们必须采取措施证明他们所投资的孩子是自己亲生而非其他男性的。因此，男性更关注竞争对手，也更加看重备选对象的贞洁程度。女性贞操提供了男性将来父亲身份确定性的线索。婚前的贞操将意味着她未来的忠诚。

二、进化对女性择偶偏好的影响

(一)女性择偶偏好的进化基础

从进化心理学的角度说，择偶偏好(preference)是演化形成的解决生存和适应问题的心理机制。配偶选择上的偏好是解决繁衍问题的。例如，男性面临的适应问题，即选择一个有生育能力的女性。同样，女性在择偶时会欣赏那些最有适应价值的特征。进化使女性会形成这样一种择偶偏好，青睐那些拥有对自己有益品质的男性。女性的每个择偶偏好都是针对其中一个重要成分进化而来的(见表2-1)。在进化心理学家看来，女性所有的择偶偏好都是围绕资源的，各种具体的择偶偏好只是女性辨别男性资源情况和是否愿意为自己及后代投入资源，以及是否能持续的投入资源的线索。

---

① Trivers, R. L. Parental investment and sexual selection[J]. In B. Campbell (Ed.), Sexual selection and the descent of man, 1871—1971. Chicago, IL: Aldine. 1972: 136—179.

表 2-1　女性择偶偏好的具体内容

适应性问题	进化而来的择偶偏好
选择有能力投资的配偶	好的经济前景、社会地位、较长的年龄、抱负和勤奋、体格、力量、运动技能
选择愿意投资的配偶	可靠性和稳定性、爱与承诺的线索、积极与孩子互动
选择有能力保护自己和孩子的配偶	体格(身高)、力量、勇气、运动技能
选择更适合为人父母的配偶	可靠性、情绪稳定性、亲和力、积极与孩子互动
选择可以相互适应的配偶	价值观相近、年龄相仿、相似的人格特征
选择健康的配偶	性魅力、身体特征的对称性、健康程度

女性要进化出对男性物质资源的偏好，需要以下三个前提条件。

(1)在进化过程中，资源必须是由男性积累、保护并控制。

(2)男性祖先在资源的掌控以及对女性和子女的投资意愿方面存在差异。

(3)一夫制比多夫制有更大的优势。女性通过唯一伴侣所获得的养育子女的资源往往要比从多个暂时伴侣那里得到的资源要多。

(二)进化对女性择偶偏好的影响

总的来说，进化对女性长期配偶的选择偏好主要表现为以下几方面。

1. 对经济和社会地位的偏爱

女性择偶中表现出对好的经济状况和高的社会地位的偏爱，这二者的共同特点表现为对拥有生存资源的偏爱。大量的研究发现，在择偶过程中，女性比男性更重视经济的因素。同时，人是群居的动物，在社会群体中所处的社会地位不同，拥有的资源也不同。男性的社会地位是其拥有资源的强有力的线索。结构资源缺乏假设：权力和资源一般由男性掌控，因此女性更喜欢选择有权有势、能挣钱的男性。女性即使拥有经济主导权也无法消除这种偏好。美国白人职业女性研究表明：经济收入很高的职业女性比一般人更挑剔，更要求男性有地位、聪明、独立、自信。总之，女性在进化的过程中形成了一种对获得资源能力的信号的偏爱。

2. 对年龄稍长男性的偏爱

男性年龄也是拥有社会地位及财富的重要线索。在远古社会，一般只有年纪稍长的男性才有可能拥有权力和地位，因此，年龄与资源、地位紧密联系在一起。但是女性在选择配偶时，并不是年龄越大越好，年龄太老的男性可能随

23

时面临着死亡，不能承担起持续提供资源和养育后代的使命。

3. 对志向和勤劳的偏爱

研究表明，女性在择偶取向上还表现出偏向勤奋和有志向的男性，庸庸碌碌、胸无大志的男性最不讨女性喜欢，因为勤奋和志向是通向财富地位的阶梯。一个男人如果失去了工作，缺少职业目标，表现出懒惰的特性，预示未来资源缺乏。研究还发现，女性把男性的职业成功和令人满意的职业评价为高度令人喜欢的，而且这些特征出现在长期配偶身上比短期配偶身上更令人喜欢。

4. 对可靠性和承诺的偏爱

男性在可靠性方面的特征是非常重要的，它是能不断提供资源的信号。男性的可靠性至少为女性提供了两条有价值的线索：第一，可靠的男性会重视承诺，有责任感，可以不间断地为长期配偶提供丰富的资源，承担起养育后代的重要职责。第二，可靠的男性不会与别人私通，将资源转向别处。选择可靠男性的女性可以稳定的获得自己和后代需要的资源，这是非常重要的。选择可靠和情绪稳定的男性还可避免情感折磨和其他损失。研究发现：情绪不稳定的男性常常以自我为中心、垄断占有妻子时间、更高的嫉妒、依赖性、要求配偶满足自己所有需求、倾向于虐待、更多私通、更易于转移资源。

女性面临的适应问题是：男性不但拥有资源，而且要愿意承诺把这些资源给她们和孩子。男性的资源相对容易观察到，但承诺不能，要评判一个男性承诺高低需要寻求那些提供资源时忠诚的线索，爱可能是承诺的最重要的线索。有研究表明，女性选择长期配偶特别强调爱，可以说爱是最重要的偏好。爱是忠诚和承诺的重要线索。爱帮助女性解决男性资源流承诺的问题，帮助后代获得生存和繁殖。

5. 对愿意为孩子付出的偏爱

女性还偏好愿意为子女投资的男性。La Cerra(1994)研究发现女性觉得和孩子积极互动的男人更有性魅力，更愿意将其作为结婚对象。这表现了一种择偶偏好，即对那种愿意为孩子投入的男性的偏好。相似地，让男性对女性照片进行评价，无论女性是忽视孩子还是与孩子积极互动，都不会影响男性对女性魅力的评价。女性对于潜在配偶男性吸引力的评价随着他们对儿童爱的线索而增加，随着他们对哭泣儿童冷漠的线索而减少①。

---

① Buss. D. M. Evolutionary Psychology：The New Science of the Mind[J]. Allyn & Bacon，1999：122.

6. 对运动技能的偏爱

男性提供的另一个好处是给女性提供身体方面的保护。男性的身材、力量、运动、身体技能提供了这方面的线索。有研究表明：美国女性喜欢身材高大的男性，不喜欢身材矮小的男性。巴伯认为："男性身体结构的特质，包括身高、肩膀宽度、上身肌肉组织对女性有性吸引力，对男性则是威胁。"

7. 对好身体的偏爱

好的身体是两性共同的偏好。因为不健康的配偶风险大：诸如衰弱而不能提供食物、保护、亲本投入，死亡而切断资源流，传染疾病，不健康基因传给下一代，等等。从进化心理学的角度看，女性对身体更对称的男性的偏爱是进化而来的。对称性是一种基因优势，意味着拥有此特征的人更加健康，更具有良好的生育和生存能力。R. Thornhill 等人研究发现，面孔和身体的对称性是健康的重要身体信号。纷繁复杂的环境事件以及遗传应激源都可能导致身体的对称性发生偏离，如果个体能比其他人更好地承受这些，他就能够表现出发展的稳定性。因此，面部、身体对称的男性更有性吸引力。

8. 择偶偏爱受时间背景的影响

Buss 和 Schmit(1993)让女大学生分别对长期配偶和暂时配偶的 67 种品质进行评分①。女性认为以下品质在长期关系中更重要(见表 2-2)。

表 2-2　女性认为以下品质在长期关系中更重要

	长期关系	短期关系
抱负和职业导向	2.45	1.04
大学毕业	2.38	1.05
有创造性	1.90	1.29
对你忠心	2.80	0.90
喜爱孩子	2.93	1.21
善良	2.88	2.50
善解人意	2.93	2.10
责任心	2.75	1.75
乐于合作	2.41	1.47

① Buss D. M, Schmitt D. P. Sexual Strategies Theory：An Evolutionary Perspective on Human Mating[J]. Psychological Review. 1993，100：204－232.

Joanna Scheib(1997)的研究发现，在选择潜在丈夫的时候，女性往往选择诸如可信赖、善良、成熟等性格好的人。而在选择暂时性伴侣的时候却往往不顾及这么多条件。当强迫在性格特征和长相英俊之间做出权衡的时候，女性更看重性格而不是长相，表现出了对于背景的敏感性①。

三、进化对男性择偶偏好的影响

大量的研究表明，男性在长期配偶选择的条件和心理机制上与女性是截然不同的。与女性偏爱男性的社会地位、经济状况、年龄等因素不同，男性在选择长期配偶时需要考虑的是女性生育能力。具体来说女性的如下特征对男性具有吸引力：外貌特征，如丰满的嘴唇、光洁的皮肤、明亮的眼睛、亮泽的头发、恰到好处的肌肉和匀称的体型等。行为特征，如轻盈的步伐、生动表情、充沛的精力等。标志年轻与健康的身体线索都体现了生育能力与繁殖的价值。

(一)对年轻的偏好

从进化心理学的角度看，对男性来说，女性的年轻意味着较高的生育可能性，而与年轻女性有关的生理特点有"光滑的皮肤、苗条的身材、浓密的头发和丰满的嘴唇"等，男性更喜欢年轻女性做未来的伴侣，女性喜欢年龄大些的男性。

(二)对外貌美的偏好

外表和行为是女性生育能力的强有力的外观证据，男性比女性在选择伴侣时更注重生理上的吸引力和漂亮的相貌(Buss & Barnes，1986)②。无论是东方还是西方，男性在择偶时都将"头发有光泽""皮肤有弹性""走路轻快有力"等标志身体健康的线索作为考虑的因素和作为男性评价女性美的标准和依据。

(三)对体型美的偏好

《诗经》上说：关关雎鸠，在河之洲，窈窕淑女，君子好逑。这在一定程度上说明了男性对女性形体美的偏好。女性形体美的核心体现于腰臀比，大量证据表明腰臀比是女性生殖状况的一个较为精确的指标，较低腰臀比的女性表现

---

① Buss D. M. Evolutionary Psychology：The New Science of the Mind[J]. Allyn & Bacon. 1999.

② Buss D. M & Barnes M. F. Preferences in human mate selection[J]. Journal of Personality Social Psychology，vol. 50，No. 3，1986：559－570.

出较早的青春期内分泌活动，高腰臀比的女性怀孕和妊娠会更加困难，医学上将高腰臀比的女性列为引发难产的重要因素之一。研究认为健康有生殖能力的女性的腰臀比（WHR）是 0.67～0.80，而健康男性腰臀比为 0.85～0.95。另外，低腰臀比的女性可以极大地减少罹患心脏病、糖尿病的风险。

（四）对婚前贞洁和婚后性忠贞的偏好

人类女性隐蔽的排卵期为男性创造了一个特殊的适应问题，降低了作为后代父亲身份的确定性，婚姻是解决这个问题的一种方法。男性要确保婚姻带来的生殖优势，就必须确定妻子对他性忠诚。男性通过两种方法确保父亲身份的确定性：女性婚前的贞洁和婚后的性忠贞。这种偏好也是世界范围内的，但是，现在稍有下降。

我们可以看到，男性的择偶偏好是与繁殖价值相关的，而反映繁殖价值的两大线索就是年轻与健康。而外貌美和形体美又是健康和年轻的线索。同时，男性要尽力确保养育的是自己的后代。

第三节　进化心理学对男女个性特点的影响机制

一、进化对女性的语言和人际能力的影响

女性的语言能力通常比男性强，并且女性比男性对人际更敏锐，这可能在进化过程中与人类早期的分工有关。男人们在外面一起打猎，女人们在家里一起照看孩子，这样女人们在一起聊天等语言交流的机会就多，从而进化出较强的语言能力。同时，女性要照顾孩子，对孩子的需求比较敏感，这样女性进化出较高的人际敏感性。而男人在外面打猎，经常需要长时间隐藏在一个地方等待猎物出现，期间不能大声交流，以免吓跑猎物。男人们外出打猎要在原始森林里穿梭追踪猎物，不能迷失方向还要能找回家，这样男性就进化出较强的视觉空间能力，以使男性适应在更广阔的范围内从事狩猎活动。

二、进化使男性比女性更具攻击性

当原始人更多地在地上而不是在树上活动的时候，他们就更多地受到肉食性猛兽的威胁，为保护本部落免受侵害，由于男女不同职能的分工以及男性比女性高大的身躯，这样面对威胁奋起攻击，成为男性分内的事。这在其他灵长

类动物中，在各种各样的认知文化中，都是一样的。攻击性需要睾丸激素提供激发能量，这样男性就进化出高睾丸激素水平，男性更具侵犯攻击性。这种侵犯性本来的目的是防御性的，慢慢延伸到男性对来自外界的任何威胁，都容易采取攻击性措施。当然，女性也有侵犯和攻击的能力，但平均来看，男性表现的更突出更频繁。这平均意义上的差别，显然都有某种生物学基础，在人类进化的时候，适应于两性不同的分工需要。

三、进化使女性重视"小圈子"的亲密，男性重视"大圈子"的合作

男性要进行狩猎以及对付大型食肉动物，个体往往无能为力，需要男性合作共同对付。有人认为现代社会男性做事爱拉帮结伙、建立协会等组织的行为与此有关。人类婴儿和母亲长期的抚养依赖关系，并且母亲能知道孩子是自己的，这样创造了一种以母婴为单位的社会关系，形成了两种不同的社会合作取向：为保护团体需要，使得男性更加合作，扩大狩猎活动的范围，共同对付猛兽的威胁。这种发展揭示男女都需要社交，但各自建立关系的基础却不同。在人类社会组织中，这两种建立伙伴关系的方式是互补的。女性社会关系取向在于通过关心照顾活动和对后代的养育活动来维持社团关系的连续性；而男性的社团关系取向是为了应对威胁、为了赢得更大的胜利，从而维持社团的存在。

女性更擅长"小圈子"的人际交往，更重视亲密关系；男性则更擅长"大圈子"的人际交往，如男性爱参加政治团体、大型团体组织等。男性对社团的贡献，可以用人类学家大卫·吉尔摩（David Gilmore）的话说："不那么直截了当，不那么立竿见影，更多地和外界打交道；他与之打交道的，与其说是具体的人，不如说是一般意义上的社会。"

罗伊·F.鲍迈斯特认为，男女在社会取向上的不同，进而影响到其对"平均"与"公平"上的规则取向上的偏向。女性重视小圈子的亲密关系，这样在物质与利益分配上，女性偏爱平均。因为在亲密关系中，"平均"所带来的效果更好一些，可让两个人的关系更亲密，更有相互尊重的感觉。但是在男性偏爱的大型组织中，如果用"平均"原则分配物质，则难以调动人员的积极性，那么这个组织在竞争中将会败下阵来。因此，大型组织需要按"公平"原则分配，才利于这个组织在竞争中胜出。女人更倾向于平均，是因为她们更加注重亲密的小圈子；男人更喜欢公平，因为这更有利于大型组织的竞争。

四、进化使女性个性更谨慎，男性个性更冒险

既然在自然进化中，最基础、最重要的是繁衍，那么在"繁衍"这种原始动力的推动下所进化出的男女心理适应机制的某些方面，也必然表现出差异。罗伊·F.鲍迈斯特认为，在繁衍上女性最关心的是怀孕和孩子能不能得到很好的条件照顾。据此，她们适应性的优势在于吸引力，通过提升吸引力获得更优秀的配偶，她们一般不需要冒险或者参加激烈的角逐。对女人来说，冒险并不利于其基因的传递，安全更重要。而男性则不同，如果不努力超越其他人获得资源，尤其是战胜其他同类竞争对手，则难以获得配偶进行传宗接代。就是在今天的很多电视剧中我们仍然会看到这种痕迹，很多男性为了赢得自己心爱的她，而孤注一掷去冒险做大事。由此，可以帮助我们从进化的角度理解为什么男人的个性更冒险，女人的个性更小心谨慎。

第四节　进化心理学对女性职场行为的阐释

一、进化心理学对男女收入差距现象的解读

进化心理学家金利斯·布朗认为，男性的物质资源和社会地位是成功繁衍的重要保证，因为女性偏好与拥有较多资源、社会地位较高、能保护她，并且投身于子女身上的男性结婚。而女性成功繁衍的手段是照顾子女，现代女性遗传祖先的心理机制：不愿意冒险，因为如果她们冒险，可能使自己受伤或死亡，那么她们的孩子便可能死亡；不追求地位，因为较高的地位不会增加女性成功繁衍的概率。①

因此，男性比女性更加专注追求较高的收入和较高的社会地位。一个针对美国人的研究显示，与女性相比，更多男性将收入作为择业的标准。与此相反的是，女性选择工作的重要标准是"这份工作是否重要，并且让我有成就感，这份工作是否稳定。"大量研究表明，在选择工作时，男性更注重报酬，更倾向于选择工作时间长、任务量重以及高危险行业（因为危险职业收入高）。因此，

---

① ［美］艾伦·米勒，金泽哲.生猛的进化心理学［M］.吴婷婷，译.沈阳：北方联合出版传媒（集团）股份有限责任公司、万卷出版公司，2010.

他们的收入高于更加注重稳定、出差少、可照顾家庭以及工作环境安全的女性。① 这也可能是造成男女收入差距的一个原因之一。

当然社会性别歧视是造成男女收入差距的另一重要社会因素。

二、进化心理学对男女职业性向的解读

科恩曾提出男性大脑和女性大脑理论。他认为男性大脑主要功能是系统，女性大脑的主要功能是共情。系统是一种分析、探索，以及构建系统的本能，擅长系统化的人们能够理解事物运作的方式，或寻找系统运作的规则，其目的在于了解并预测系统，或发明新系统。这些系统包括技术系统、自然系统、抽象系统、社会系统、可组织系统和运动系统。与系统化相反的是共情，这是辨认他人情感与想法，并能以适当情感做出反应的本能。共情的目的是理解他人，预测其他人的行为，并且与其他人产生情感上的共鸣。这可以帮助我们理解为什么理工科领域男性较多，而幼儿园教师多数是女性。

三、男性比女性更重视在职场中的社会地位

与女性相比，男性更看重职场中的地位。从进化心理学的角度看，女性在择偶过程中看重男性的地位，这样男性的地位与获得异性青睐是相关的。心理学家普拉托和西达尼厄斯(Pratto&Sidanius，1993)进行了社会支配取向研究，并编制了相应的量表②。研究结果发现，不同的文化起源、收入、教育、政治意识形态的男性社会支配取向都比女性高。他们的解释是，这种取向导致男性祖先更多地控制和得到女性；女性也会被选择去追求高支配的男性，这会使她们和孩子得到更多的好处。

【本章小结】

进化过程中最根本的两大问题就是生存和繁衍。其核心概念包括变异、遗传和选择。自然选择理论——主要针对生存；性选择理论——主要针对直接繁

---

① [美]罗伊·F. 鲍迈斯特. 部落动物[M]. 刘聪慧，刘洁，等译. 北京：机械工业出版社，2014：16.

② Pratto. F，Sidanius. J，Stallworth. L. M，&Malle. B. F. Social Dominance Orientation：A Personality Variable Predicting Social Attitudes[J]. Journal of Personality & Social Psychology，1993，67：741-763.

殖；内含适宜性理论——主要针对间接繁殖。

人类心理的先天的信息加工机制被设计来解决那些在人类进化过程中我们祖先所遇到的由物理的、生态的和社会的环境所带来的特定的适应性问题的心理机制。生存不是人类最关键的问题，繁衍才是核心议题。

进化心理学的分析层次可分三个层次：宏观层次涉及整个物种的生存，用来解释人类共有的心理特征。中观层次涉及不同性别面临不同适应性问题而产生的不同心理机制。微观层次涉及具体的进化理论，每一个理论解释都说明了人类的一种用来解决特定适应性问题的特定心理机制。对于女性来说，繁殖要比男性付出更多，因此，一般认为，女性会将更多的注意力放在男性抚育后代的能力和意愿上。相反，男性则会将注意力放在女性的生育能力上。

【关键术语】

自然选择理论；性选择理论；内含适宜性理论；双亲投资理论；亲子关系理论；择偶偏好

【思考题】

1. 如何理解人类进化过程中的主要问题是生存与繁殖？
2. 进化机制是怎样影响男女择偶的不同偏好的？
3. 用进化心理学解释男女职业性向的差异。

第三章　性别自我概念的建立与发展

对命运的想法其实可以扩大或缩小我们对命运的控制力。

—— （积极心理学家）塞利格曼

【学习目标】

1. 理解自我概念的含义。
2. 能够对自我概念的相关理论有整体性把握。
3. 能够用埃里克森的八阶段理论分析自我的形成。
4. 了解性别社会化的过程。
5. 领会自尊对个人的影响。

第一节　自我概念概述

一、自我概念的含义

自我概念（self-concept）或称自我，亦称自我意识（self-consciousness），是以自身为对象，形成对自身的看法和观念，是个人对自己整体性的想法与观点；这些概念是因适应个体扮演的不同角色发展而来，是一种心理与行为的核心图式。

自我概念大致包括以下三方面的内容：一是个体对自身生理状态的认识和评价。主要包括对自己的体重、身高、身材、容貌等体征和性别方面的认识，以及对身体的痛苦、饥饿、疲倦等感觉。二是对自身心理状态的认识和评价。主要包括对自己的能力、知识、情绪、气质、性格、理想、信念、兴趣、爱好等方面的认识和评价。三是对自己与周围关系的认识和评价。主要包括对自己在一定社会关系中的地位、作用，以及对自己与他人关系的认识和评价。

二、自我概念的相关理论

(一)詹姆斯关于自我的理论

詹姆斯认为总体上自我分为主体我和客体我。主体我(I)即自己认识的自我，是认识的主体。客体我(me)即人们对于自己的各种各样的看法，包括物质我、社会我和心理我，这三个要素都包括自我评价、自我体验以及自我追求等侧面。如"我恨我自己太缺乏自信了"。第一个"我"是主观的我(I)，是对自己活动的觉察者；第二个"我自己"是客观的我(me)，是被主观的我觉察到的自己的身心活动。

1. 物质我

与自我有关的物体、人或地点(身体组成部分、服装、家庭、亲人等)；"物质自我是他所能称为他的(his)的所有，是结合了最重要利益的本能偏好的目标。不仅限于身体、还包括他的衣服和他的房子，他的妻子和儿女，他的祖先和朋友，他的名声和成果，他的土地和马匹、游艇和账户。所有这些都赋予他相同的情感。如果它们都非常好，那么他会有成就感；如果它们不怎么好，那他会感到沮丧——虽然对每件事而言程度未必相同，但总的趋势是不变的"。

2. 社会我

我们如何被他人看待和承认(给他人的印象、名誉、地位、角色等)；社会自我包括我们所拥有的各种社会地位和我们所扮演的各种社会角色。迪克斯等人区分出五类社会特性：私人关系(如丈夫、妻子)、种族/宗教(如非裔美国人、穆斯林)、政治倾向(如民主党人、和平主义者)、烙印群体(如酒鬼、罪犯)，以及职业/爱好(如教授、艺术家)。

3. 心理我/精神自我

我们所感知到的内部心理品质(感知到的智慧、能力、态度、人格特征、动机等)。

三种客体我都接受主体我的认知和评价，对自己形成满意或不满意的判断，并由此产生积极或消极的自我体验，进而形成自我追求，即主体我要求客体我努力保持自己的优势，以接受社会与他人的尊重和赞赏。

(二)米德的自我理论

1. 镜像自我

米德认为镜像自我是由他人的判断所反映的自我概念。我们所隶属的社会群体是我们观察自己的一面镜子。个体的自我概念很大程度上取决于个体认为他人是如何"看"自己的。

2. 影响自我的两类他人

一类是概化他人，即社会文化整体；另一类是重要他人，来自重要他人的态度和评价，会逐步形成个人自我的重要部分。

3. 自我形成和发展分三个阶段

第一，准备阶段（preparatory phase），原始的自我尚不能运用符号，只能无意识地模仿他人。

第二，游戏阶段（play stage），儿童用游戏扮演不同的重要他人角色，学习其态度和观念，并学会从对方角度看待自己。

第三，社会角色扮演阶段（game stage），即儿童扮演概化他人的角色，将他人行为综合为整体印象，从概化他人角度衡量自己的行为，遵守游戏规则，社会的价值观、态度、规范、目标，由此内化于个体，形成自我。

（三）弗洛伊德关于自我的概念和理论

1923 年，弗洛伊德发表《自我与本我》一书，在潜意识观念的基础上提出了本我（id）、自我（ego）和超我（superego）人格结构的概念。

1. 本我

这是自私的部分，与满足个人欲望有关。本我只与直接满足个体需要的东西有关，不受物理的和社会的约束，按快乐原则行事。

2. 自我

在生命的前两年，儿童与环境相互作用，自我开始形成。自我是人格中理智的、符合现实的部分。它派生于本我，不能脱离本我而单独存在。目的是为了适应或协调本我的需要和现实环境之间的关系。代表理性，按照"现实原则"行事。

3. 超我

儿童大约 5 岁的时候，人格结构的第三部分——超我开始形成。超我代表社会的、特别是父母的价值标准。它是人格中最文明、最有道德的部分，由父母传达的文化价值观和禁忌的内化。超我有两个方面，一个是理想自我（使人有荣誉感和自我价值），另一个是良心（使人自觉无价值或罪恶感）。与自我不同，超我是社会道德的化身，按照"道德原则"行事。

本我、自我和超我三者相互交织在一起，构成人格的整体。在正常情况下，这三者处于相对的平衡之中，因此，个人就会采取恰如其分的行动，适应周围环境。

(四)埃里克森的自我同一性理论

埃里克森认为人格的形成与发展是由生物的、心理的、社会的三个方面的因素共同导致的，并且表现为一个分阶段、有顺序、连续着的过程。他将这个过程分为八个阶段，每个阶段都有一个主要的发展任务，这个任务解决得好，人格就朝积极健康的方向发展，若解决得不好，人格就向消极的或病态的方向发展。

1. 基本信任对不信任阶段(出生～18个月)

相当于婴儿期。在这一时期，孩子开始认识人，当孩子哭或饿时，父母是否出现则是建立信任感的关键。信任在人格中形成了"希望"这一品质，它起着增强自我力量的功能。成年后性格倾向于乐观、开朗、信任、活跃、安详，充满朝气和对未来的希望，相信自己的希望能够实现，富于理想，敢于冒险，不怕挫折和失败。否则，儿童人格中形成恐惧的特质，不敢希望，时时担忧自己的需要得不到满足。成年后倾向于悲观、多疑、抑郁、烦躁、不信任人、缺乏安全感等。

2. 自主性对羞怯或疑虑阶段(18个月～4岁)

自主性是指一个人能按自己的意愿行事的能力。这一阶段开始有独立自主的要求。父母如允许其在安全条件下自由活动，鼓励其在活动中获得成功，对发展自主感有帮助。限制过多、包办代替，使孩子产生失败体验，会造成羞怯和怀疑。

此阶段的危机指儿童的意愿与父母的意愿会产生激烈的冲突。因为，此阶段儿童生理上学会了爬、走、拉、说、能控制大小便等能力，不满足于留在狭窄的空间内，表现出强烈的自主愿望，但家长怕危险会过多限制，造成二者之间产生冲突。这阶段的家长要适当满足孩子的自主要求，但也要按照社会规范适当限制非社会化的不良行为。好的表现及时表扬，多引导，少代替。

3. 主动性对内疚阶段(4～6岁)

相当于学前期。这一阶段，儿童活动性和言语能力发展很快，活动范围大大扩展，好奇心和学习兴趣很大，表现出极大的主动性。这一时期如果儿童表现出的主动探究行为受到鼓励，儿童就会形成主动性。成年会倾向于自动自发，做事有计划性、目的性、有责任感等。如果成人讥笑儿童的独创行为和想象力,那么儿童就会逐渐失去自信心,这使他们更倾向于生活在别人为他们安排好的狭窄圈子里,缺乏自己开创幸福生活的主动性。当儿童的主动感超过内疚感时,他们就有了"目的"的品质。埃里克森把目的定义为:"一种正视和追求有价值目标的勇气,这种勇气不为幼儿想象的失利、罪疚感和惩罚的恐惧所限制"。

4. 勤奋对自卑阶段(6~12岁)

相当于学龄初期。这一阶段开始到学校学习,如果他们能顺利地完成学习课程,他们就会获得勤奋感,这使他们在今后的独立生活和承担工作任务中充满信心。反之,就会产生自卑。当儿童的勤奋感大于自卑感时,他们就会获得有"能力"的品质。儿童智力不断发展,特别是逻辑思维能力的提高,使他们提出的问题更广泛、深刻。活动空间的扩大也使得影响他们的人已不限于父母。

5. 自我同一性对同一性混乱阶段(12~18岁)

相当于青春期。自我同一性(identity)是指青少年在自身的形象、角色、价值、目标等人生重要方面建立起成熟的自我意识,并达到个人的内部意识与自身外部特征相一致。自我意识的确定和自我角色形成是其核心问题。对周围世界有了新的观察与思考方法,经常考虑自己到底是怎样一个人。他们从别人对自己的态度中,从自己扮演的各种社会角色中逐渐认清自己。逐渐疏远父母,从对父母的依赖关系中解脱出来,而与同伴建立了亲密的友谊。主要任务是获得自我同一性,避免同一性混乱。

6. 亲密对孤独阶段(18~30岁)

相当于成年早期。这是建立在家庭生活的阶段。在与他人同甘共苦、相互关怀中建立亲密感。但若不能与他人分享快乐、分担痛苦,不能与他人进行思想感情交流、不能互相关心帮助,就会陷入孤独寂寞的苦恼情境中去。本阶段主要任务是获得亲密感,避免孤独感。

7. 生育对自我专注阶段(30~65岁)

相当于中年、壮年期。他认为,生育感有生和育两层含义,一个人即使没生孩子,只要能关心孩子、教育指导孩子也可以具有生育感。反之没有生育感的人,其人格贫乏和停滞,是一个自我关注的人,他们只考虑自己的需要和利益,不关心他人(包括儿童)的需要和利益。在这一时期,人们不仅要生育孩子,同时要承担社会工作,这是一个人对下一代的关心和创造力最旺盛的时期,人们将获得关心和创造力的品质。

8. 自我整合对绝望阶段(65 岁以后)

老年人常对一生进行回顾,想要知道一生是否活得有价值。在这一过程中,如果前七个阶段的良性积累,过往的成就和阅历,会使老人愿意回顾人生,获得自我完整的积极评价;如果他们积累了较多消极成分,使人觉得一生未如理想,而岁月不再,已没有机会再过另一种生活了,从而失望。自我整合是一种接受自我、承认现实的感受,一种超脱的智慧之感。如果一个人的自我整合大于绝望,他将获得智慧的品质,埃里克森把它定义为:"以超然的态度对待生活和死亡。"

埃里克森认为,在每一个心理社会发展阶段中,解决了核心问题之后所产生的人格特质,都包括了积极与消极两方面的品质,如果各个阶段都保持向积极品质发展,就算完成了这阶段的任务,逐渐实现了健全的人格,否则就会产生心理社会危机,出现情绪障碍,形成不健全的人格。

(五)罗杰斯的自我概念理论

罗杰斯(C. Rogers)认为自我概念是个人现象场中与个人自身有关的内容,是一套有组织的、为自己所意识的、与自己有关的知觉整体。对一个人的个性与行为具有重要意义的不是真实自我。而是自我概念。自我概念控制并综合着对环境知觉的意义,高度决定着个人对环境的反应。

所有人都生活在只有他们自己才明白的主观世界之中,正是这种现象学的实在(主观的实在,是人们眼中所见、脑中所想的东西)决定着人们的行为。

罗杰斯提出两类不同的自我概念:真实自我(real self):此时此刻真实存在的自我。理想自我(ideal self):个体最喜欢拥有的自我,个体希望自己是一个什么样的人的看法。一个心理健康的人的真实自我和理想自我是相当接近或相互符合的。理想自我与真实自我之间的差距能够作为一个人心理是否健康的指标。理想自我与真实自我的和谐统一就是自我实现。

(六)霍妮关于自我的理论

霍妮将自我视为个人在生活经验中所形成的自我意象(self-image)。个人的自我意象代表他对自己的看法。霍妮认为,由于个人生活经验不同而有三种不同的自我意象。现实自我(actual self):指个人某时某地身心特征的综合,代表个人的实际面貌。真实自我(real self):指个人可能成长发展达到的地步,代表个人人格发展的内在潜力。理想化自我(idealized self):指个人脱离现实而凭空虚构的自我意象,代表个人企图以否认的方式化解其内心的冲突与焦虑。理想化自我表现的方式是设想自己具备胜于他人的十全十美的条件。霍妮认为，当一个人完全受限制于理想自我并受他的指引时，他们就总是以"应该是什么"来支配自己的思想。霍妮用"应该的暴虐"来形容他们的自我破坏。他们在太多的"应该下"越来越远离自己。用霍妮的话说是"和自我疏远"。他们生活在无数的应该下，他们越来越失去了"此时此刻"的感觉，他们渐渐地与现在疏远，但他们在理想的应该下，"暴虐地对待自己"。霍妮认为理想化自我是一种心理异常现象，也属于神经质性格。对此种心理异常者治疗时，最重要的是帮助他重新评估自己，认识自己，从而放弃理想化自我而改从真实自我中发展自己。霍妮(1945)相信，神经质的人格具有一种固执的、理想化的自我特性。这类人不能忍受低人一等的感觉，因而构建出一个理性的自我意象。这种人在任何事上都要做到最好，想要被所有人喜欢、崇拜和认可。①

三、自我的复杂性

林维尔(Linville，1985，1987)用自我复杂性(self-complexity)来说明不同个体用不同方式看待他自己。用许多不同方式看待自己的人被认为具有高自我复杂性，反之则被认为自我复杂性较低。林维尔认为，自我复杂性上的差异会影响人们对积极事件和消极事件的反应。个体的自我表征越不复杂，他对于积极事件或消极事件的反应就越极端。例如，假设你是个诚实的律师，你生活得全部重心都围绕着你的工作，如果你赢了一场官司，你就会感到欣喜若狂，但是如果你输了，你就会觉得受到了沉重的打击。林维尔认为这是因为你没有其他的东西可以依靠②。

尽管具有多种特性可以让我们生活得更健康，但有一点要注意的是复杂的自我概念也可能让我们陷入麻烦当中。正像威廉·詹姆斯指出的那样，问题在于我们不能拥有所有我们想拥有的东西。多纳休等人的研究发现(Donahue，Robin，Roberts & John，1993)高自我概念差异总与抑郁、神经质和低自尊相联系。这表明自我的多重特征只有在彼此很好地结合的前提下才是有益的③。

---

① [美]乔纳森·布朗. 自我[M]. 陈浩鹰，等译. 北京：人民邮电出版社，2004：32.

② [美]乔纳森·布朗. 自我[M]. 陈浩鹰，等译. 北京：人民邮电出版社，2004：96.

③ Donahue E. M. , Robin R. W. , Roberts B. W. & John O. P. The Divided Self：Concurrent and Longitudinal Effects of Psychological Adjustment and Social Roles on self－concept Differentiation[J]. Journal of Personality and Social Psychology，1993，64：834－846.

四、自我概念的功能

伯恩斯(Burns，1982)在其《自我概念发展与教育》一书中，系统论述了自我概念的心理作用，提出自我概念具有保持内在一致性、解释经验和决定人们的期望三种功能。

(一)保持内在一致性

个体行为的稳定性和一致性的关键是个体怎样认识自己。通过保持内在一致性，自我概念实际引导着个体行为。金盛华(1985)[1]和李德伟(1988)[2]的研究认为，自我胜任概念积极的学生，成就动机与学习投入及成绩也明显优于自我胜任概念消极的学生。当学生认为自己名声不佳，被别人认为品德不良时，他们也就放松对行为的自我约束，甚至"破罐子破摔"。很显然，通过保持内在一致性的机制，自我概念实际上起着引导个人行为的作用。在这个意义上，在儿童青少年的发展过程中，引导他们形成积极的自我概念，对于"学会做人"有着非常重要的意义。

(二)解释经验

一定经验对个人具有怎样的意义，取决于个人在怎样的自我概念背景下做出评价。同样的经验对不同自我概念背景的人，会具有不同的意义。詹姆斯提出：自尊＝成功/抱负。说明，个人的自我满足水平并不简单决定于获得多大成功，还决定于个人怎样解释所获得的成功对于个人的意义。自我概念形成不仅是儿童社会化的重要方面，引导儿童一开始就形成积极的自我概念是一种先定的教育定向。自我概念就像一个过滤器，进入心理世界的每一种知觉都必须通过这一过滤器。知觉通过这一过滤器时，它会被赋予意义，而所赋予意义的高度则决定于个人已经形成的自我概念。

(三)决定人们的期望

心理学家伯恩斯 1982 年指出，儿童对于自己的期望是在自我概念基础上发展起来，并与自我概念相一致的，其后继的行为也决定于自我概念的性质。

① 金盛华.差生教育的角色改变方法研究实验暨理论探讨[D]北京：北京师范大学硕士学位论文，1985.

② 李德伟.小学儿童自我概念改变与智力开发：关于自我概念与能力关系的实验研究[D]北京：北京师范大学博士学位论文，1988.

自我概念积极的学生，他的自我期望值就高。当他取得好成绩时就认为这是意料中的事，好成绩正是他所期望的。自我概念消极的学生，当他取得差成绩时，却认为这是意料之中的事，假如偶尔考了个好成绩，却觉得喜出望外。反过来，差的成绩又加强了他消极的自我概念，形成恶性循环。消极的自我概念不仅引发了自我期待的消极，而且也决定了人们只能期待外部社会消极的评价与对待，决定了他们对消极的行为后果有着接受的准备，也决定了他们不愿更加努力学习，决定了学习对于他们不再有应有的吸引力，丧失了信心与兴趣。

由于自我概念引发与其性质相一致或自我支持性的期望，并使人们倾向于运用可以导致这种期望得以实现的方式行为，因而自我概念具有预言自我实现的作用。人们所表现的行为以及他们所选择的生活方式是受他们对自己的看法的影响的。自我概念对人的行为具有指引作用，人们如何思考和感受他们自己，将塑造和指引他们的行为。一个认为自己很智慧和具有幽默感的人会在聚会上不停地讲故事；一个怀疑自己能力的人会因为自己缺乏能力的消极信念而无法在学校学习下去；认为自己有艺术才能的人会追求自己的艺术梦想；认为自己很时尚的人会穿戴最时髦的服饰。

第二节　性别自我概念的形成与发展

一、性别自我概念

性别自我概念是指个体对自己性别的认识与评价，它是自我概念的一部分。性别自我概念的主要成分是性别认同（gender identity），就是一个人是女性或男性的自我认定。这种认同是在 2～3 岁发展起来的，并且通常与生理特征一致①。

林崇德认为，性别角色认同指个体获得真正的性别角色，即根据社会文化对男性、女性的期望而形成相应的动机、态度、价值观和行为，并发展为性格方面的男女特征，即所谓男子气（masculinity）和女子气（femininity）。这类概念强调在生理性别基础上，个体对社会文化所期待的适合个体性别群体的理想

---

① ［美］Claire A. Etaugh & Judith S. Bridges. 女性心理学［M］. 苏彦捷，等译. 北京：北京大学出版社，2003：43.

行为模式的认可程度①。

二、性别社会化

社会化是指使人们获得个性并学习其所在社会的生活方式的个人与社会相互作用的过程，它是联系个人和社会的必要环节，它是个过程，常常被称为社会化过程。社会化过程主要分为初级社会化和次级社会化，初级社会化主要指家庭环境中的社会化，次级社会化主要指在学校、同龄群体、组织、媒体、工作场所等环境中的社会化。

通过社会化过程，个体将社会角色和社会规范内化为自己行动的准则，从而使文化、制度等得以再生产。尽管社会化过程在婴儿期和儿童期格外重要，但在一定程度上是延续一生的。

性别社会化简单地说就是在家庭、传媒等社会中介的协助下，习得社会性别角色，即学习如何做个男人或女人的过程。它从人一出生就开始了，其内容涉及性别期望、性别角色和性别认同。

社会性别的社会化这一思路明确区分了生物性的生理性别与社会性的社会性别，婴儿出生时就有了前者，随后发展出后者。通过与初级和次级社会化中介的接触，儿童逐渐将被认为与其生理性别相符的社会规范和期望加以内化。

三、性别自我概念形成的理论

性别自我概念是人格与社会发展的重要内容。

(一)精神分析理论

精神分析理论认为，性别形成源于儿童对女性和男性之间解剖差异的意识与他们强烈的天生的性欲望的结合。其中男性生殖器的优越和重要性是一个关键性前提。男性因阉割情结而放弃恋母情结转而与父亲认同，并将社会道德融为自己个性的一部分。而女性则因为没有阴茎而自卑，把希望寄托在父亲身上，当其愿望最终不能实现时又转而认同母亲。认同是孩子健康适应同性父母的特质的开始，并通过认同过程表现出性别定型。精神分析的这种解释强调男性的优越性，缺少科学依据，女性主义者们不愿接受。

---

① 林崇德．发展心理学［M］．杭州：浙江教育出版社，2002：284－286．

(二)社会建构理论

社会建构理论认为性别是社会建构的，而不是生物遗传的。性别差异主要源于社会实践和风俗习惯的不同，而不是个体固有的属性的差异。男女间性别的巨大差异取决于他们的社会地位、教育、种族和职业。米德通过对原始部落的考察认为，男女气质和性格是由社会条件形成的，性别差异也取决于社会文化。每一社会都选择了一些奠定在生物性性别差异基础上的男女心理特点加以肯定和强化，选择另一些加以否定和惩罚，从而塑造出因不同性别而具有不同性格的人。

(三)社会学习理论

社会学习理论并不否认遗传在两性角色定型中的作用，更强调两性角色的社会化学习，即通过观察、强化和模仿获得。社会心理学家班杜拉认为在儿童的周围不乏性别的榜样，包括父母、老师和有权威的人物。他认为儿童的性别角色的获得有以下几条途径：一是通过模仿这些人中同性别的个体行为，从而获得一个评判标准。二是有选择地学习同性个体的共同点，并将这些内化成自己的一个标准。儿童会根据自己内化的标准来规范自己的行为。三是儿童会通过观察同性榜样的行为，来给自己的性别标准提供依据。男女两性角色的获得是观察、强化、模仿相互作用的过程，这一过程通常持续很长时间。

模仿学习是一种社会学习，是通过观察行为榜样的结果，而在相似情境中表现出类同行为的过程，是人的社会行为传递的一种心理机制。多数有关性别定型的研究都强调了模仿和认同在获得性别定型行为中的作用。开始是模仿父母、抚养者，慢慢扩大模仿对象。更多模仿同性榜样，模仿学习也可通过大众传媒进行。

社会学习理论强调父母以及其他社会化媒介对两性儿童所施加的不同的社会化，直接形成了两性性别角色行为的差异。这里班杜拉运用"直接强化"的概念解释对儿童性别行为的塑造。"直接强化"是指为了实现性别的定型化行为对男孩和女孩的奖励和惩罚必须予以区别，表现在父母按照自己性别角色的定型，对两性儿童施加直接或间接的压力，有区别地对待男孩和女孩。当儿童做出与性别相符的行为时，便给予表扬和奖励，当做出与性别不相符的行为时，便给予批评和惩罚，从而使儿童形成了性别角色行为。研究表明，父母在儿童早期确实限定了儿童的性别角色行为并直接地指导儿童掌握这种行为，最明显的如他们为男孩和女孩准备不同的服装和提供不同的玩具。但是研究也表明，除了服装、玩具等特别限定的领域，在其他领域，父母对两性儿童所施加的社会化影响是十分相似的，并无明显的差异。因此，强化理论也只能解释部分性别角色行为的获得。

(四)认知发展理论

该理论主张儿童是主动的学习者，并试图理解其社会环境。他们基于性别来组织环境，并发展有关女性应做什么和男性应做什么的概念。儿童从他们的所见所闻中逐步形成了性别刻板概念。儿童的行为在不断地强化他们的性别认同，一旦获得了他们自己的性别知识，行为和思想间的交互作用致使形成稳定的性别认同，即获得性别恒常性。

劳伦斯·柯尔伯格(Lawrence Kohlberg)是认知发展理论的代表，提出性别同一性发展的理论。性别角色发展中的重要原因并不是母亲和孩子的关系，而是由于儿童自身认知的发展。这个理论注意到了儿童与性别意识有关的思维活动。其基本内容：①性别认同即儿童将男性和女性进行性别归类，这是性别角色态度的基础。②性别认同是通过对自己发育初期表现出的身体状况和判断而形成，此时儿童接受同性行为，排斥异性行为。③这种认知判断虽是2～7岁儿童形成性别认同的结果，但儿童的性别角色和性别概念往往受环境某些变化的影响。④基本的自我类型决定基本的价值取向，"男子气""女子气"的表现在于把自身性别相符合的事物作为追求的目标。⑤基本的普遍的性别角色发展于幼年期，从男孩女孩意识到彼此的生理差别开始。⑥这种习惯性概念使儿童产生"男子气""女子气"的表现，即与同性人物确立性别同一性。⑦双亲适当的行为可促进和巩固性别同一性和性别角色价值的形成，这一过程在各种养育条件下都会产生。

柯尔伯格认为性别认同是认知发展的结果。性别认同要经历：2岁，认知自己的性别标记；3岁，根据外观特征把性别标记类化到别人身上；4～5岁，明白性别基于身体的构造，认为性别可变；6～7岁，知道性别与解剖结构组织不可变，即形成性别恒常性。此过程不以提供生理解剖知识而加速，须等待儿童心智发展到足以了解这个事实才能进行。一个儿童一旦把自己认同归类到他是男性或她是女性，性别是永恒不变的，儿童就会想要做与自己"类别"一致的事情。柯尔伯格认为重视与自己的"类别"一致或做与自己相称的事情是很自然的，因此孩子们往往模仿那些像自己一样的人的行为；对女孩来说是母亲或姐姐，对男孩来说是父亲或兄长。柯尔伯格还认为孩子们还会模仿那些因为声望或势力而受到尊重的人的行为(并非同一个人),又因为具有这些品质的往往是男人而不是女人,所以女孩可能会受到男人和女人两方面的影响并去模仿。柯尔伯格接着又说,女孩不像男孩那样可以进行互补性模仿,所以她们所谓的女性气质是由男人的接纳与赞许来定义的。柯尔伯格把生物学和环境都看作影响性别同一性发展的因素。一旦孩子认识到"我是男孩"或"我是女孩",他就会想要做男孩或女孩的事情,并且会觉得这样做是有益的。这个理论的最重要方面是注意到了孩子对性别的想法以及他(她)对这方面知识的理解。

(五)性别图式与性别脚本理论

图式是指人脑中有组织的知识结构,它涉及人对某一范畴事物的典型特征及关系的抽象认识,是一种包含了客观环境和事件的一般信息的知识结构。儿童形成与性别相关的认知结果和行为表现是由于儿童形成了特殊的与性别相关的图式。性别图式理论对性别发展和差异进行了解释。其假设是儿童和成人都有关于性别的图式,这些图式直接影响个体的行为和思维。贝姆指出,性别图式是信息的重要组织者,性别图式使个体搜索与图式一致的信息,而与图式不一致的信息则被忽视或转化。性别图式形成后,儿童就被期望按照与传统性别角色相一致的行为行事[1]。

性别脚本理论由塞克、艾贝尔森提出。认知心理学把人从事的某些典型活动按先后次序所做的有组织的认知称为脚本,指脑海中的蓝图、大纲。性别脚本是对性别图式的延伸。儿童通过观察总结,在大脑中形成关于性别社会规范即性别脚本。年龄大的孩子有着更完善的性别脚本。性别脚本影响记忆,儿童在回忆与自己同性别的脚本时更加精确。

四、性别刻板印象、偏见与歧视

(一)性别刻板印象、偏见与歧视的含义

性别刻板印象(gender stereotype)指的是传统的、被广泛接受的对两性的生物属性、心理特质和角色行为的较为固定的看法、期望和要求。而这些看法却可能是错误而过于简单化的。它来自于特定文化背景的对待两性的行为规范和价值准则。如作为男人(man),就需要具备男性化特质(masculinity),例如

---

① Bem, Sandra Lipsitz. Gender schema theory: A cognitive account of sex typing[J]. Psychological Review, Vol 88(4), Jul, 1981: 354—364.

独立、理性、主动、有自信等。作为女人（woman），则需要拥有依赖、感性、被动、柔弱这些女性特质（femininity）（Basow，1992）①。生活中常见的两性刻板印象如表 3-1 所示。性别角色的刻板印象通过习俗和舆论表现出来。习俗、舆论不断调节人们的行为，成人的性别刻板印象对成人心理行为产生一定的社会约束行为。

表 3-1　生活中常见的性别刻板印象

	身体特征	心理特质	角色行为
男性	高大强壮	刚强、自立、粗犷	事业工作
女性	纤弱苗条	温柔、依赖、细心	家务

偏见是指对一组人的有偏见的态度或情绪反应。性别偏见主要是指对女性的偏见而言的。对女性所持的不公正见解和态度，或者说对女性的消极、否定性的态度。

性别歧视是对某一性别的人采取的不公正行为。性别歧视是指有偏见的行为，由于人们的性别导致的偏见，可能指向女性，也可能指向男性。其特殊的界定为：局限女性角色而保持男性支配性的刻板定型或歧视行为。

(二)媒体中的性别刻板印象、偏见与歧视

性别社会化关键的儿童阶段，孩子们接触到的玩具、图画书和电视节目等媒体往往都会强化男性特质和女性特质之间的差异，认为是制造性别刻板印象、偏见和歧视的来源。媒体（media）是指传播信息的媒介，它是指人借助用来传递信息与获取信息的工具、渠道、载体、中介物或技术手段。也可以把媒体看作实现信息从信息源传递到受信者的一切技术手段。对性别塑造影响较大的媒体为大众传媒，其形式多种多样，包括电视、报纸、电影、书籍、杂志、广告、电子游戏、光盘、互联网等。社会性别研究关注大众传媒中的性别关系模式和性别气质模式描述中的性别刻板印象、偏见与歧视，从心理学的角度说这样的描述无意识中进一步塑造了两性的差异。

大众传媒中的性别刻板印象、偏见与歧视非常明显地表现在以下几个方面：所刻画的男性和女性数量上不成比例，所描述的两性性别化特征，与男性

---

① Basow，S. A. Gender：Stereotypes and roles（3rd ed.）[M]. CA：Brooks/ Cole. 1992

相比女性角色表现出的局限性，可供女性选择的职业数量较少，以及在两性相关联的不同的身体特征。

1. 故事书与漫画

传统的童话故事，和更多的写给儿童看的现代故事一样，充斥着性别的刻板印象。在许多童话里，被动的女性是特别理想的。莱奥诺雷·韦茨曼和她同事（Weitzman，1972）做了一项研究，分析了一些最流行的学龄前儿童书籍中的社会性别角色，并发现了这方面一些明显的差异①。在故事和图画中，男性比女性扮演的角色分量要大得多，比例高达 11∶1。男性的活动与女性的活动也不一样。男性从事更具冒险性的探索，进行户外活动，要求独立和力量。而在出现女性的地方，就会被描绘为被动的，基本上限于室内活动。女性为男性烧水做饭、洗衣扫地，或者就是等着他们的归来。故事书里所体现的成年男性和女性也基本如此。在所分析的书中，没有一位女性在家庭外面有一份职业。与此相反，男性都被描绘成战士、警察、法官、国王等。更近的研究表明，情况虽然已经有了一定程度的改变，但儿童文学的主体基本上还是一样。在漫画中，男性和女性的形象仍遭到严重的扭曲，男性无论是作为主角还是配角，在漫画中出现的频率都是比较高的，而且大量的职业形象都是男性。

2. 新闻报道

女性出现在新闻媒体上的概率少于男性。无论在大报还是在小报中，女性被以负面形象呈现的比例大于男性。新闻媒体对政坛中的女性更是分外苛刻。新闻报道对男性和女性是区别对待的，无论这些新闻报道的主题是什么，其在论及女性的外貌和衣着方面远远多于男性。

3. 荧屏

电视剧中男性占据了大部分的角色，而且电视中的男性和女性通常是按照性别刻板印象的方式刻画的。男性也表现得更具攻击性、起到更为关键的作用，通常将他们刻画为拯救其他人脱离危险和痛苦的环境。女性被刻画为唯命是从的、不积极的角色。男性有更多作为也获得更多回报，而女性角色的行为通常不重要。男性和女性所从事的职业类型也是性别刻板化的。研究表明，观看电视与儿童和青少年对性别刻板印象的态度之间有关联性。看较长时间电视

---

① Weitzman L. et al. Sexual Socialization in Picture Books for Preschool Children[J]. American Journal of Sociology，vol. 77，1972.

与对传统性别刻板印象的坚持之间存在正相关性。

电视广告中的性别歧视倾向比其他节目更严重，女性在节目中穿着诱惑性装束。通过对多国的研究发现，广告中的女性人物比男性年轻，而且也都是以传统的家庭角色出现。电视广告中的性别歧视倾向比其他节目更严重，女性在节目中穿着诱惑性装束的比例是男性的 4 倍，并且这些性别歧视存在于不同文化之中。

五、性度、性别气质及其双性化

(一)性度

1. 性度及其表现

性度(degree of sex difference)是指一个人男性化或女性化的程度。性度概念抛开了两性在解剖、生理上的差异，从心理行为上区分为男性化和女性化，并将其作为一个维度中的对立两级。任一个体，从心理行为特征上可能偏向于男性化，也可能偏向于女性化，或者表现为中性化，这就是其性度。性度可以通过男性化—女性化测验加以测量。影响个体性度，既有生理的原因，也有社会的原因。一个人的男性化程度越高，其女性化的程度就越低，反之亦然。

性度可分为"男性度"和"女性度"两方面，所谓"男性度"就是男性特点在某人身上所占的比重，所谓"女性度"就是女性特点在某人身上所占的比重。

2. 性度偏向的影响因素

(1)性激素的影响。研究发现，血液中循环的性激素影响个体的身高和比例、胖瘦等形体特征及男性气质、女性气质，对人的爱好、情感特征等也有很大影响。男女身上都存在着不同比例的雄性激素和雌性激素，这为两种"性度"并存找到了生物学的基础。据美国霍布金斯大学医学院研究，一个女孩子如果出生于一个代谢功能异常、雄性激素较多的子宫中，她从小到长大以后，"男性度"都表现得很强。在这种具有过量的雄性激素的子宫中出生的男孩子，就具有更强的"男性度"。

(2)生活环境的影响。有人曾对两组儿童进行观察：男孩子凡是生活在以父亲为主导的家庭中，或是经常和父亲在一起的，或是兄弟姐妹中男孩子多的，"男性度"就强；如果生活在母亲起主要支配作用的家庭中，或是与父亲分居的，或是兄弟姐妹中女孩子多的，"女性度"就强。对女孩子来说，也是同样。

(3)年龄、文化程度和工作性质的影响。专家曾经在高中生和大学生中进行了"男性度"和"女性度"的调查。发现"性度"并无多大差别。但到了大学以后，情况有了变化：男大学生的"男性度"比男高中生有显著增强，而女大学生的"女性度"则大幅度下降，其中更多的人呈现中性或男性的倾向。另外，从事科学研究、体育运动和领导工作的女子"男性度"比较强。

由此可见，"性度"的问题既有生物学方面的原因，又有社会学方面的原因，而后者更为重要。"男性度"和"女性度"不是天生的，而是由历史的发展和社会环境的影响所形成的。

(二)性别气质

1. 性别气质的分类

美国心理学家桑德拉·贝姆(Sandra Bem)1979年的研究表明，人按照气质类型分为四个类别：男性、女性、双性和中性①。男性化型：男性化特质高，即具有成就取向、对完成任务的关注或行动取向等一系列性格和心理特征，与主动、活跃、雄心勃勃、大胆、争强好胜、竞争等联系在一起。女性化型：女性化特质高，即具有同情心、令人感到亲切、对他人关心等亲和取向的一系列性格和心理特征，与羞涩、腼腆、胆小、多愁善感的、被动等联系在一起。双性化型：同时拥有女性特质和男性特质。双性化个体由于可以自由表现女性化或男性化行为，所以更具有灵活性和适应性，且独立性强、自信心高。中性，即未分化型。

贝姆性别角色量表(BSRI)

指导语：下列是贝姆性别量表，衡量一个项目与你自己实际的符合程度，按照符合程度的多少划分为：一点也不符合(1分)到完全符合(7分)。请给每一道题打分。

1. 自强　2. 柔情　3. 助人为乐　4. 有理想　5. 乐观　6. 心境不稳　7. 独立性　8. 羞涩　9. 道德的　10. 爱运动　11. 重感情　12. 爱夸张　13. 坚定　14. 爱奉承　15. 自感幸福　16. 个性强的　17. 忠诚的　18. 变幻莫测　19. 有力量　20. 女性心　21. 依赖性强　22. 有分析能力　23. 同情心强　24. 嫉妒　25. 领导能力　26. 敏感　27. 诚实　28. 爱冒险　29. 通情达

---

① Bem S. L. The Measurement of Psychological Androgyny [J]. Journal of Consulting and Clinical Psychology，1979，2：155－162.

理 30. 不坦率 31. 果断 32. 善于怜悯他人 33. 诚恳的 34. 自足 35. 以平息被伤害感 36. 自负 37. 爱支配人 38. 说话委婉 39. 可爱 40. 男子气 41. 给人以温暖的 42. 庄重 43. 愿意表白自己 44. 温柔的 45. 友好 46. 爱攻击他人 47. 轻信 48. 无能为力的 49. 举止像领导 50. 孩子气 51. 顺应环境 52. 个人至上 53. 不说粗话 54. 杂乱无章 55. 竞争性强 56. 爱孩子 57. 有才能 58. 有野心 59. 爱玩乐 60. 保守的

评分标准：

A：把 1、4、7、10、13、16、19、22、25、28、31、34、40、43、46、49、52、55、58 所得的分数相加，再除以 20，这就是你的男性气质得分。

B：把 2、5、8、11、14、17、20、23、26、29、32、35、38、41、44、47、50、53、56、59 所得的分数相加，再除以 20，这就是你的女性气质得分。

C：其他题目为中性测试题，中性测试题的平均分作为掩饰题。

D：如果你的女性气质与男性气质相差 1，那么你就偏重分数较多的那种性别气质。

E：如果都小于 3，那么你就属于未分化型。

F：如果你的男、女分数均在 4.9 以上（只是参考），那么，你就是双性气质的人。

美国心理学家贝姆于 1974 年发表了性别角色量表（Bem Sex Role Inventory，BSRI），这是第一个用来测量相互独立的性别角色的测验工具。BSRI 根据被试自陈是否具有社会赞许的男性化或女性化性格特征来评价其男性化和女性化程度。这是一个 7 点量表，包括 60 个描述性格特征的形容词，男性化量表 20 个，女性化量表 20 个，中性 20 个。目前最常用的是用中位数分类法将人归于不同的性别角色组，男性化和女性化得分都很高的人划分为双性化型，得分都低的划为未分化型，在一个量表上得分高，但在另一个量表上得分低的人分别属于男性化或女性化类型。

目前，研究最多的是对双性化和心理健康的关系，大部分研究都认为双性化的个体具有较高的自尊、较少的心理疾病、较好的社会适应能力，而且双性化的人比其他类型的人更受欢迎。

2. 性别气质的变化

由于受社会文化和经济环境变化的影响，性别气质会发生适应性变化。

Jean Twenge(1997)做了一个基于 20 世纪 70 年代以来来自 50 多个大学校园样本的女性和男性气质分数的原分析，发现最明显的变化是女性的男性气质分数明显地增加了，认为这些性别相关气质上的变化也许可用那段时间发生的一些社会变化来说明：女性就业的百分比显著地增加了，女大学生的母亲更多的在外工作；女大学生的专业抱负已有明显的增加；更多的女孩和妇女参加了体育运动①。可见，女性的性别气质与其社会经验有关。

(三)双性化

双性化或双性性格(androgyny)指个体同时兼有男性特质和女性特质。双性化并不代表性别中立，或没有性别，也不涉及性的取向，而是描述个人不同程度上表现出两性的行为特征，突破性别刻板印象的束缚。

双性化人格的特点：一个人身上同时具备男女的爱好、兴趣能力，尤其是心理气质方面具备男女的长处与优点。表现：既独立又合作，既果断又沉稳，既豁达又敏感，既自信又谨慎，勇敢中不乏细腻，独立竞争中多了几许温柔和善良，支配中又有几分民主……

关于男女双性化的研究。1964 年罗西(A. Srossi)最早提出双性化概念②，认为人身上既可能有男性化特征，也可能有女性化特征，当男性化特征高时称为男性化型个体，女性化特征较多时称为女性化型个体。如果男性化特征和女性化特征在一个人身上都表现得较多时，就称为双性化个体；而当男性化特征和女性化特征表现得都比较少时称为未分化个体。这种男性化或女性化特征的划分，不是考虑生物学意义上的性别，而是平等地看待每一个人，依据体质、性格、行为表现和能力来区分。从行为表现上来讲，世界上不存在绝对的男性和女性，男女的性格特征是混合交织存在于同一个人身上，只存在程度上的差别，而不再是非此即彼的排他关系。这一观点为理解和认识两性的性别差异开辟了新的视野。

1974 年，美国心理学家桑德拉·贝姆(Sandra Bem)设计了第一个测量双性化特质的心理量表——"贝姆性别角色量表"，使得对性别角色的测量变得更加可操作。

---

① Twenge, J. M. Changes in Masculine and Feminine Traits Over Time：A meta－analysis. Sex Roles, 1997, 36(5)：305－325.

② 钱铭怡，等. 女性心理与行为差异[M]. 北京：北京大学出版社，1995.

　　贝姆认为，双性化的人适应能力强，并能在各种情景中取得成功。当人属于典型的男性化型或女性化型个体时，会抑制很多被认为与其性别角色不符的行为。而典型的双性化的人，则会更自由地表现出男性化和女性化的行为，因而更具有灵活性和适应性。双性化个体尽管具有女性特点，如当听到别人的不幸时，双性化个体会立即表现出女性特有的同情心，但他们的独立性并未受女性特点影响，对事物的看法有独立见解，不容易受他人影响①。

　　美国心理学家曾对两千余名儿童做过调查，结果发现一个非常有趣的现象：过于男性化的男孩和过于女性化的女孩，其智力、体力和性格的发展一般较为片面，智商、情商均较低，具体表现为：综合学习成绩不理想（特别是偏科现象严重），缺乏想象力和创造力，遇到问题时要么缺少主见，要么固执己见，同时难以灵活自如地应付环境。相反，那些兼有温柔、细致等气质的男孩，兼有刚强、勇敢等气质的女孩，却大多智力、体力和性格发展全面，文理科成绩均较好，往往受到老师和同学的喜爱。成年后，兼有"两性之长"的男女在竞争激烈的现代社会里，更能占据优势地位。

　　当然，关于双性化是否从各个方面都优于男性化或女性化倾向，当前的研究并未能得出一致的结论。其实，探讨并非想证明男女两性谁更优秀，而是为了促进男女两性之间更好的理解和交流，并为最终超越各自性别特点的局限而努力。

　　双性化是可以学习和培养的。

第三节　自尊与女性的"四自"精神培养

一、自尊与自卑

（一）自尊

　　在自我概念中，有一个自我评价的部分就是自尊（self-esteem）。自尊涉及个体是否对自己有积极态度，是否感到自己有许多值得骄傲的地方，是否感到自己是成功的和有价值的。

　　自尊是指个体对自己整体状况的满意水平，可以是积极的，也可以是消极

---

　　①　董奇，陶沙等著．脑与行为［M］．北京：北京师范大学出版社，2001：119－121．

的，具有跨时间和情境的一致性。高自尊的特质：较容易接受自己与他人；低自尊的特质：容易焦虑、自我怀疑、不快乐。自尊是个体行为的主要动力，是身心健康的决定因素。

(二)自卑

自卑就是低自尊。由于自尊的需要是一种丰富性的需要，故自卑的人最需要获得尊重。有时候我们说某人虽然自卑，但他的自尊心还非常强。这话的意思是，他的自尊需要很强，是维护自尊形象的防御心理非常强（否认失败、为缺点作辩解等），而不是说他的自尊需要得到满足，是个高自尊的人，体验到了高度的自我价值感。

从人际关系心理学的角度看，自卑感往往是引起摩擦和麻烦的最主要根源。不少自卑者为了维护自己脆弱的自尊心，如果有一点点小事危及他的自尊时，就会立刻产生保护自我的心态和过激的反应。特别是其自尊心特别低落时，几乎所有的事物都会对他形成一种威胁。

自卑（低自尊）者的特征包括以下几方面。

第一，高度地使用自我防卫机制。

第二，对他人批评的高度敏感和过分在乎。

第三，认为所有的批评都和自己有关。

第四，对他人奉承、赞扬做出过度的反应。

第五，对竞赛的拙劣反应：只与比自己差的人，或比自己强大得多的人比赛。

第六，轻视别人的倾向。

良好的自我概念和自尊水平有助于自卑情结的摆脱。

二、自尊的结构与影响因素

(一)自尊的结构

詹姆斯认为，自尊即个体的成就感，取决于个体在实现其设定目标的过程中成功或失败的感受。他在《心理学原理》(1890)一书中提出了一个自尊的经典公式：

$$自尊＝成功/抱负$$

库伯密斯(1967)认为，自尊从四个方面来建立：①个人重要性；②能力；

③个体的道德性；④权力①。

波普(1988)认为，自尊由知觉的自我和理想的自我两个维度构成。知觉的自我就是自我概念，是个体对自己具备或不具备各种技能、特征和品质的客观认识。理想的自我是个体希望自己成为什么人的一种意向和一种想拥有某种特性的愿望。当知觉的自我与理想的自我一致时，自尊就是积极的，否则就是消极的。自尊体现在五个方面：①社会方面；②学业自我效能方面；③家庭方面；④身体意象方面；⑤整体自尊。②

我国学者张静(2002)认为，自尊是个体社会实践过程中所获得的对自我的积极情感性体验，由自我效能或自我胜任和自我悦纳或自爱组成③。黄希庭(1988)认为，自尊可以分为：总体自尊、一般自尊和特殊自尊④。

在马斯洛(A. Maslow)的需要层次论中，自尊是一种高级需要。自尊需要包括两方面：一是对成就、优势与自信等的欲望；二是对名誉、支配地位、赞赏的欲望。

自尊需要的满足会产生自信，个体就会觉得自我有价值、有力量、有地位。如果自尊遇到挫折，个体可能会感到无能与弱小，产生自卑，以致丧失自信心，使人感到自卑，没有足够的信心去处理面临的问题。

总起来看，自尊包括能力与价值两个重要因素。如果一个人认识到自己在社会、学术、身体中的一方面或几方面是有能力的、高素质的，又体验到这一方面或几方面是重要的、有价值的，则他就是有自尊的。前一方面是关于自己能力、体质、品德、人格、品质的看法，后一方面是关于自己价值的看法。在许多情况下，对能力的正面看法是肯定自己价值的基础，但二者有相对的独立性。

(二)自尊的建构及其影响因素

自尊的建构过程中影响自尊的三种信息包括：生活中的成败经验；社会比较得来的信息；自己的内部标准。

自尊的高低取决于自我评价满意度的高低，而自我评价满意度由两方面构

---

①　金盛华. 社会心理学[M]. 北京：高等教育出版社，2006：160.

②　Pope，A，Mc Hale S，Craighead E. Self—Esteem Enhan Cement with Children and Adolescent[M]. Pegrmaon Press，1988：2—21.

③　张静. 自尊问题研究综述[J]. 南京航空航天大学学报(社会科学版)，2002(2).

④　黄希庭. 青少年学生自我价值感全国常模的制定[J]. 心理科学，2003(2).

成：能力和价值。

对自己能力和价值的评价取决于以下因素：自己实际的能力水平；自己过去的能力水平；自己过去能力的表现及成败经验；自己的志向水平(认为自己可以达到的)；自己的理想水平(自己想要达到的)；个人的认知风格(如自贬、归因)；他人的能力水平；自己对他人能力的知觉与评价；他人对自己的评价，特别是重要他人的评价。

自尊的情感模型强调，自尊以两种情感为基础：一是归属感，二是控制感。归属感即被爱的感觉，受关注感、受尊重感、安全感。控制感即自己能对世界施加影响的感觉。控制感与胜任力不同，控制感是我们专心做一件事并使事情发生符合我们意愿的变化，但并不一定要求我们有高超的能力。归属感、控制感与父母教养方式有关。

三、自尊需要是人的最重要需要

自我价值需要是人的最重要需要。每个人都希望体验到自己是有能力的、有控制力的、智慧的、理性的、优越的、有道德的、有价值的、有意义的、可爱的、重要的。卡耐基说："人类本性最深刻的需要是渴望别人的欣赏。"詹姆斯也说："人类本质中最殷切的需求是渴望被肯定。"

自尊是作为社会生物的人的重要需要。我们在帮助他人时，往往要为对方接受自己给予的帮助寻找一个"理由"，因为我们希望不伤害对方的自尊；人在做某种违背社会规范的事情(如行贿)时，也要为自己的违规行为制造一种"说法"。其目的除了在于欺骗别人外，也在于避免伤害自我价值感。

格拉泽(Glasser)认为基本的心理需求是：①爱与被爱；②自我价值感。爱与被爱是指感到世界上至少有一个关怀我的人；而自我价值感则是肯定自己在世界上是个有用的、有价值的人。价值感与被爱是不相同的事，例如一个被宠坏的孩子每当遇到困难时，总是父母代为解决，不能经验到自己完成工作的价值感；而一个成功的生意人，则很可能为体验到了价值感但无法获得爱与被爱而痛苦。尊重与爱一个人并不是一回事。有时候我们会极其尊重我们并不喜欢的人的意见。

卡芬顿(M. V. Covinton)认为自我价值是人的主要需要。学生通过努力，力求获得成功，是为了提高自我价值感。

四、自尊对个人的影响

(一)自尊影响人的情感

许多研究表明，自尊的消失是忧郁症患者的重要特征。自尊总体上对人们应对积极反馈的方式影响很小(Brown，1990)。自尊发挥作用最大的地方是在人们面对消极的反馈时。低自尊的人对自己的看法和情绪感受是不稳定的、有条件的，他们成功时对自己的感受很好；失败时对自己的感受就变差。而高自尊者对自己的评价、感受相对独立于他在行动上的成败(Brown & Dutton，1995)。当失败时，高低自尊者都感到悲伤，但只有低自尊者才会在失败后对自己的感觉很差。①

有研究者区分了两种自尊形式：条件自尊和非条件自尊。拥有条件自尊的个体过于重视涉及自尊和价值的问题，他们认为自我的价值体现在达到某个特定标准或者完成某个特定目标；而在非条件自尊下，个体的自尊意识相对不强，他们可以在更基本的层面上体验到自尊和爱的价值，成功和失败不是衡量他们价值的唯一标准。不稳定的高自尊者，即条件自尊者，代表了一种虚假的或防御性的高自尊，是低自尊的特殊类型。

自尊影响一个人的主观幸福感。主观幸福感包括认知成分和情感成分。情感成分指积极的情感体验多于消极的情感体验；认知成分则是人们对自己所处的环境条件与个人身心状况的认识了解，以及对自己的生活质量做出的整体性评价，称作"生活满意度"。自尊影响生活满意度。一个人对生活满意与否的最好指标，不是对家庭生活、友情、收入是否满意，而首先是对自己是否满意。

(二)自尊影响人的认知

对于高自尊的人来说，失败只是意味着没有做好某件事，或意味着缺乏某项能力。低自尊的人总是泛化失败，对于他们来说，失败意味着整体的不胜任：我是一个无能的、很差的人。可见，低自尊的人的自我价值感是有条件的。失败对低自尊者打击更大。

(三)自尊影响人的动机

低自尊的人、自我贬抑的人缺少积极性，能量很低；高自尊的人充满活

---

① [美]乔纳森·布朗. 自我[M]. 陈浩鹰，等译. 北京：人民邮电出版社，2004：184－192.

力，愿意做出新的尝试。

（四）自尊影响人的行为

低自尊者在失败后会变得自我保护，避免冒险；自我妨碍；倾向于退缩，而缺乏坚持性；过分地自我关注，影响了对任务的完成。

被虐待或疏忽的儿童，即不受尊重的儿童，行为表现趋于两个极端：学习困难者或强迫性的过度成就者；行为不动或过动；逃避社交或对人攻击；反抗权威或讨好他人。

（五）自尊影响人际关系

低自尊的人逃避社交机会，容易误解他人言行，对他人的批评过于敏感，有过强的自我防御。低自尊的人还会贬低他人的成就。

（六）自尊影响心理健康

高自尊是心理健康者的核心特征。高自尊者不但相信自己有价值、有独特性，而且相信自己有能力、有潜能，故往往在生活中表现出可贵的毅力，在人生中成功的机会多而失败的机会少，在工作中享受到更多的满足与快乐，而这种成功与满足感会再次强化其自尊。他们喜欢自己，因此能面对现实而不需要歪曲它，故能够客观地认识现实。能认识和欣赏他人的成功，从中吸收经验，促进自我成长。

低自尊是心理不健康者（抑郁症患者、内攻性问题者）的普遍特征。自杀者之所以自杀是因为他们感到自己活得"没有价值""谁也不需要我""前途一片黑暗，我没有未来"。

五、如何提高个人自尊

提高个人自尊的方式多种多样，具体包括以下几种。

第一，满足需要是获得自尊的必要条件。先期的正面经验很重要。如果先期满足需要，得到尊重，以后即使受到惩罚，重建自尊仍是可能的。其中满足归属的需要和控制的需要非常重要。应让其学会自主做决定，增强自我控制感。父母的过多照顾和过度控制，教师代学生做决定会降低其自尊。

第二，掌握满足需要的方式和方法，提高解决问题的能力，成功地进行自我展示。从这个意义上说，学习是提高自尊的重要途径。

第三，积累成功经验，增强胜任感。做成几件事，做精、做细。我们真正的样子、我们活动的结果影响我们对自己的看法，也影响我们的感受。

第四，发扬适度冒险的精神，自觉地承担责任，注重行动。承担责任能产生自我价值感，进而产生主观幸福感。自尊作为一种侧重体验的东西，它的一种重要成分是控制感。

第五，正确地知觉和解释自己的行为表现（正确的归因）。如果把错误看作自己能力低下造成的，就会导致低自尊。不同的归因方式引起不同的情感。把失败归因为自己的不努力，会体验到内疚；把失败归因为自己能力低下，会体验到羞愧。羞愧与内疚的差别：内疚是因为特定的错事而产生的；羞愧则是认为自己很坏的一种感觉。内疚促使个人弥补自己的错误，羞愧则降低一个人的自尊（内疚是因为事情没做好；羞愧是因为对人的否定）。

第六，评价自己要有适当的抱负水平，防止因标准过高造成蔑视自己成就的倾向。自尊＝成就/抱负水平。有两条途径可以让人感觉比较好：一是可以通过提高成绩；二是降低抱负水平。有人研究了 1992 年夏季奥运会得奖牌者的情绪反应：银牌获得者和铜牌获得者谁的感觉更好？银牌获得者想：如果在策略上做微小的改进或更努力一些，我就能得到金牌了。结果银牌获得者更沮丧。

为了维护自尊，必须把理想的自我与可达到的自我区分开来。神经质的人具有一种固执的、理想化的自我，想当"全 A 生""学校里最受欢迎的人""被所有的人崇拜和认可"。神经质的人和正常的人的区别，不是理想自我，而是是否将理想自我混同于可达到的自我，变成了"必须自我"（must self）。

第七，将对自己行为的评价与对个人的评价区别开来，不管行为的好坏、成败，都不能代表个人的价值。不要把"我没有把事情办好"，类化为"我不好"。自我决定论（SDT）区分了两种自尊形式：条件自尊和非条件自尊。拥有条件自尊的个体过于重视涉及自尊的问题，他们认为自我的价值体现在达到某个特定标准或者完成某个特定目标；而在非条件自尊下，个体的自尊意识相对不强，他们可以在更基本的层面上体验到自尊和爱的价值，成功和失败不是衡量他们价值的唯一标准。

第八，发现并欣赏个人的独特性。

第九，尽量不做整体性的评价。多采用"问题中心"的评价，少采用"自我中心"的评价。

第十，相信不理想行为表现可以改变；在学习上持"能力发展观"，而不是

"能力不变观"。

十一,调整个人重要性领域,提高对自己擅长领域的能力重要性的看法。提高个人重要领域能引起更强烈的自我感受。Dunning 等要求被试在两套和领导能力有关的特质上进行自我评分。一套特质侧重于任务取向品质(野心、独立性、竞争性),另一套侧重于人际技能(友好、欣悦性、友善)。然后要求回答哪一种品质对领导能力更重要。结果是:相信自己拥有更多任务取向特质的人认为成功的领导者应雄心勃勃、独立和富有竞争性;相信自己拥有很好人际交往技能的人则认为成功的领导者应友好和友善。

十二,相信每个人都有局限性,当自己有缺陷、行为失败或有错误时,学会接纳自己,尤其是对于自己生理上、身材容貌上的现状要予以接纳。

十三,在进行社会比较时,承认个别差异和社会不能实现绝对平等的现实。自尊不以贬损他人为代价。

十四,在进行社会比较时,在自己不太看重的领域(低个人关联领域)、在不稳定的(可改变的)领域、在自己水平较高的领域进行上行比较并不会降低自尊,甚至会提高自尊水平。与原来水平较低而后来改善达到高水平的人进行上行比较可以增强信心。

十五,将自我评价放在第一位,他人评价放在第二位,不能由他人决定自己的自尊。如果人们将自我评价的权力让给别人,他们就会依赖于别人才能获得信心。因此,一个人控制权的外失与他们的危机会持续相等的时间。

十六,对自己的内在资源、自己的潜力有足够了解(通过内省)。对于成人来说,内部价值(自我成长、自我目标实现、学习能力、道德水平、自我接受)比外部价值(财富、成就、权力、地位形象、学历、身材外表)更有可能使人体验到自尊。反之,人的内在品质、潜在能力被贬,比他的产品、作品被贬更能够降低一个人的自尊。总之,个人要不断发掘自身的力量,逐渐建立起强大的自我支持,并使其稳定;同时也要学会识别和利用环境的支持。

十七,确立有价值的行为目标和为接近目标、达到目标而努力的行动过程,会提高自尊,增加幸福感,因为它使人感受到生活的意义和方向。一个人有了理想,生活无论怎样艰苦,精神上都是安宁的,这也是一种幸福。

十八,扩展活动领域,建立多方面的目标、多方面的价值。

十九,增进社会技巧,改善人际关系。社交技巧能增进个体的"自我形象"与"自尊"。因为社交技巧能帮助个人建立满意的关系,且能更多地从他人处接收到正向的反馈。詹姆斯认为，我们与他人建立联系并不仅仅是因为我们喜欢有同伴，而是因为我们渴望被认可和拥有地位。我们生来就有一种要被别人注意、被别人喜欢的倾向。

二十，乐于助人和利他行为能增强个人自尊，因为它强化了当事人"我是一个他人需要的人"的观念。

二十一，学会自主做决定，增强自我控制感。父母的过多照顾和过度控制，教师代学生做决定，都会降低自尊。

六、女性的"四自"精神及其培养

(一)女性的"四自"精神

自尊就是尊重自己的人格，维护自己的尊严，反对自轻自贱；自信就是相信自己的力量，坚定自己的力量，坚定自己的理想；自立就是树立独立的意识，体现自身的社会价值，反对依附顺从；自强就是顽强拼搏，奋发进取，反对自卑自弱。

"四自"是密不可分的整体。自尊是基石，是"四自"之首；自信是女性成功的重要条件，是力量源泉，是行动的推动力；自立是关键所在，是自尊自信的必然体系，是时代对女性的迫切要求；自强，则是对自身的明确定位，从而根据自身特点和优点来学习，奋发图强。"四自"的核心则是自强。

(二)释放学生自身潜能，培养"四自"精神

女大学生"四自"精神的培养不是简单的知识传授和管理控制，而是潜能"释放"。我们要做的是激发和释放学生本身固有的潜能，自尊需要得到满足从而产生自信，学生有了自信或自我效能感，在此基础上进而形成自立、自强。自信别人无法给予，只能自己获取。简单的知识学习对自信的建立贡献比较小，学生在主动参与活动、学习过程中所体验到的被老师、同学的认可、肯定，在参与竞赛活动、做自己擅长的事情中获得的成就感才是培养自信的最大源泉。因此，要培养女生的自信，要求教师教育教学过程中减少负强化，多肯定、多表扬。减少失败，多创造学生成功、发挥优势的机会。

当然，前边所述提高个人自尊的方式在此仍可用在学生自尊的培养上。

```
┌──────────────┐
│  学习、做事   │
└──────────────┘
        │
        ▼
┌──────────────┐
│ 得到认可、肯定 │
└──────────────┘
        │
        ▼
┌──────────────┐    ┌──────────────┐    ┌──────────────┐    ┌──────────────┐
│   释放潜能    │──▶ │  自尊需要    │──▶ │    自信      │──▶ │  自立、自强   │
└──────────────┘    │  得到满足    │    │ （能量源）   │    └──────────────┘
        ▲           └──────────────┘    └──────────────┘
        │
┌──────────────┐
│ 获得成功、成就 │
└──────────────┘
        ▲
        │
┌──────────────┐
│  竞赛活动、   │
│  做擅长事情   │
└──────────────┘
```

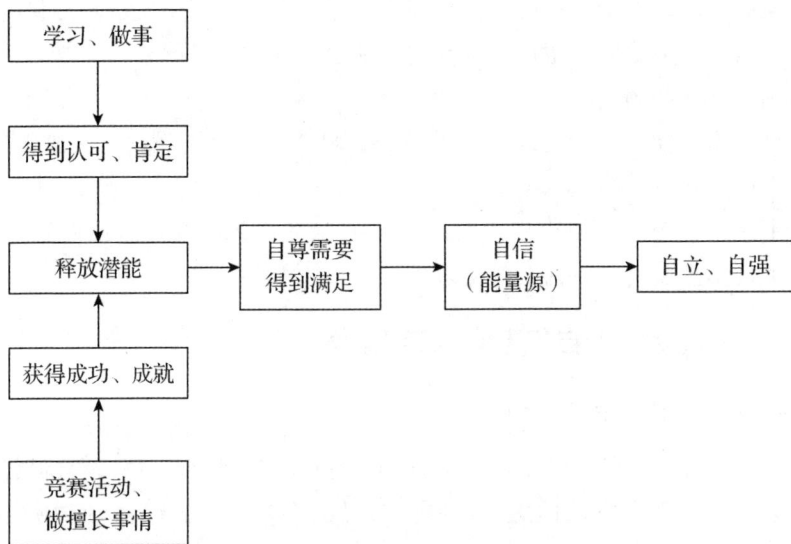

图 3-1 "四自"精神的塑造过程

【本章小结】

自我是以自身为对象，形成对自身的看法和观念。镜像我是由他人的判断所反映的自我概念。影响自我的两类他人：一类是概化他人，即社会文化整体，另一类是重要他人。弗洛伊德认为人格包括本我、自我和超我。埃里克森认为人格的形成与发展是由生物的、心理的、社会的三个方面的因素共同导致的，并且表现为一个分阶段、有顺序、连续着的过程，他将这个过程分为八个阶段，每个阶段都有一个主要的发展任务。自我概念具有保持内在一致性、解释经验和决定人们的期望三种功能。

性别社会化简单地说就是在家庭、传媒等社会中介的协助下，习得社会性别角色，即学习如何做个男人或女人的过程。

自尊需要是人的最重要需要。自尊影响人的情感、认知、动机、行为、人际关系和心理健康。

【关键术语】

自我概念；镜像我；本我；自我；超我；自我同一性；真实自我；理想自我；性别自我；性别社会化；模仿学习；性别刻板印象；性别歧视；性度；

自尊；自卑

【思考题】

1. 解释自我概念的功能。
2. 用认知发展理论解释性别自我概念的形成。
3. 怎样理解性别社会化的过程？
4. 如何理解自尊对个体的影响？
5. 如何培养女性的"四自"精神？

第四章　女性的认知与决策心理特点

女性的直观经常胜过男性为之骄傲的知识的自负。

——甘地

【学习目标】

1. 了解女性的基本认知特点。
2. 理解女性思维决策特点与优势。
3. 理解女性思维决策特点上的限制。
4. 能够应用有效方法提高思维决策效果。
5. 了解女性的消费决策特点。

第一节　女性的认知特点

一、女性的基本认知特点

(一)感觉

感觉是指人脑对直接作用于感觉器官的事物的个别属性的反映，主要包括视觉、听觉、嗅觉、味觉、触觉等。感觉的性别差异比较明显，除视觉外，其他感觉女性都优于男性，如女性能通过气味认出她们刚生下几小时的婴儿，婴儿的气味能给母亲带来幸福感。美国的范德堡大学曾经进行一项研究：让母亲与刚出生的婴儿进行短暂的接触，然后让这位母亲通过气味从三个同日生的婴儿中找到自己的宝宝，结果准确率为61％。如果母子之间从未进行短暂的接触，盲目寻找，准确率只有33％。另外，让父亲用同样的方法寻找自己的孩子，结果准确率只有37％。[1] 女性触觉也更敏感。味觉方面，女性对苦味较敏

_____

① 陈建国，沈福民．味觉的生理学研究进展[J]．生理科学进展，1998(2)：29．

感，比较喜欢甜味。男性对咸味较敏感。

女性更注重听觉。如果说男人是视觉动物，容易受美貌诱惑，那么女人则是听觉动物，容易被甜言蜜语所打动。因此，可能是这方面的长期进化，造就了女人爱乔装打扮，男人爱甜言蜜语。

关于错觉特定情况下男女都会出现错觉，但女性比男性更容易产生错觉。

(二) 知觉

知觉指的是个体为了对自己所在的环境赋予意义而组织和解释他们感觉印象的过程。知觉是在感觉的基础上产生的，人们通过知觉，有助于对事物整体与全面的认识，知觉和感觉的关系与区别是：①感觉指人脑对客观事物个别属性的反映。②知觉是人脑对客观事物整体的反映。总之，感觉是知觉的基础，是专一器官分析的结果。知觉是感觉的深化，是几种器官综合分析产生的结果。③知觉影响人的行为，即人的行为是以知觉为基础。人的所有行为都是以对现实的知觉而非现实本身为基础的，知觉并非总是准确的，但准确的知觉特别关键。决策者最终的决策是建立在选择性知觉、解释和判断的基础上的。不同的知觉就会导致不同的判断和决策。

空间知觉是指个体根据自身方向来判断空间关系的能力。空间视觉化能力与心理旋转能力男性都明显优于女性，男性年龄越长表现越好。生活中发现，女性更多借助于某些具体的地点识别；男性借助于方向和距离识别（脑中"方位地图"），如打靶、射击、掷飞镖方面男性占优势。但空间知觉、声音定位方面，女性比男性更强。

男性比女性空间认知能力强的原因，有人从进化心理学的角度解读。在远古时代，两性社会分工是不同的。男性要长期外出打猎和征战，这样的工作性质就要求他们必须练就过硬的空间认知本领，否则就有可能迷路而无法返回驻地，久而久之这种特殊的本领就以一种基因的形式一代代地传了下来。而女性主要是负责在家照看孩子和在驻地周围从事一些种植或采摘野果。这样的工作性质对她们的空间认知感要求不高，因为她们一天到晚就是在自家周围转，迷路时候很少。所以慢慢地就形成了女性在空间认知能力方面不如男性的结果。

(三) 记忆

记忆是人脑对过去经验的反映，是人头脑中积累和保存个体经验的心理过程。

记忆类型的性别差异表现在，女性擅长形象记忆、情感记忆和运动记忆，而男性的逻辑记忆优于女性。短时记忆女性占优势（容量大），长时记忆方面，机械的、形象的信息，女性占优势；而抽象的、理解性的信息，男性占优势。

从记忆过程看，男女两性的差异主要表现在识记方面。从无意识记、有意识记角度看：青春发育期前，女性都优于男性。青春发育期开始，无意识记，女性优势逐渐减弱。有意识记，青春发育期后，男性优于女性。

从机械识记、意义识记角度看：一般而言，机械识记女性优于男性，而意义识记男性优于女性。

（四）思维

思维是借助于语言、表象或动作实现的、对客观事物概括的间接的认识，是认识的高级形式。男、女思维发展的性别差异主要表现在思维类型和思维品质上。

思维类型的性别差异：女性更多偏向形象思维，男性更多偏向逻辑思维。这里仅表现为各自有所偏重，不表现为能力的强弱。女性，形象记忆较强，第一信号系统活动占优势，偏向形象思维，擅长文学、艺术。男性逻辑记忆较强，第二信号系统活动占优势，偏向抽象思维，擅长数学、物理等自然科学。

思维品质的性别差异：学龄前期，女孩都处于领先地位；中学后，男孩则更具优势，在思维的深刻性、灵活性、独创性、敏捷性等思维品质各方面，男性均略好于女性。

（五）想象

想象是一种特殊的思维形式，是人在头脑里对已储存的表象进行加工改造形成新形象的心理过程。它能突破时间和空间的束缚。想象能起到对机体的调节作用，还能起到预见未来的作用。想象又分为无意想象和有意想象。无意想象是指事先没有预定目的的想象。有意想象是指事先有预定目的的想象。有意想象中，根据观察内容的新颖性、独立性和创造程度，又可分为再造想象、创造想象和幻想。

根据语言的表述或非语言的描绘（图样、图解、模型、符号记录等）在头脑中形成有关事物的形象的想象，就是再造想象。再造想象的性别差异：女性更习惯和倾向于根据别人形象的描述或示意，在第一信号系统和形象思维的调节下，通过大脑对过去感知过的材料加工改造再造新的形象，如文学作品。男性更习惯和倾向于根据别人抽象的描述或示意，在第二信号系统和抽象思维的调节下，通过大脑对过去感知过的材料加工改造再造新的形象，如建筑图纸、机械部件整合。

创造想象是一种有意想象。它是根据一定的目的、任务，在脑海中创造出新形象的心理过程。用以积累的知觉材料作为基础，使用许多形象材料，并把他们加以深入，通过组合，创造出新的形象来。创造想象的性别差异：男女间存在一定的水平差异。

(六)智力

关于男性女性谁的智商更高，一直在争论。从发展的年龄看智力，男女幼儿智力几乎没有差别。即使偶尔有差异，也是女幼儿比男幼儿智力活动好。我国多数心理学者认为男女智力差异的发展变化与年龄增长密切相关。

婴儿期——几乎没有智力差异。

幼儿期——女孩智力优于男孩。

学龄期——女孩智力明显优于男孩。

青春期开始女性智力优势有所下降，下降趋势一直维持到女性青春发育的高峰期。男性青春发育高峰期出现，男性的智力才开始逐渐优于女性，并且随着年龄的增长，这种优势就越明显，一直要维持到整个青春发育期结束为止。以后智力差异的发展越来越不受制于年龄，而与教育、文化、实践等因素密切相关，差异逐渐减弱。

从智力分布看智力，大规模的抽样调查发现男女智商的平均水平几乎没有差异，而男性智商特高、特低的都多于女性，即男性智商更分散，而女性智商更集中。这种现象在生活中也体现得比较明显。

二、女性的认知风格

认知风格又称认知方式，指个人所偏爱的信息加工方式。按照不同的分类标准，认知风格可以分为不同的类型。

常见的一种分类是场依存性和场独立性。所谓场，就是环境，心理学家把外界环境描述为一个场。场独立性与场依存性这两个概念来源于威特金(H. Witkin)对知觉的研究。场独立性对客观事物做判断时，倾向于利用自己内部的参照，不易受外来因素影响和干扰；在认知方面独立于周围的背景，倾向于在更抽象和分析的水平上加工，独立对事物做出判断。场依存性者对物体的知觉倾向于把外部参照作为信息加工的依据，难以摆脱环境因素的影响。他们的态度和自我知觉更易受周围的人、特别是权威人士的影响和干扰，善于察言观色，注意并记忆言语信息中的社会内容。

心理学家威特金和他的同事进行了一系列的实验，认为女性在认知方面多属于场依存性，而男子则多属于场独立性。用于这一研究的是"棒与框"实验。这一实验的过程是：被试者坐在一间漆黑的屋里，面前放置了一根发光棒体组成的发光框子，框中有一根发光棒体。棒和框都向一个角度倾斜。被试的任务是把棒体调到真实的垂直的位置。在实验中，因框的倾斜使人产生错觉，难以把棒调到垂直水平。能够把棒准确地调到垂直水平的人，属于场独立性，因为他们能摆脱使人容易产生错觉的框，即所说的场域，从而进行独立的调节；而那些不能准确调节的人则属于场依存性。根据女性在这一测验中普遍比男性易犯错误的现象，威特金推论说在认知类型上，女性多属于场依存性，而男性则多属于场独立性，即认为女性依存性强，而男性独立性强。

场依存性指倾向于依赖外在的参照做出认知判断。在社会行为方面，场依存性的人更喜欢并善于社交，社交工作的能力也更强。女性场依存比男性多，因此，女性适合做社区工作、义工、公关部门等。场独立性的人，倾向于依赖内在的参照做出认知判断。在认知领域，场独立性的人更具有优势，他们善于抓住问题的关键性成分，灵活地运用知识解决问题，认知重构的能力强。男性场独立性的多，男性在数学、视觉空间认知等方面擅长，科研工作者多。

威特金等人从 1967 年起对 1584 名大学生（男女各半）进行为期十年的追踪研究。他们发现，场独立性的学生比较一贯地偏爱需要认知改组技能的、与人联系较少的学科（如自然科学），场依存性的人比较一贯地对认知改组不感兴趣，偏爱人际关系的学科。此外，进入大学时所学学科与认知方式不符合的学生，在大学毕业或进入研究院时，大多转向与自己认知方式一致的学科，而认知方式与所学学科符合的学生，一直保持原来所选择的学科，他们的成绩也是比较好的。这个实验从另一个侧面一定程度上揭示了男女在学科专业选择上的认知偏好。

另有研究者（彭贤等，2006）用 MBTI 认知风格测验为工具，比较了 87 名男大学生和 97 名女大学生的认知风格。结果显示：男生在理性和感觉维度占优势，女生在情感和直觉维度占优势。①

①　彭贤，马素红，李秀明．大学生认知风格的性别差异[J]．中国健康心理学杂志，2006，14(3)．

第二节　女性的一般思维决策特点

一、女性的思维决策特点与优势

决策与人类生活息息相关，它指为了实现一定目标，依据评定准则，在多种备选方案中评价、选择一个方案并付诸实施的过程。决策受一个人的认知过程影响，尤其是受人的知觉和思维特点影响。女性的知觉特点、思维特点决定了女性的决策特点。

(一)女性在风险性决策上考虑更周全

女性考虑问题时周密细致，处理时谨慎稳妥，这是决策者必不可少的素质。女性领导这种稳妥周密的特点，可以有效地避免决策的失误。

决策也受到环境的影响，在面临风险时，男性领导往往会更加注重决策之后的利益最大化，相对来说，男性领导更加具有乘风破浪的勇气。然而女性领导则会采取保守型的决策风格，女性领导面对未知的风险不会贸然前进，而是会将风险最小化作为决策的重点。她们会在风险尽量降低之后再寻求相对来说的利益最大化，实现稳中求进。还有研究发现，女性的决策比较依照常识，会在具有较大风险的冒险前却步，同时也因比较擅长人际互动，较能够听得进别人的意见，看问题比较稳妥、周全。而男性可能更倾向于接受挑战和冒险，风险意识较弱。

在金融市场上，和女性相比，男性常常会因为过于自信导致决策失败，平均收益低于女性。因此，有人提出那些希望提升业绩和降低破产风险的公司应该在董事会中增加女董事的比例。

法国塞拉姆商学院的调查报告说，领导层中女性比例越高、职位越重要的企业在 2008 年金融危机中受到的损失通常要小一些。因为女性在投资决策方面通常比较谨慎，在经济高速发展的时代，这种风险领导力却成为拯救企业的优势①。

(二)女性在决策中更容易考虑他人的利益

女性善解人意。女性对人的内心世界的关注能力和体察能力都优于男性。

---

① 宋洁云，冯俊扬．经济危机时代该让女性掌舵[N]．新华网．2009-03-08.

所以女性领导可以利用这一心理优势，倾听他人的意见，集中群体的智慧，从而使决策正确可行。

芝加哥大学的研究表明：女性比男性擅长沟通、倾听，因为女性说话时双脑并用，连接两脑之间的胼胝体，比男性来得厚，因此直觉反应较佳。

研究人员发现，在竞争利益受到威胁时，女性能做出公平的决定，这使她们能更好地领导公司。一项涵盖了600多名董事的调查显示，女性会更多地考虑他人的权益，在决策时更可能采取合作的态度。这种态度会让公司运作得更好。

（三）女性决策过程更民主

罗宾斯做了大量的工作和研究，其在综述了大量关于领导风格性别差异的研究后认为，女性相对于男性更倾向于采用民主型和参与型的决策领导风格，而男性则更多地采用专制型和指导型的风格。同时女性领导相对男性领导而言，更多采取鼓励、参与、共享信息和授权的管理领导方式，并努力促使下属提升自我价值。而男性领导则更乐于采用指导型、命令加控制型的风格。

（四）女性决策更容易看到更多的"灰色地带"

与男性相比，女性决策速度较慢。从到商场买衣服和出门选穿衣服的过程大家都能体会到。男性到商场很快买完就走，女性则要重复试穿多次，从家出门到底穿什么衣服，女性要取出一大堆试穿。

但是，男人的决断力并非总是有利的，研究发现，男性更可能做出"非黑即白"的绝对化的判断。而女人的思维一般会更开阔，能"看到更多的灰色地带"。

埃斯蒂斯博士说："研究表明，男性会更适合需要做出决断性举动的职业环境，而女性更善于从事那些需要三思而后行的工作。"

（五）女性领导的决策结果更容易赢得支持

依格里认为性别差异会表现出两类不同性格：社会性和力量性。社会性代表了对其他人的关心，包括养育、情感、自我奉献精神、安慰受伤情绪、提供帮助和在意别人情绪以及情感表达等。女性就更容易被描绘成具有社会性[1]。女性在决策的过程中主要注重与决策有一定关系的人的情感。女性领导本身能

---

① 蒋莱. 女性领导力研究综述[J]. 中华女子学院学报，2011(4).

很好地表达自己的情感，同时也利用其情商的优势，迅速地捕捉他人的内心活动，与其产生共鸣，拉近关系，能让人更加放心、舒坦。这样，女性领导决策结果更容易赢得支持，更愿意执行领导的决策。

二、女性思维决策特点上的限制

决策是一个趋利避害的过程。在双重利益相互矛盾的时候，要去慎重选择比较重要的一个。同时，在面对双重风险的时候，能去选择比较轻微的一个。所以，决策者应该要有面对风险时沉着冷静的强大内心，同时也要有一定的决断能力。但是受到其生理、心理，以及长期的社会文化、历史因素的影响，女性在决策上也表现出某些弱势，这也是女性应该注重的地方并且努力克服的方向。

(一)决策的主动性、开拓性有待加强

在长期的男权社会下，女性在社会和家庭中的角色都是弱势群体并且处于被保护的状态，久而久之，女性更多的是对于他人的依赖而缺乏自立自主的思想。与此同时，女性领导也会有一定的依赖性和自卑感。面对决策时，女性领导缺乏独立自主的原则，往往喜欢去询问、依赖他人的意见和看法，而且女性领导者的内心也存在着自卑感和对错误决策的恐惧。①

有研究发现，决策性思维的性别差异是后天形成的。女生的决策能力与男生相比经历了一个由优到劣的转化过程，研究者认为这是由社会共有的重男轻女的思维方式造成的，旧的思维方式认为，男性是决策者，而女性是执行决策者，这种固有的思维塑造了人的性别角色，使得能力的发展产生这种趋势。

(二)决策的全局性和前瞻性需要进一步提升

一般而言，女性领导在宏观决策及全局把握的能力方面相对弱于男性领导，而决策要求领导立足于全局利益并做到高瞻远瞩。因此，女性领导要树立全局观念，在整体研究的基础上制订相关决策目标和方案。此外，决策是一个复杂的过程，女性领导在决策时除了要具备统揽全局的宏观决策能力外，还要有较强的逻辑和分析能力，厘清决策事项的主次关系，以排除决策过程所产生的各项干扰。

决策过程，女性领导易于走向一个误区，即女性领导在决策中经常会为了

---

① 许一. 女性领导理论述评[J]. 当代经济管理，2007，29(4)：18－23.

抠细节而错失对全局的掌控，在关注个体利益时往往忽视了群体的关系，从而导致决策失效。科学决策要求女性领导树立全局、整体的观念，从大局出发进行系统思考，在整体研究的基础上制订相关决策目标和决策方案。女性领导决策过程的逻辑思维和分析能力有待进一步提升，只有明晰决策事项各种影响因素的主次顺序，才能快速地选择并排除影响决策结果的各种干扰。

(三)决策的果断性需要不断强化

女性天生思维缜密、考虑周全，所以在决策风格中就表现出典型的多虑型决策。但也带来决断力不强的问题，一些女性领导在关键问题上左思右想，权衡利弊，优柔寡断，不敢轻易做出决策，在决策中女性领导就不如男性领导果断，容易错失发展机遇。

(四)女性决策过程受情感因素影响大

女性的同理心，在决策过程中能够使其更好地体察他人的感受，能够给人更多的关怀。然而，这种特点容易让人失去理智或忽略原则。这样，女性领导会在决策中立场不稳定或原则丢失，如此一来便会导致决策错误地实施。

三、提高女性领导决策成功率的措施

(一)提高理性

女性领导的内心很容易受到外界的影响，在与他人产生共鸣的同时也会不自觉地去站在比较可怜的一方。女性领导是用内心去进行判断而非理性的大脑。但是在面对决策的时候，同情心再泛滥也要记住自己的身份和站定自己的立场。决策不是为了同情任何人，而是为了解决问题，在决策过程中要秉承公平公正的立场。所以女性领导要学会控制自我的情绪，保持理性。

(二)提升果断性

从众多女性领导者的成功案例可知，成功的女性领导人都有一个非常相似的特点，那就是在符合自己的信念的情况下，果断出击，雷厉风行，绝不拖沓。只有能在关键时刻果敢正确地决策并有力挽狂澜的勇气和魄力，女性才能成为女性领导，才有机会成为决策者①。

---

① 汪丽艳. 女性领导如何提高决策能力[J]. 领导科学，2010(4)：48－49.

(三)培养大局观

科学决策需要女性领导必须具备高瞻远瞩的全局的控制能力。但是目前有太多女性领导，容易本末倒置，将目光放在了个体上、细节上而忽视了全局，这也是目前众多失败决策的因素之一。女性领导应该在逻辑思维和分析能力上进行相应的培训，从而能在决策过程中分析出问题的所在并分清问题的主次关系，这样能使决策进行得更加顺畅自如。

(四)加强战略思维

女性领导在处理事务上趋向和平，同时在决策过程中也缺少战略布局。战略决策思维是领导决策素质必备的基本的要求。只有具备较高的战略思维能力，才能正确处理战略目标、战略布局、战略重点、战略步骤、战略保障、战略转变等一系列事关全局的战略问题，才能有正确的战略规划和战略行动，才能驾驭全局取得事业的成功和可持续发展。女性领导要加强对决策战略方案的能力的培养。

女性领导要善于将自己的优势放大发挥，直面对抗社会上的反动言论，摒弃依赖心理，在决策过程中果敢决绝，始终保持自己的立场和信仰，勇于承担责任，同时也不失个人决策风格。

第三节　女性的消费决策特点

购物，几乎是每个女性都热衷的事情。我们经常看到这样的女人，当她们面对琳琅满目的商品时，哪怕是对自己毫无用处或是不久前刚刚买回家的商品，面对打折、促销等都会不假思索地买下来，回家后又会后悔不已。这反映出女性购买决策时的一些特点。

一、注重商品的外观形象

一般来说，男性在购买决策中比较看重商品的功能和实用性，而女性则比较看重商品的外观、形状等方面。爱美是女人的天性，美观、新颖、个性化的商品设计往往会使女性在购买决策中忽视其实用功能。

二、选购商品更细心挑剔

女性选购商品时通常会花费比较多的时间在不同厂家商品之间进行细致的

比较，最后才做出购买决策。尤其是在选购衣服时，对一些细小的地方，都要仔细观察，如挑选皮鞋时观察皮子前后是否一致，两只鞋是不是一致，皮子软硬，两只鞋的高低，鞋底软硬，是否易断，鞋的颜色接头及针线是否均匀等，都观察得很仔细。从进化心理角度来说，女性在保护自身方面总体处于不利地位，往往容易缺乏安全感，为了自我保护，女性会注意更多的细节。正所谓细节决定成败。

三、购买决策具有情感性

女性的购买决策更注重商品的情感表达，如表达心意、具有某种寓意的鲜花、小礼品、设计等。因此，商品的色彩、款式、寓意，甚至不起眼的小细节所带来的感情触动都会引发女性的购买欲望。有时，女性在商场中看到的一则触动其情愫从而引发其回忆的广告词，促销员一句煽情的话都会诱使女性做出购买决策。

四、受商品价格影响大

价格对女性的影响比对男性的影响要大。女性买东西爱讨价还价，面对打折，女性经常买一些没有多大价值的东西回家。这点也与女性逛商场目的性不强有密切联系，面对折扣，不管是否合适、需要，现场都会做出冲动性购买行为。

五、喜欢潮流、时尚的东西

女性对消费流行趋势异常敏感，时代气息较浓。尤其是对装饰性、流行性强的商品，如服装、鞋帽、化妆品等更是格外垂青。在这种心理活动过程中，其消费行为往往表现为追星、赶潮流。具备这种消费文化心理的女性以青年妇女居多。女性对美的追求就自然而然地外化为对服装、化妆品、美容等商品的追求，而审美又与潮流、时尚有密切关系。

六、购买决策的冲动性高

冲动性购买指没有一定指向的盲目购买行为。男性购买的目的性比较高，把购买当成一种使命，会直奔购买目标，快速完成交易；而女性购买过程的享受性往往高于购买的目的性，没有目的的逛就容易导致冲动性的购买决策。该特点与女性购买决策的情感性也有密切联系，由于受情感性影响较大，就容易表现出购买的冲动性。女性购买受直观感受影响较大，容易因商品款式、价格、促销活动、环境布置、服务等因素等产生购买行为。

七、消费决策中的攀比心理

与男性之间在事业上展开竞争不同，女性之间的竞争最早体现在外在形象上，即所谓争芳斗艳。尤其是喜欢与自己处于同一层次、状况相类似的女性做横向比较。有时她们给自己、丈夫和孩子购买某种商品是为了超越别人，让自己在公开场合感觉好。

八、消费决策的从众性

从众心理是在群体的无形压力下，个人行为选择与他人相同的行为模式。女性做出购买决策时，往往会显得自信心不足，容易出现从众行为。例如，人家的小孩吃什么奶粉，自己也买同样的奶粉；别人家里买了一个净水器，自家也买一个；等等。这从另一层面表现出女性购买决策的冲动性。

【本章小结】

女性更注重听觉，男性空间视觉化能力与心理旋转能力都明显优于女性。女性更多偏向形象思维，男性更多偏向逻辑思维。从智力分布看，男女智商的平均水平几乎没有差异，而男性智商特高、特低的都多于女性，即男性智商更分散，而女性智商更集中。女性在认知方面多属于场依存性，而男性则多属于场独立性。

女性思维决策上的优势是思维决策上考虑更周全，更容易考虑他人的利益，决策过程更民主，决策结果更容易赢得支持。而其限制是决策的主动性、开拓性有待加强，决策的全局性和前瞻性需进一步提升，决策的果断性需强化，女性决策过程受情感因素影响大。提高女性领导决策成功率的措施是提高理性，提升果断性，培养大局观，加强战略思维。

女性的消费决策特点：注重商品的外观形象，更细心挑剔，购买决策具有情感性，受商品价格影响大，喜欢潮流、时尚的东西，冲动性高，具有攀比心理、从众性等。

【关键术语】

认知风格；场独立性；场依存性；冲动性购买；从众心理

【思考题】

1. 女性认知上有哪些特点？
2. 说明女性决策的优势与限制。
3. 女性如何提高自己的决策水平？
4. 举例说明女性消费决策的特点。

第五章 女性的情绪情感及其管理

不是事情本身使你不快乐，是你对事情的看法使你不快乐。

——伊壁纠鲁

【学习目标】

1. 领会情绪情感的本质。
2. 了解情绪产生的理论与机理。
3. 理解积极情绪的功能。
4. 了解女性情绪情感的一般特点。
5. 学会管理自己的情绪。

第一节 情绪与情感概述

一、情绪(情感)及其结构

情绪和情感是人对客观事物的态度体验及相应的行为反应。一般来说，情绪由一定的刺激引起，与需要、动机密切相关，是一种主观感受、生理反应、认知的互动，并表达出特定的行为，情绪是人类生存保护机制。情绪是以个体的愿望和需要为中介的一种心理活动。无论正面还是负面的情绪，都会引发人们行动的动机。

情绪和情感由主观体验、外部表现和生理唤醒三部分组成。

第一，主观体验(subject experience)。指个体对不同情绪和情感状态的自我感受。"体验"是情绪与情感有别于认知的重要方面。每种情绪情感都有不同的主观体验，它们代表了人们的不同的感受，构成了情绪与情感的心理内容。情绪情感作为人对客观事物的态度体验，具有主观性。

第二，外部表现。情绪与情感具有明显的外部表现形式，通常称之为表情

(emotional expressions)，包括面部表情、姿态表情与语音语调表情。表情既是传递情绪情感体验的鲜明形式，也是情绪和情感体验的重要发生机制。

第三，生理唤醒(physical arousal)。指情绪情感活动所产生的生理反应。生理唤醒是一种生理的激活水平。不同情绪和情感的生理反应模式是不一样的。

最普遍、通俗的情绪有喜、怒、哀、惊、恐、爱等，也有一些细腻微妙的情绪，如嫉妒、惭愧、羞耻、自豪等。

二、情绪(情感)的本质

(一)情绪的本质

人类得以生存和延续很大程度上要归功于情绪对人类行为的影响力。每一种情绪相当于一种独特的行动准备。情绪像一个根植于人类神经系统的指令体系，成为人类心灵固有、自动化的反应倾向，对人类生存具有重大意义。

所有情绪是一种能量，在本质上都是某种行动的驱动力，即进化过程中赋予人类处理各种状况的即时计划。每一种情绪都隐含着某种行为倾向。情绪(emotion)的词源来自拉丁语"motere"，意为"行动、移动"，加前缀"e"，使移动。情绪导致行动，说明每一种情绪都隐含着某种行为倾向，其在儿童身上表现更明显。

人在生气的时候，血液会流到手部，以方便抓起武器或攻击敌人，同时心率加快，肾上腺素激增，为强有力的行动提供充沛的能量驱动。

人在恐惧的时候，血液会流到大块的骨骼肌，比如双腿，以方便逃跑，而且面部会由于血液流失而发白(因此会有血"变凉"的感觉)。

人在吃惊的时候，眉毛会往上挑，使视野更加开阔，同时允许更多的光线射向视网膜。从而捕捉到更多关于意外事件的信息，以便准确分析当下的情况，确定最佳行动方案。

悲伤的主要作用是帮助个体适应重大的损失，比如亲人的死亡或者极大的失望。悲伤会降低生命的活动能量和热情，尤其是娱乐活动或享乐。随着悲伤情绪的加深，并慢慢滑向沮丧，人体的新陈代谢就会减缓。这种内在的收缩为个体创造机会哀悼损失或者幻灭的希望，领悟损失对人生的影响，并且在能量回升之后开始重新的生活。能量的降低还可以把哀伤而脆弱的原始人类留在家的附近，也就是留在更安全的地方①。

情绪的背后是需求。需求满足产生正面情绪，需求不满足产生负面情绪。情绪的性质是由需要的性质决定的。无欲（无需要）则无情绪。因此，情绪管理实际上是管理好自己的需求的性质。人的有些不良情绪与一直没有满足的需要有关，尤其是与小时候某些需要没有满足有关。例如，一个人小时候如果缺乏家长的关爱，就容易产生不安全感。

(二)情绪与情感的区别与联系

1. 情绪与情感的区别

首先，情绪（emotions）出现较早，多与人的生理性需要相联系；情感（affect）出现较晚，多与人的社会性需要相联系。婴儿一生下来，就有哭、笑等情绪表现，而且多与食物、水、温暖、困倦等生理性需要相关；情感是在幼儿时期，随着心智的成熟和社会认知的发展而产生的，多与求知、交往、艺术陶冶、人生追求等社会性需要有关。因此，情绪是人和动物共有的，但只有人才会有情感。

其次，情绪具有情境性和暂时性，常由身旁的事物所引起，又常随着场合的改变和人、事的转换而变化。情感则具有深刻性和稳定性。情感可以说是在多次情绪体验的基础上形成的稳定的态度体验，如对一个人的爱和尊敬，可能是一生不变的。

最后，情绪具有冲动性和明显的外部表现，如悔恨时捶胸顿足，愤怒时暴跳如雷。情绪一旦发生，其强度往往较大，有时个体难以控制。情感则经常以内隐的方式存在或以微妙的方式流露。

2. 情绪与情感的联系

情绪与情感二者是不可分割的。故人们时常把情绪和情感通用。一般来说，情感是在多次情绪体验的基础上形成的，并通过情绪表现出来；反过来，情绪的表现和变化又受已形成的情感的制约。当人们干一件工作的时候，总是体验到轻松、愉快，时间长了，就会爱上这一行；反过来，在他们对工作建立起深厚的感情之后，会因工作的出色完成而欣喜，也会因为工作中的疏漏而伤心。由此可以说，情绪是情感的基础和外部表现，情感是情绪的深化和本质内容。

---

① ［美］丹尼尔·戈尔曼. 情商［M］. 杨春晓，译. 北京：中信出版社，2011：36－37.

三、情绪和情感的功能

(一)适应功能

情绪和情感是个体适应环境、求得生存发展的重要方式(工具)。达尔文曾指出,情绪最初只有生存适应的功能,情绪的社会性含义是后天派生出来的。情绪是人类早期赖以生存的手段,如婴儿出生时不具备独立的维持生存的能力,这时主要依赖情绪来传递信息,与成人交流,得到成人的抚养。从成人角度而言,个体可借助各种情绪和情感来了解其自身和他人的处境或状态,以求得良好的适应。

(二)动机功能

情绪情感是动机的源泉之一,是动机系统的一个基本成分。它能够激励人的活动,提高人的活动效率。适度的情绪兴奋,可以使身心处于活动的最佳状态,进而推动人们有效地完成工作、学习任务。研究表明,适度的紧张和焦虑能促使人积极地思考和解决问题。同时,对于生理内驱力也具有放大信号的作用,成为驱使人们行为的巨大动力。如在危险的情况下,人们产生的恐慌感和急迫感会放大和增强内驱力,使之成为行为的强大动力。

(三)组织功能

情绪和情感是心理活动的组织者。它不仅对其他心理活动诸如知觉、记忆、思维等具有组织作用,也影响个体行为。情绪对其他心理活动的影响表现为:一方面,积极情绪的协调作用和消极情绪的破坏、瓦解作用。研究表明,中等强度的愉快情绪,有利于提高认知活动的效果;另一方面,情绪还常常支配个体的行为,处于积极乐观的情绪状态之下,人容易注意到事物好的一面,其行为比较开放,愿意接纳外界事物,倾向于和善、慷慨和乐于助人。而处于消极悲观的情绪状态时,则会万念俱灰,容易放弃自己的愿望,对他人也会变得冷漠、不关心,甚至产生攻击性行为。

(四)信号功能

情绪和情感在人们之间具有传递信息、沟通思想的功能。这种功能是通过情绪的外部表现,即表情来实现的。表情是思想的信号。在许多场合,只能通过表情来传递信息,如用微笑表示赞赏,用点头表示默认等。表情是言语交流的重要补充,如利用手势、语调。从信息交流的发生上看,表情的交流比言语交流要早得多。在前语言阶段，婴儿与成人相互交流的唯一手段就是情绪。情绪的适应功能也是通过信号交流来实现的。美国著名人类学家和语言学家伯德惠斯林的研究表明：人大约有 25000 种面部表情，在日常生活中，55％的信息是靠非语言表情传递的，38％的信息是靠语言表情传递的，只有7％的信息才是靠言语传递的。

(五)感染功能

感染功能指某个人情绪情感的表现具有对他人的情绪情感的影响功能。当一个人发生某种情绪时，不仅能自身感受到相应的情绪体验，还能通过表情动作等外显形式表现出来，被他人所察觉，引起他人相应的情绪反应。心理学把这种现象称作移情或感情移入。生活中产生情感共鸣是典型的移情现象，使人与人之间的情绪情感相互影响，正是情绪感染功能的必然结果。所谓"一人向隅，满室不欢"。感染功能为人与人之间的情绪交流提供了可能性，同时也使情感影响他人情感，为情绪情感的控制提供了途径。最容易受到情绪影响的是处在弱势位置的人，例如小孩子容易受到父母情绪的影响，下属容易受到领导情绪的感染。

(六)迁移功能

迁移功能是指一个人对他人的情感会迁移到与他人有关的对象上的效能。一个人对他人有感情，就可能对他所使用的东西、他的生活习性等，也产生好感。中国有句俗语："爱屋及乌"，生动地概括了这一独特的情感现象。

四、情绪的分类

我国古代对情绪的分类就有"四情""五情""六情""七情"等分法。如《中庸》将情绪分为喜、怒、哀、乐四种；《黄帝内经》将情绪分为喜、怒、悲、忧、恐五种；《左传》则将其分为好、恶、喜、怒、哀、乐六种；《礼记》中提出"七情"说，即喜、怒、哀、惧、爱、恶、憩。

20 世纪 70 年代初，伊扎德从生物进化角度研究人的情绪种类，首先将情绪分为基本情绪和复合情绪：基本情绪为人和动物所共有，它们不学而能。复合情绪则是由基本情绪的不同组合派生出来的。伊扎德用因素分析法提出人类的基本情绪有 11 种，即兴趣、惊奇、痛苦、厌恶、愉快、愤怒、恐惧、悲伤、害羞、轻蔑和自罪感。由此产生的复合情绪有三类：第一类是基本情绪的混合，如兴趣—愉快、恐惧—害羞、恐惧—内疚—痛苦—愤怒等；第二类是基本情绪和内驱力的混合，如疼痛—恐惧—怒、性驱力—兴趣—享乐等；第三类是基本情绪与认知的混合，如活力—兴趣—愤怒、多疑—恐惧—内疚等。复合情绪有上百种，有的能命名，如愤怒—厌恶—轻蔑组成的符合情绪可命名为敌意，有的则很难命名。

（一）基本情绪

快乐：是所盼望的目的达到后继之而来的紧张解除时的情绪体验。快乐的程度取决于激动的程度和愿望满足意外的程度。

愤怒：是由于特别强烈的刺激引起的一种情绪紧张。当一个人的愿望受到挫折，特别是当所遇到的挫折在个体看来极不公平，或由他人的恶意所造成时，怒气便产生了。一般来说，当人意识不到是什么原因阻碍目的实现时，愤怒并不明显地表现出来。愤怒按其意义可分为积极、增力的怒和消极、减力的怒。

恐惧：是企图摆脱、逃避某种情境的情绪。引起恐惧的通常是可怕的情境。恐惧的产生也与人的认知预期被打断有关。恐惧产生的直接原因与已形成的认知序列被打断有关。

悲哀：是与所爱的事物的丧失和所盼望的事物的幻灭有关的情绪体验。悲哀所带来的紧张的释放就是哭泣，哭泣可消除紧张，是人体的一种保护性的反应。悲哀的程度取决于失去对象的重要性。

以上四种情绪是人类的基本情绪，在此基础上，可以派生出多种复杂的情绪（见表5-1）。

表 5-1　基本情绪及其派生

喜	开心　愉快　欢乐　欣喜　扬眉吐气　满足　适意　称心 知足　痛快　狂喜　自在　舒心　激动　动心　甜蜜　从容
怒	气恼　气愤　光火　生气　不满　愤然　激愤　盛怒　震怒 七窍生烟　勃然大怒　愤愤不平　恼羞成怒　怒不可遏
惧	不安　紧张　着急　慌乱　惊愕　害怕　心悸　震惊　后怕 退避　不寒而栗　大惊失色　敬而远之　缩头缩脑　担心
哀	哀伤　悲哀　悲怆　凄然　伤心　伤感　悲痛　痛心　悲愤 痛苦　辛酸　凄惨　肝肠寸断　五内俱焚　黯然神伤　愧疚

(二)情绪的状态分类

1. 心境

心境(moods)是指强度较低但持续时间较长的情感，它是一种微弱、平静而持久的情感，如绵绵柔情、闷闷不乐、耿耿于怀等。工作成败、生活条件、健康状况等，会对心境发生不同程度的影响。

心境具有弥散性和长期性特点。心境的弥散性是指当人具有了某种心境时，这种心境表现出的态度体验会朝向周围的一切事物。一个在单位受到表彰的人，觉得心情愉快，回到家里同家人会谈笑风生，遇到邻居去笑脸相迎，走在路上也会觉得天高气爽；而当他心情郁闷时，在单位、在家里都会情绪低落，无精打采，甚至会"对花落泪，对月伤情"。从延续时间上看，心境是一种持续时间较长的情绪体验，少则几天、几周，多则数月，甚至数年。

2. 热情

热情是指强度较高但持续时间较短的情感，它是一种强有力、稳定而深厚的情感，如兴高采烈、欢欣鼓舞、孜孜不倦等。在强度、持续时间与作用范围上介于心境与激情之间。

热情总是与正在从事的活动联系在一起，与个人对活动意义的认识、人格特征相关。热情具有巨大推动作用。

3. 激情

激情是指强度很高但持续时间很短的情感，它是一种猛烈、迅速爆发、短暂的情感，如狂喜、愤怒、恐惧、绝望等。

激情具有爆发性，激情的发生过程十分迅猛，大量的心理能量在极短的时间内喷发而出，有如火山爆发，强度极大。激情具有冲动性，常出现"意识狭窄现象"(即个体在激情状态下，认知活动范围缩小，理智分析能力受到抑制，此时个体的自我控制能力减弱，行为容易失控)。激情持续时间短，冲动一过，事过境迁，激情也就弱化或消失了。激情具有明确的指向性，通常由特定对象引起，如意外的成功会引起狂喜，理想的破灭可导致绝望。激情具有明显的外部表现，如愤怒时"捶胸顿足"，狂喜时"手舞足蹈"。

4. 应激

应激是由出乎意料的紧张状况所引起的情绪状态，是人对意外的环境刺激做出的适应性反应。

应激与个体对所面临的情境的自我应付能力有关。当个体意识到情境要求超出了自己的应付能力时，就会处于应激状态。应激状态下，个体必然会在生理、心理上承受超乎寻常的负荷，必须充分调动体内各种能量或资源去应付紧急、重大的事变。持续应激会导致多种疾病的产生。

五、情绪产生的理论与机制

(一)情绪的早期理论

1. 詹姆斯—兰格理论

美国心理学家詹姆斯(W. James)和丹麦生理学家兰格(C. Lange)分别提出内容相同的一种情绪理论。他们强调情绪的产生是自主神经活动的产物。后人称它为情绪的外周理论，即情绪刺激引起身体的生理反应，而生理反应进一步导致情绪体验的产生。詹姆斯提出情绪是对身体变化的知觉。在他看来，是先有机体的生理变化，而后才有情绪。所以悲伤由哭泣引起，恐惧由战栗引起。兰格认为情绪是内脏活动的结果。他特别强调情绪与血管变化的关系。詹姆斯—兰格理论看到了情绪与机体变化的直接关系，强调了自主神经系统在情绪产生中的作用。但是，他们片面强调自主神经系统的作用，忽视了中枢神经系统的调节、控制作用，因而引起了很多的争议(见图5-1)。

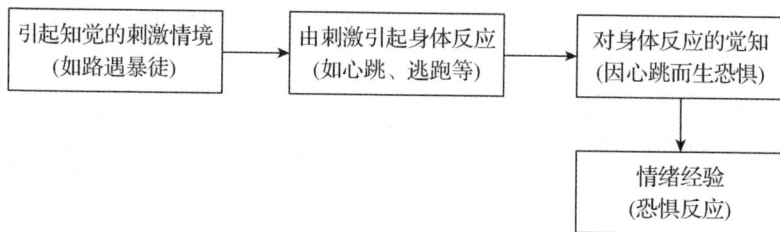

```
┌─────────────────┐     ┌─────────────────┐     ┌─────────────────┐
│ 引起知觉的刺激情境 │ ──→ │ 由刺激引起身体反应 │ ──→ │ 对身体反应的觉知  │
│ (如路遇暴徒)      │     │ (如心跳、逃跑等)   │     │ (因心跳而生恐惧)  │
└─────────────────┘     └─────────────────┘     └─────────────────┘
                                                          │
                                                          ↓
                                                ┌─────────────────┐
                                                │ 情绪经验         │
                                                │ (恐惧反应)       │
                                                └─────────────────┘
```

图 5-1　情绪的詹姆斯—兰格理论图解

2. 坎农—巴德理论

坎农(W. Cannon)—巴德(P. Bard)认为：外界刺激引起感觉器官的神经冲动，传至丘脑，再由丘脑同时向上、向下发出神经冲动，向上传至大脑皮层，产生情绪的主观体验；向下传至内脏和骨骼肌肉的信息激活生理反应(如血压升高、心跳加速、瞳孔放大、内分泌增多、肌肉紧张等)，因此，身体变化与情绪体验同时发生(见图5-2)。

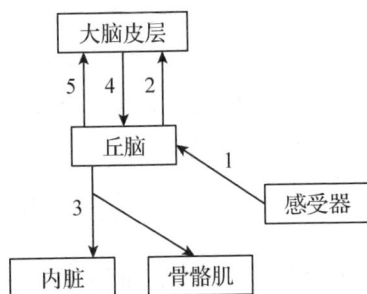

图 5-2 情绪的丘脑说图解

(二)情绪的认知理论

1. 阿诺德的"评定—兴奋"理论

美国心理学家阿诺德(M. B. Arnold)认为：刺激情景并不直接决定情绪的性质，从刺激出现到情绪的产生，要经过对刺激的估量和评价。情绪产生的基本过程是刺激情景—评估—情绪。同一刺激情景，由于对它的评估不同就会产生不同的情绪反应。情绪的产生是大脑皮层和皮下组织协同活动的结果，大脑皮层的兴奋是情绪行为的最重要的条件。

2. 沙赫特的两因素情绪理论

美国心理学家沙赫特(S. Schater)和辛格(J. singer)认为，情绪的产生有两个不可缺少的因素：一个是个体必须体验到高度的生理唤醒；另一个是个体必须对生理状态的变化进行认知性的唤醒。情绪状态是由认知过程、生理状态、环境因素在大脑皮层中整合的结果。这可以将上述理论转化为一个工作系统，称为情绪唤醒模型(见图 5-3)。

沙赫特和辛格曾设计了如下实验。

第一步：先给三组大学生被试注射肾上腺素，使他们处于生理唤醒状态——这是为了使所有被试的生理唤醒状态相同。

第二步：实验者对三组被试用三种不同的说明来解释这种药物可能引起的反应。告诉第一组被试注射药物后将产生心悸、手抖、脸发烧等反应，这些是注射肾上腺素的真实效果；告诉第二组被试注射药物后将产生双脚麻木、发痒和头痛等现象，这与肾上腺素的真实效果完全不同；告诉第三组被试，药物是温和无害的，而且没有任何副作用，即不告知这组被试肾上腺素的效果。这个步骤是诱使三组被试对自己的生理状态做出不同的认知解释。

第三步：将每组被试各分成两部分，并让两部分被试分别进入两种实验情境中。其中一个实验情境能看到一些滑稽表演，是一个愉快的情境；而另一个实验情境中，强迫被试回答烦琐的问题，并强加指责，是惹人发怒的情境。这个步骤是使被试处在不同的环境中。

实验者观察这两种环境下各组被试的情绪反应。

实验结果：

可以预测：如果情绪是由刺激引起的生理唤醒状态单独决定的，那么三组被试应该产生一样的情绪反应，因为实验中他们的生理唤醒状态都是一样的；如果情绪是由环境因素单独决定的，那么各组被试应该是在愉快的环境中感到愉快，在愤怒的环境中产生愤怒。

但实验的真实结果是：第二、第三组被试在愉快环境中表现出愉快的情绪，在愤怒的情境中表现出愤怒的情绪，而第一组被试在两种情境中都比较冷静。显然，这是由于第一组被试能正确地估计和解释后来的真实生理反应，并将环境对他的影响也进行了认知解释，因而能平静地对待环境作用。而第二、第三组被试对真实生理唤醒水平的认知解释是错误的，因而他们的情绪反应随着环境的不同而变化。由此可知，在情绪的产生中，生理唤醒和环境都有影响，但认知过程则起着至关重要的作用。大脑皮层将环境、生理和认知信息整合起来后，产生了一定的情绪。

据此，沙赫特和辛格推论情绪是认知过程、生理状态和环境因素共同作用的结果，其中认知因素对情绪的产生起关键作用。

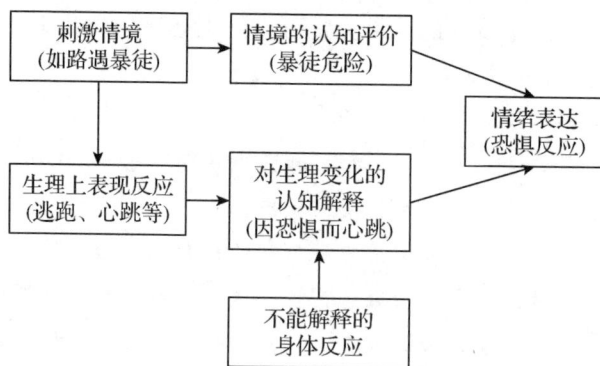

图 5-3 沙赫特—辛格理论图解

3. 拉扎勒斯的认知—评价理论

拉扎勒斯认为情绪是人与环境相互作用的产物。在情绪活动中，人不仅反映环境中的刺激事件对自己的影响，同时要调节自己对于刺激的反应。也就是说，情绪是个体对环境知觉到有害或有益的反应。因此，人们需要不断地评价刺激事件与自身的关系。具体有三个层次的评价：一次评价，是指人确认刺激事件与自己是否有利害关系及其程度；二次评价，是指人对自己反应行为的调节和控制；三次评价，是指人对自己的情绪和行为反应的有效性和适宜性的评价。

（三）情绪与下丘脑

感受具有先天遗传的个人倾向，影响情绪、嗜好、美感、欲望、动机等。参与感受活动的结构众多，有大脑边缘叶的扣带回、海马结构、梨状叶和隔区等，有丘脑前核、背内侧核等，有下丘脑的众多核群以及杏仁核等。下丘脑除了具有样本分析产出功能，还具有分泌激素的功能。来自于大脑边缘叶的样本激活下丘脑或杏仁核，下丘脑分析产出感受样本，发放到丘脑前核产生感受，还可以通过分泌激素影响意识以及靶器官。

不是所有的样本都能激活下丘脑产生感受，能够激活下丘脑的样本是具有一定倾向性的样本。当大脑分析产出具有一定倾向性的样本后，通过大脑边缘叶的传出纤维发放到下丘脑，下丘脑分析产出感受样本，通过乳头丘脑束发送到丘脑前核，激活丘脑前核合成丘觉，再通过丘脑间的纤维联系发放到背内侧核，产生感受，产生对人和事物的喜好、嗜好、偏爱、欲望、美感、动机以及愉悦和恐惧、兴奋与沮丧等。

下丘脑分析样本的方式与大脑、纹状体、小脑不同，大脑、纹状体、小脑参照分析的模型是通过学习或练习建立的，而下丘脑的参照模型是遗传的，即我们出生后，感受是按照固有的方式分析产出的，因此，我们的感受主要是天生的，当然，也会受到后天环境的一定影响而发生改变，但不会发生本质的扭转。

感受是动力之源。感受是人的力量来源，人的一切行为活动或者是外来压力的驱动，都是受个人感受的驱动。感受主要由遗传决定，遗传决定了每个人的嗜好、偏爱都是不一样的。

感受和理性（如觉察和认识）由不同的脑独立产生，相互作用又相互斗争，感受与理性经常是矛盾的，二者相互斗争、互不相让，形成我们常说的矛盾心理。感受在一定程度上受理性制约，但在感受强度过大或额叶功能弱化的情况下，导致理性不能占据主导地位，感受控制人的思维和行为。

产生感受的下丘脑，虽然通过遗传获得了分析模型，不需要通过存储建立分析模型，但可能参与了其他信息的存储功能，特别是大脑边缘叶承担了其他信息的记录存储任务，从而完成更加重要的记忆功能。

（四）情绪与肠胃菌群

研究认为肠道与中枢神经系统有一个双向的关系，称为"肠—脑轴"。"肠—脑轴"使肠道可以发送和接收从大脑发出的信号。一项研究发现，向正常小鼠的肠道内添加一个"有益的"乳酸杆菌菌株（也是在酸奶中被发现的），小鼠的焦虑水平降低了。切断迷走神经—大脑和肠道之间的主要连接后，效应被阻断了。这表明细菌通过肠道内的肠—脑轴来影响大脑。

现代微生物学家发现，大量的细菌寄生在我们呼吸道和消化道中，它们中的半数是中性菌，对我们既无害也无益，比如肠杆菌、酵母菌及肠球菌；约有10％是有害菌，如葡萄球菌、幽门杆菌等；还有约30％是有益菌，如乳酸菌、双歧杆菌等。对有害菌我们也不必担心，因为它们的活动严格受到有益菌和中性菌的管制。

这些寄生在肠道内的细菌，对改变我们的情绪和行为有着不可忽视的作用。一方面，这些细菌影响人体的营养代谢，如果消化不良，会引起情绪异常；另一方面，假如人体的代谢紊乱，这些细菌会制造出硫化氢、氨等气体来毒害我们的神经，从而导致我们情绪异常，甚至做出极端行为。

人们情绪异常和行为失控的发生频率逐年升高，从肠道内细菌的生存环境来看，导致这一现象主要有两个原因：一是农药、食品添加剂和抗生素等的滥用。这些药物或化学物质进入人体会大量杀死肠道细菌，导致人的代谢紊乱和消化不良，从而引发情绪异常和精神疾病。二是这几年生活水平提高后，部分人吃得太饱。由于摄入的过量高蛋白在人体内缺少有益菌或中性菌为其分解、代谢，它们会在杂菌的分解下产生大量的硫化氢、氨等对神经有毒害作用的物质。这些物质会破坏人体中起抑制冲动作用的五羟色胺的合成，导致人的情绪异常，产生过激行为。

加拿大的研究人员发现，一种特别胆小害羞的小鼠品种在接受了另外一种小鼠的肠道菌群移植以后，会变得更加活跃也更具有好奇心。一些肠道细菌会产生影响神经系统的化合物，比如说神经递质或者改变血脑屏障的代谢产物。一些关于人类的研究数据也揭示肠道菌影响情绪，比如抑郁症病人就表现出肠道细菌的改变。除此之外，将抑郁症病人的菌群移植给小鼠可以复制抑郁症的病理学特征。

第二节　积极情绪及其功能

一、积极情绪的概念

(一)积极情绪概念的提出背景

积极情绪近年来在国外情绪心理学研究中受到了充分重视，有了相对比较广泛的研究，许多研究对于积极情绪的概念、积极情绪的功能以及积极情绪对于健康的意义提出了许多有价值的理论分析，也开展了许多实证研究。尤其是Fredrickson 的积极情绪的扩展和建设理论提出以来，促进了积极情绪研究的进一步发展。[①]

积极心理学家 Fredrickson (1998)认为，特定行为倾向的确能够解释绝大多数消极情绪的表现形式与功能机制，但却不能适用积极情绪，因为积极情绪似乎并不能对危及生命的环境威胁提供应对，通常也不指向某种特定的行为倾向，例如愉悦、宁静这些积极情绪可能只会触发认知与思维的改变。[②]

Fredrickson (1998)相信，积极情绪必定具备异于消极情绪的适应意义，据此她提出"认知—行为储备"(thought-action repertoire)的概念，即认知与行为的整合系统。Fredrickson 主张，消极情绪窄化"认知—行为储备"的即时相对范围，个体因此能够在威胁情境下迅速高效地调动各种应激资源；与之相反，积极情绪则对"认知—行为储备"具有扩展功能，使得个体的认知与行为系统更为开放、灵活，这会导致积极情绪的不断累积、螺旋式上升，在这一过程中个体持久的发展资源得以建构，此即积极情绪的扩展建构理论。[③]

(二)积极情绪的概念

积极情绪(positive emotion)即正性情绪或具有正效价的情绪，是指个体由

---

① 郭小艳，王振宏．积极情绪的概念、功能与意义[J]．心理科学进展，2007，15(5)：810－815.

② 周雅．情绪唤起对执行功能的作用[J]．心理科学进展，2013，21(7).

③ 兰伟彬，常经营．积极情绪相关研究综述[J]．四川教育学院学报，2008，24(10).

于体内外刺激、事件满足个体需要而产生的伴有愉悦感受的情绪。孟昭兰（1989）认为"积极情绪是与某种需要的满足相联系，通常伴随愉悦的主观体验，并能提高人的积极性和活动能力"。①

积极情绪包括快乐（joy，happy）、满意（contentment）、兴趣（interest）、自豪（pride）、感激（gratitude）和爱（love）等。快乐是指当情境被评价为安全的和熟悉的，或者事件被理解为个人目标取得进步和实现时而产生的情绪感受；满意是指被他人的接受和关爱所引起的感受，如果情境被评价为安全的、高度确定的和需要低付出的，就会引起满意感；兴趣是指当个体技能知觉与环境挑战知觉匹配时产生的愉悦与趋近感，当情境被评价为安全的、新颖的和改变的、神秘的以及一种困难感时就会引起兴趣；自豪是当目标成功实现或被他人评价为成功时产生的积极的体验。

Fredrickson（2010）提出了 10 类基本的积极情绪：愉悦（joy）、逗趣（amusement）、宁静（serenity）、振奋（excitement）、爱意（love）、自豪（pride）、兴趣（interest）、感恩（gratitude）、希望（hope）、敬佩（admiration）。

二、积极情绪与消极情绪的最佳比例

如前文所述，消极情绪是人类的防御动机系统，以保护有机体避开可能的危险、疼痛和处罚的情境；而积极情绪是人类的趋近动机系统，以促进有机体接近带来愉悦的情境（Watson，Wiese，Vaidya & Tellegen）。两者对于个体和组织的生存和发展都有其重要意义。积极情绪与消极情绪的最佳配比是多大呢？Marcial Losada 研究得出，对于团队表现来说，积极情绪与消极情绪比例，即积极率为 3：1。在这个特定的比率之上，团队就会呈现欣欣向荣的复杂动态，在这个比率之下，团队表现则是枯萎凋零的消极循环失败。在 Fredrickson 的个人研究中也证实了 3：1 的积极率对于个人也是成立的。在 John Gottman 的婚姻研究中，得出的结论是持续的、夫妇双方都感到满意的婚姻，积极率大约是 5：1。枯萎或者失败的婚姻所具有的积极率低于 1：1。Robert Schwartz 作为临床心理学家，研究中得出，最佳的积极率大约是 4：1，大多数正常人的积极率是 2：1，他认为病理性的积极率，如患抑郁症的人的积极率低于 1：1。因此对于个人、婚姻和商业团队，取得了引人注目的成功都会伴随

---

① 孟昭兰．人类情绪［M］．上海：上海人民出版社，1989.

着高于 3：1 的积极率。相比之下，那些困在抑郁症中的人、婚姻失败的夫妻以及不得人心或者无法营利的商业团队，所拥有的积极率都低于 1：1。Bauer 和 Bonanno 对 67 名最近丧偶的人进行了一项研究，考察积极和消极自我评价的数量是否能够预测丧偶后个体的恢复程度。数月之后的访谈证实，情绪复杂性高的被试，恢复程度较好，只涉及积极方面的人，其恢复速度慢于至少涉及一次消极事件的人，恢复程度最好的被试，既有足够的情绪复杂性，又能保持其积极自我评价占优势。研究发现，积极与消极的评价最理想的比例约为 5：1 (Bauer & Bonanno，2001)①。

三、积极情绪的功能

研究表明，在日常生活中积极情绪多于消极情绪的人具有更高的心理弹性，更有活力，生活得更幸福；积极情绪会影响人们对其他人的喜爱、对自我生活的满意程度、对未来的乐观程度。总之，众多的研究表明，积极情绪使人们感觉良好，提高人们对生活的主观感受，同时也扩展了人的习惯性思维，有助于人们克服重重压力。

（一）积极情绪具有活动激活与特定的行动倾向

积极情绪会产生一种一般的行动激活，即接近或趋近倾向，积极情绪能够促进活动的连续性。在积极情绪状态下，个体会保持趋近和探索新颖事物。

Fredrickson 指出，积极情绪并不只具有一般的活动激活倾向，同时也与特定的行动倾向相联系，如快乐产生游戏、冲破限制、创新的愿望；兴趣产生探索、掌握新的信息和经验，并在这个过程中促进自我发展的愿望；满意产生保持现有的生活环境和把这些环境和自我以及社会的新观点融为一体的愿望；自豪产生想与他人分享成功和求得在将来取得更大成就的愿望；爱产生想再次与所爱的人一起游戏、探索的愿望②。

---

① 郭婷婷，崔丽霞，王岩. 情绪复杂性：探讨情绪功能的新视角[J]. 心理科学进展，2011，19(7).

② Fredrickson B L, Branigan C. Positive Emotion. In：T J Mayne，G A Bonnano (Eds.)，Emotions：current issues and future directions[M]. NY：The Guilford Press，2001：123—151.

（二）适度的积极情绪的自我拓展建构功能

1. 积极情绪的扩张建构理论

消极情绪常常与自我防御的行为方式相伴。当消极情绪产生后，会限制一个人在当时的情景条件下瞬间的思想和行为反应指令，所以个体在此时只能产生由进化而形成的某些特定行为，例如逃跑、躲避等。消极情绪限制了人们的思想和行为，使人的思想和行为都限定在以保护自己的生存为核心的状态之中。在漫长的自然进化过程中，我们的祖先为了生存下去，就可能使这种限制性的情绪，也就是消极情绪，得到充分的发展。

Fredrickson 认为，积极情绪的作用刚好相反，它能够扩展一个人的即时思维—行动序列，提高人的创造性，即在当时的特定情境下，积极情绪能够促使人打破一定的限制而产生更多的思想，出现更多的行为倾向。这种思维—行动序列的扩展，帮助个体建立起持久的个人发展资源（社会支持、心理弹性、人际关系质量等），这些资源趋向于从长远的角度，用间接的方式来给个体带来各种利益（健康、生存质量和成就等）。通俗来说，积极情绪能促使个体充分发挥自己的主动性，从而产生多种思想和行为，特别是一些创造性或创新性的思想和行为，并把这些思想和行为迁移到其他方面。当个体通过这些思想行为实现了个人的成长和发展之后，也进一步深化了积极的情绪体验，形成螺旋式两性循环（见图 5-4）。

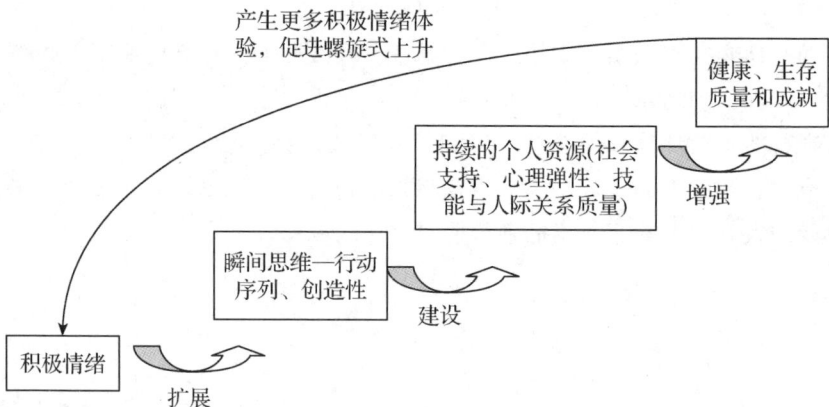

图 5-4　积极情绪的"扩展—建构理论"

Isen 等研究发现，积极情绪在中性状态下，个体表现出更高的创造性，问题解决的效率更高，决策更全面。积极情绪之所以能够促进个体的创造性、成功的问题解决和决策的效率，主要是因为积极情绪对于认知活动有三个方面的影响：即积极情绪为认知加工提供了额外的可利用的信息，增加了更多的可用于联结的认知成分；积极情绪扩大了注意的范围，导致更综合的认知背景，增加了相关问题的认知要素的广度；积极情绪增加了认知灵活性，增加了认知联结的多样性。即在积极情绪状态下，个体的思维更开放、更灵活，能够想出更多的问题解决的策略。

2. 适度的积极情绪的自我拓展建构功能

以往研究普遍认同，情绪包含效价（valence）与唤醒（arousal）两个维度，二者分别描述情绪的愉悦程度（积极 VS. 消极）与生理激活程度（平静 VS. 兴奋）。然而，随着情绪心理的研究深入，Gable 和 Harmon-Jones(2010a)对情绪二分法提出质疑，认为情绪其实是与趋近/回避两大动机系统激活有着密切联系，除去效价与唤醒，情绪还应纳入动机这一维度，此即情绪的动机维度模型。国内已有学者对此模型予以细致阐述（邹吉林，张小聪，张环，于靚，周仁来，2011）。基于动机维度的这一区分标准，Gable 和 Harmon-Jones（2010）对于情绪种类进行重新划定，将上述 Fredrickson 界定的积极情绪进一步细分为低动机强度的积极情绪（如逗趣、宁静）与高动机强度的积极情绪（如振奋、兴趣）①。

不同于 Fredrickson（1998），Gable 和 Harmon-Jones（2010）认为，只有低动机强度的积极情绪具有认知扩展效应，至于高动机强度的积极情绪，会使个体将注意集中于某些环境刺激，锁定它们作为目标并意图得到它们。由此推断，高动机强度的积极情绪不应扩展认知，而是应该窄化认知，这样才能排除无关刺激干扰，最大限度地促进目标实现。而 Fredrickson 的主张之所以能够获得诸多支持，是因为以往研究用以诱发情绪的材料或操作基本上唤起的都是低动机强度的积极情绪，比如看喜剧电影来唤起逗趣，或是听放松音乐来唤起宁静。针对这一问题，Gable 等人采用了一系列革新的情绪操作手段，比如金钱奖励延迟范式（monetary incentive delay paradigm）或是呈现一些勾起食欲的美味甜点，用以唤起被试的振奋或兴趣（Gable & Harmon-Jones，2010b）。研究结果证实，通过这些操作唤起的高动机强度积极情绪，缩小了被试的注意范

---

① 郭小艳，王振宏. 积极情绪的概念、功能和意义[J]. 心理科学进展，2007，15(5).

围(Gable & Harmon-Jones，2008)，使被试对视野周围(相比视野中央)呈现的信息记忆更差(Gable & Harmon-Jones，2010)，窄化了被试的认知归类(cognitive categorization)(Price & Harmon-Jones，2010)。总之，高动机强度积极情绪确实会导致认知资源的整体窄化。①

(三)积极情绪积累自我发展资源

积极情绪的"扩展—建构理论"告诉我们，积极情绪可促进心智能力的提升。同时，积极情绪有助于积累人脉资源。比起与消极的人打交道，和积极的人打交道更加富有积极意义，更加令人高兴，并可能是一段充满享受的经历。人们总是对和积极者打交道充满期待，因为人们从积极者那里获得的是积极、快乐和力量。积极者为人处事的方式总是令其人际关系获得增长，让自己成为他人眼中更具魅力的合作伙伴。

(四)积极情绪有助于身体健康

Fredrickson 认为积极情绪产生在安全的环境中，一般不会像消极情绪那样产生具体的行动倾向(如恐惧引发逃跑，愤怒引发攻击)，所以积极情绪可以通过取消对具体行动的准备，有效地撤销消极情绪的体验和生理唤醒，因而将此称为撤销假设(undoing hypothesis)。在 Fredrickson 的一项研究中，采用压力任务，使被试产生焦虑体验，同时有心率、心血管活动和血压升高这样的生理反应。之后，用电影诱发被试三种情绪：欢乐、满足、悲伤。结果发现，在两种积极情绪条件下(欢乐和满足)的被试，心血管活动恢复到基线的速度要明显快于控制条件下的被试，而在悲伤条件下，被试的心血管恢复速度最慢。

研究发现积极情绪能提高机体免疫力，是个体免于疾病威胁的重要保护性因子(Steptoea et al.，2007)。然而，在研究积极情绪和严重疾病存活率的相关性时，对于积极情绪是否有助于延长个体生存时间这一问题，研究者给出的答案并不一致(Pressman & Cohen，2005)。虽然很多研究支持了越快乐的人越长寿的观点，然而人们也发现了过高的积极情绪可能造成的健康风险(Friedman，Schwartz，& Haaga，2002)。例如，Friedman 等人(1993)发现，在天才儿童中，高积极情绪水平与成年后的死亡率存在相关。他们指出，过于乐观和快乐的个体，会倾向于低估潜在的健康风险，缺少对危险情境的预防措施，或者不遵守医疗建议，从而导致较差的健康水平。因此，处理好积极和消极情绪

---

① 周雅. 情绪唤起对执行功能的作用[J]. 心理科学进展，2013，21(7).

的关系，保持稳定情绪状态，是维持身心健康的重要条件，也是人类生活质量的重要指标。①

（五）积极情绪可提升组织效能

积极情绪会使员工以积极心态参与工作，与其他员工积极地互动，形成相互信赖的人际关系，进而促进积极情绪的体验。积极情绪的表达，可以通过模仿、表情反馈引起与其互动的组织成员产生积极的情绪。组织内的领导者的积极情绪尤其具有感染性，组织内的领导者的积极情绪能够预期组织的工作绩效。另外，研究也发现，诱发积极情绪能够促进个体的助人行为，商店服务员的微笑等积极情绪能够促进消费者的购买行为，不仅是因为感染了顾客，同时服务员在销售服务过程中的积极情绪扩展了他们的认知灵活性、创造性和移情的水平，提高了他们的服务质量与解决问题的水平。有研究发现，不同团队积极情绪与消极情绪比例，即积极率，低绩效团队为 1∶1，一般绩效团队为 2∶1，高绩效团队为 6∶1。

心理学家 Seligman 曾以美国大都会保险公司的员工为研究对象，对乐观与悲观的态度对职场表现的影响做了深入的研究，当一批大学毕业生进入职场，公司将他们分成乐观与悲观两组进行研究，一年后发现，乐观组的工作业绩比悲观组高 30％，第二年业绩则高出 50％，第三年后，乐观组的人已渐渐走向主管阶层，而悲观组这些人仍在自己岗位上默默耕耘。Seligman 又做了另外一项研究，1985 年，美国 15000 名应征大都会保险公司的人接受了乐观测验和职业剖析测验。该研究有两个目标：第一是用以前的方法录用 1000 名通过职业剖析的新进业务员，对这 1000 名员工来说，乐观成绩不在录用与否的考虑项目之内。他们想看看这 1000 人中，乐观的会不会比悲观的业绩好，当然这 1000 人按平均数分为一半为乐观者，一半为悲观者。第二个目标是另外录用一些特别乐观的人 100 名，但这些人的职业剖析分数却低于大都会所规定的标准。结果在第一年里，以原来方法录用进来的人中，乐观的比悲观的表现好，不过差距不大，只有 8％。但是到第二年，乐观组比悲观组多卖了 31％的保险。用特别方法录用进来的比原来方法录用进来的悲观组在第一年就好了

---

①　王艳梅，汪海龙，刘颖红．积极情绪的性质和功能[J]．首都师范大学学报（社会科学版），2006，（1）：199－122.

21%，到了第二年差距增大到57%。可见乐观者比悲观者业绩更好①。

第三节　女性情绪情感的特点与优势

一、女性的生理生育周期与情绪变化

（一）月经周期拨动女性情绪变化

心理生理学的研究发现，女性的情绪会随月经周期而发生周期性波动。通常在排卵期前后，女性表现出积极的情绪，有较高的自信心和良好的知足感，情绪愉悦，行为主动。而在经前期和月经期则表现出消极的情绪，有烦躁、抑郁、焦虑、易激惹等倾向。月经周期变化带来的情绪变化主要与激素分泌、神经系统和身体代谢的功能障碍以及心理因素的作用有关。

据研究，文化修养也会对女性月经反应产生影响。由于传统习俗的长期影响，使女性认为月经前必然出现焦虑，这是对女性文化压迫的结果，她们在经前期总是期待焦虑、情绪低落的发生。实验研究也提供了类似的证据：告诉预期1周后会来月经的妇女，医生可以用一套新仪器准确测出她们下次行经的日期。受试者分为3组，第一组：告诉她们月经在1~2天后发生；第二组：告诉她们至少在7~10天后才会行经；第三组：什么也不告诉。然后让她们报告自己经前的一系列问题。结果表明第一组经前浮肿、乳房胀、头痛等症状的发生明显多于第二组。

（二）妊娠、哺乳期易让女性陷入低谷

妊娠是胚胎和胎儿在母体内发育成长的过程，是受精卵于子宫内发育成足月胎儿的过程。当女性怀上了宝宝，心理上就会随妊娠的早期、中期、晚期发生变化：妊娠早期，由于内分泌激素变化和早孕反应，女性会较易产生烦躁、抑郁、焦虑、恐怖和疑虑；妊娠中期，女性的情绪会相对稳定；但妊娠晚期，由于对生产的担忧等，有的女性又会陷入消极情绪中。而进入哺乳期，由于体内激素水平的巨大变化，以及家庭关系等其他因素的影响，使得女性更易产生

---

① ［美］马丁·塞利格曼. 学习乐观（第2版）［M］. 洪兰，译. 北京：新华出版社，2002.

抑郁等情绪体验。产后抑郁症是女性哺乳期容易发生的一种心理病。

(三)绝经期的来临让女性更浮躁

处于绝经期的女性，由于卵巢功能快速消退，雌激素分泌骤减并日渐枯竭，月经从正常走向紊乱。生理变化导致这一阶段的部分女性易产生悲观、忧郁、烦躁不安、易怒、多疑、敏感等情绪或心理波动，这些情绪状况会给家庭生活、人际关系带来诸多麻烦。

二、产后抑郁症及诊断

(一)产后抑郁症

产后抑郁症(postpartum depression)是女性精神障碍中最为常见的类型，是女性生产之后，由于性激素、社会角色及心理变化所带来的身体、情绪、心理等一系列变化。产后不少女性会出现一段不稳定情绪，如莫名的哭泣或心绪欠佳。少数表现强烈，产后抑郁症的发病率在 $10\%\sim15\%$，当然这个数据因不同研究而不一样。典型的产后抑郁症通常在 6 周内发病，可在 $3\sim6$ 个月自行恢复，但严重的也可持续 $1\sim2$ 年。

患者最突出的症状是持久的情绪低落，表现为表情抑郁，无精打采，困倦、易流泪和哭泣。患者常用"郁郁寡欢""凄凉""沉闷""空虚""孤独""与他人好像隔了一堵墙"之类的词来描述自己的心情。患者经常感到心情压抑、郁闷，常因小事大发脾气。在很长一段时期内，多数时间情绪是低落的，即使有过几天或 $1\sim2$ 周的情绪好转，但很快又陷入抑郁。同时，患者对日常活动缺乏兴趣，对各种娱乐或令人愉快的事情体验不到愉快，常常自卑、自责、内疚。常感到脑子反应迟钝，思考问题困难。遇事老往坏处想，对生活失去信心，自认为前途暗淡，毫无希望，感到生活没有意义，甚至企图自杀。

(二)产后抑郁症的诊断

产后抑郁症的诊断至今无统一的判断标准，目前应用较多的是美国精神病学在《精神疾病的诊断与统计》(1994 年)中制定的条件：具备下列症状的 5 条或 5 条以上，必须具有 1 或 2 条，且持续 2 周以上，患者自感痛苦或患者的社会功能已经受到严重影响。症状包括以下几方面。

(1)情绪抑郁。

(2)对全部或者多数活动明显缺乏兴趣或愉悦。

(3)体重显著下降或者增加。

(4)失眠或者睡眠过度。

(5)精神运动性兴奋或阻滞。

(6)疲劳或乏力。

(7)遇事皆感毫无意义或自责。

(8)思维力减退或注意力涣散。

(9)反复出现死亡或自杀的想法。

三、女性情绪情感的一般特点

除了由于生理周期而导致女性情绪呈现出周期性变化之外，相比男性，女性还具有对消极情绪体验更深、对他人情感体验更敏感、情绪"感染"传播更快、多内藏性情感情绪等特点。

（一）对负性事件和消极情绪具有易感性

由于女性内心敏感，对消极情绪体验更深，极易因为一点点小事情而大发脾气。因此，女性容易被男性形容为喜怒无常、小题大做。遇到伤心的事，如亲人去世，女性会表现出更多痛苦。同样是消极情绪，女性更易忧郁、悲观、焦虑等，男性更易不满、愤怒等。

（二）有更强的移情能力

移情是指由于对别人情绪的觉察而导致自己情绪的唤起。移情能力就是设身处地以别人的方式体验其经历的事件和情感(快乐、悲伤)的能力。马丁·L. 霍夫曼的研究认为，女性比男性更容易移情。

（三）易受情景的影响

女性敏感性高、不稳定，男性感受性低、稳定。女性在识别表情、身体姿势以及声调等非言语信息上更具优势，再加上其情绪的易感性，不少女性在看电视或电影中的伤心情节，就会控制不住地流泪。女性的情绪易受情景的影响。她们在看到一个特殊的场景、一段感人的句子或是可怜的表情，都可以自动化地识别并且立马感受到悲伤的情绪。

（四）在家庭中更容易为琐事发脾气

有研究发现，女性在与关系较为密切的人交往时，尤其是在家庭环境中比较经常地生气和发怒。如在夫妻关系中，女性常常表现的易怒和有攻击性，因为她们更为看重亲密的家庭关系，表现得对情感需求更强烈。因此，她们经常为小的误解和琐事而生气。男性在家庭生活中则表现得较为大度和忍让，对妻子的发怒和攻击比较宽容。①

(五)情绪宣泄呈现出特殊的代偿性行为表现

女性的情绪与男性相比，情绪宣泄呈现出特殊的代偿性行为表现。如有的女性情绪不好，其情绪行为表现是暴饮暴食，这其实是一种代偿性行为。有的女性情绪不好表现为疯狂购物。女性通过购物过程可以起到缓解压力、愉悦身心、宣泄情绪、获得精神满足的效果。另外，女性寂寞时也会去消费，因此，有人说女性消费的不是金钱，而是寂寞。

四、女性的情感需要

情感需要可以说是女性极重要的心理需要。情感生活的成功与否，有时能够直接左右女性的生活道路和生活方向。人的情感需要很复杂，不仅指夫妇间的爱情，还包括亲情、友情以及事业上的热情等。这也具体表现在女性对人际关系的需要、亲和的需要比较强烈。可能正是这种对亲密关系的需要，促使她们在大多数情况下采取平均原则处理金钱、财物的分配，而男性更倾向于采取按劳分配。因为"平均"让两个人的关系更亲密，更有互相尊重的感觉。这种需要也促使女性更加注重亲密关系的小圈子。

关于女性在男女情侣关系中的情感需要，约翰·格雷在《男人来自火星，女人来自金星》一书中认为，男女都有六种同等重要的爱情需求，男人基本上需要信任、接受、感激、赞美、肯定和鼓励；女人基本上需要关心、了解、尊重、忠诚、认同和安慰。如果情侣中的男女能够洞悉这类需求，满足其需求，悦纳彼此，则可真正地幸福快乐地生活在一起。

第一，女性需要关爱和陪伴。男人对女人的爱，从行动上处处表现出关心与呵护，女人的关爱需求就得到了满足。她感觉到了她是被宠爱的，她在他心里的地位是独一无二的，她内心滋生出的爱会更强烈，自我感觉会更加幸福快乐。有时对女人来说来自所爱人的默默陪伴，也会感受到幸福快乐。

第二，女性需要倾听和理解。如果女人在倾诉时，男人能够认真倾听，同时给予理解与支持，女人的这种情感需要也就得到了满足。因此，男人需更耐

---

① 方刚.性别心理学[M].合肥：安徽教育出版社，2010：118.

心倾听，不乱下判断、提建议，能够对女人的心情有深刻体会，那就足够了。

第三，女性需要安慰和慰藉。女人需要心理上的慰藉，如果想要满足女人的这类情感需求，男人就要保证不断地支持和安慰女人。当男人与女人对话中没有爱心，没有安抚时，有的女人就开始吵架。因此，对话与沟通中男人不断地向女人展示关爱、理解和安慰，时刻从言行上表达自己的深情，女人需要安慰的需求就可以得到满足。

第四，女性需要重视和尊重。如果男人能保证时时处处以女人为先，把她的愿望、需要、权利放在首位，女人就能够感受到男人的尊重以及自身在男人心目中的价值，这也就满足了女人的这类情感需求。

第五，女性需要忠贞和忠诚。一个对"爱情"忠贞的男人，对女人来说，都是可贵的，值得信赖和托付的。女人希望得到男人的忠诚，如果男人优先满足女人的需求，竭尽全力为女人创造幸福和快乐，这就意味着女人的这类情感需求得到了满足，在爱的营养滋养中，女人会更加容光焕发，会以更多的爱回报她的爱人。

第六，女性需要体贴和欣赏。男人能够充分理解和接受女人的各种想法和情绪，信任和支持女人的真实情感，并时时对女人的穿着打扮表现出欣赏。那么，女人的这类情感需求就满足了。

五、女性在情绪劳动职业领域更显优势

(一)情绪劳动概念的提出

随着后工业社会的到来，人类由产品导向的社会进入了服务导向的社会。服务业所贩卖的商品不仅仅是商品本身，更多的是服务。这样个体的情绪开始与自我分离，被组织或公司当作一种商品加以利用，从而个体开始被异化。组织在努力提高商品本身的质量、价格、外观设计等方面展开竞争以便获得顾客之外，开始认识到在商品销售过程中员工的服务质量和服务态度是影响组织绩效的一个重要因素。组织开始相信，除了商品本身的因素外，员工的热情、真诚、微笑可以影响到顾客对服务的满意度、购买的倾向。员工与顾客接触的本身也被看作一种商品的出售，例如医院的护理工作、一些咨询工作等。

一般来说，劳动分为劳心和劳力两部分。劳力部分可视为"身体劳动"(physical labor)，这种劳动需要付出体力与汗水，才能有效完成工作。劳心部分又可以区分成两种：一种是"认知劳动"(cognitive labor)，另一种是"情绪劳

动"(emotional labor)。认知劳动需运用个人的心智与信息处理能力，才能达成工作目标，例如：程序设计师。情绪劳动则有赖个人调整自己的内在情绪感受与外在情绪表达，进而影响他人的情绪感受，以利工作目标的达成。以柜台服务人员为例，不论内心实际感受如何，都必须向客户展现笑容，才能博得客户的好感，增加下次光顾的可能性。

情绪劳动的概念最早由美国社会学家霍奇德(Hochschild)于1983年提出，把情绪劳动定义为"个体致力于情感的管理，以便在公众面前创造出一种大家可以看到的脸部表情或身体动作，情绪劳动是为了工资而出售的，因此具有交换价值"。

霍奇德指出，有三个标准可以将不同职业类型划分为高度情绪劳动和低度情绪劳动，这三个标准是：①与公众面对面、声音对声音的接触程度；②员工使他人产生情绪状态的努力程度；③雇主通过训练和监督的方法对员工的情绪劳动进行监控的程度。

(二)女性在情绪劳动职业领域的优势

很多研究证实，女性会比男性展现更强烈的情绪表达，且女性微笑的频率要比男性高。这样女性在做出符合工作情景、工作对象情绪表达方面，要比男性自如得多，做出情绪表达的努力程度比男性低，这样女性在情绪劳动方面消耗的心理能量就低。

另外，由于女性善于通过向人倾诉、购物等方式宣泄要缓解情绪劳动所带来的压抑。因此，女性在情绪劳动职业领域显出自己独特的优势。

第四节　女性情绪的有效管理

能力不好不一定会成功，但是情绪管理不好一定很难成功。同时，情绪管理不好也会影响身体健康。中医上讲：怒伤肝，喜伤心，思伤脾，悲伤肺，恐伤肾。另外，单单用脑不大会使我们疲劳，我们所感到的疲劳多半是因为精神和情感因素所引起的。绝大部分我们所感到的疲劳都是由于心理的影响，人的累更多的来自"心累"。因此，要管理精力，重要的是管理好自己的情绪。

一、情商

(一)情商的概念

情商即情绪智力(Emotional Intelligence),是指人理解、管理自己和他人情绪,并利用这些信息来解决问题和调节行为的能力。情绪智力最初由美国耶鲁大学的萨洛维(Salovey)和新罕布尔大学的梅耶(Mayer)于1990年提出来的。丹尼尔·戈尔曼(Daniel Goleman)1995年在专著《Emotional Intelligence》中将情商划分为五个重要成分[1]:①认识自身的情绪,因为只有认识自己,才能成为自己生活的主宰。②能妥善管理自己的情绪,即能调控自己。③自我激励,它能够使人走出生命中的低潮,重新出发。④认知他人的情绪。这是与他人正常交往、实现顺利沟通的基础。⑤人际关系的管理,即领导和管理能力。把这几种成分按内外性和功能性两个维度进行归类。内外性指情商是针对自身还是他人,功能性包括意识和调控。此时的戈尔曼认为情商对个体成就的作用比智力的作用要更大,并且可以通过经验和训练得到提高。高、低情商的人在实际工作生活中有很大差异(见表5-2)。

表5-2　高、低情商的人比较

高情商的人	低情商的人
尊重所有人的人权和人格尊严	自我意识差
不将自己的价值观强强加于他人	无确定的目标,也不打算付诸实践
对自己有清醒的认识,能承受压力	严重依赖他人
自信而不自满	处理人际关系能力差
人际关系良好,和朋友或同事能友好相处	应对焦虑能力差
善于处理生活中遇到的各方面的问题	生活无序
认真对待每一件事情	无责任感,爱抱怨

(二)情商在个体发展中的价值

一个人的情商决定了一个人人际交往的质量。在诸如人际交往比较密切的

---

[1]　刘衔华,蒋湘祁.情绪智力研究述评[J].衡阳师范学院学报,2004,(10).

管理、服务、销售等岗位，情商非常重要。尤其是领导岗位，其情商高低直接影响其领导的绩效。哈佛心理学家麦克利兰（McClelland）研究一家全球餐饮公司的部分领导人发现：高情商的人，87％业绩突出，奖金额领先，其所领导的部门销售额超出指标 15％～20％。而情商低的人，年终考评很少优秀，所领导的分部业绩低于指标 20％。戈尔曼（Goleman）认为，个人事业上的成功，社会成就的获得，更依赖于情商，情商对于个人社会成就的获得具有决定意义。他对情商与智商的作用进行分析，认为情商对于事业成功所起的作用是智商的 4 倍。也就是说，人事业上的成功 80％归因于情商，而智商所起的作用仅为 20％左右。高情商者更有可能成为管理者，管理者也更需要有较高的情商。他认为，对青少年的未来发展做预测，情商的可靠性远高于智商，情商高的人走上社会后，多数有所作为。

二、觉察自己的情绪

情绪觉察是情绪管理的前提。只有先察觉自己的情绪才能更好地管理自己的情绪。情绪的觉察，通俗一点讲，是自己当下情感的自我认识。比如，在遇到一件不幸事件后，体验自己此刻的心情是微怒、生气、狂怒，还是含着悲伤。这种感受只是自己的感受，与他人无关，与事件也没有关系。

生活中当一个人情绪起了变化时，注意力会放在引起情绪的事情上，无法跳出情绪困扰，经常在事后，才觉察到自己的情绪失控了，其实是否能控制自己的情绪关键在于自我觉察，通过觉察自己情绪的变化，才能更清楚地认识自己的情绪的源头，从而控制消极的情绪，培养健康积极的情绪。

（一）客观地看待自己的情绪

我们常常因为别人生气而陷入生气的情境，常常用别人的眼光来看待自己，自己不能肯定自己，因此没有办法做自己的主人，常常受制于别人。如果能体味自己的成长，感受自己的情绪过程，找出其中的模式，就是情绪管理。我们越了解自己，我们就越能掌控自己。

其实，人的情绪化行为大都与自己的欲望、需要得不到满足有关。当一个人的行为都只与"我"字相关的"功"与"利"联系在一起而不能满足时，只与能不能满足自己需要的"物欲"联系在一起时，行为就变得简单、浅显，就会产生短视、剧烈的反应。人在一种"只有小我，无视大我"的不正常心态下，产生愤怒的行为是不足为怪的。因此，要学会觉察自己的欲望，哪些是合理的欲望，哪些是不合理的欲望，哪些是真正的需要，哪些只是受外界诱惑而产生的需要。

（二）有意识地适应情绪变化

静坐、游泳、打禅等都是一些很好的觉察方法，能帮助我们对自己有较多的体会。其次，去体验我们所害怕或不喜欢的情绪，管理情绪就会有效。正像禅宗所说的：体验它、接纳它、放下它。打禅是帮助人们觉察、控制情绪的有效方法。禅，是梵语"dhyqna"的略语，汉译为"思维修"，也称为"静虑"，亦即定慧的通称。禅宗的宗旨，是"明心见性""见性成佛"，禅宗主张人的心性本来清净，本来空寂，是超越于现象界的。善与恶，天堂与地狱，都是因"思量"而从自性中化现。一切法的现起，不能离却自性，如万物在虚空中一样。如《六祖坛经》中说：世人性本自净，万法在自性。思量一切（恶）事，即行于恶。思量一切善事，便修于善行。知如是一切法尽在自性，自性常清净。人心虽然本自清净，但是由于烦恼妄念的染污，取相著相，如云雾障于明净的虚空。见性，就是开发自性，达到无心无念的境界，彻见到自己本来的心性。铃木大拙先生强调禅是一种生活的艺术，他说：禅者可以告诉他们，他们这些人皆忘了自己天生是艺术家，是创造性的生活艺术家。一旦他们认识到这个事实和真理，他们就会从他们的苦恼中解脱出来，不管这个苦恼是神经官能症、精神病，还是其他任何名目……对于这样一个人来说，他的生活反映出他从无意识的无尽源泉中所创造出的每一个意象。就此而言，他每一个行为都表现了独创性和创造性，表现了他活泼鲜明的人格。这里不存在因袭、妥协和禁抑的动机。他从心所欲，行动如风一样随意飘荡。他不再有那囿于片面的、有限的、受限制的、自我中心的存在中的自我。他已走出了这个监牢。唐代有一位大禅师说："随处做主，立处皆真。"这种人就是我所说的真正的生活艺术家。禅指出了从枷锁到自由的道路，通过禅的修行把本具于我们内心中的一切创造性与有益的冲动显现出来。禅的生活艺术把储藏于我们内心的所有生命力量进行适当而自然的释放。

三、情绪管理

情绪管理的目的是实现平衡、节制，不做情绪的奴隶。没有激情的人如同荒漠，而情绪失控又是病态。情绪管理关键是减少负面情绪，增加幸福积极情绪，而不是只维持一种情绪。情绪管理要求我们先处理心情、再处理事情。

(一)愤怒情绪的管理

1. 愤怒的本质

愤怒是人类的基本情绪，是进化的产物，是神经、激素和肌肉三位一体的复合体；愤怒是一种判断，这种判断总是认为自己被误解或者被冒犯了；只要我们有强烈的权利感，我们就会有易怒的倾向。

事实上，事情或别人并不是造成你愤怒的原因，大多数情况下，愤怒是自己造成的，通常受三大信念操纵：一是认为别人应该知道你要什么，所以知道如何待你；二是认为"这件事或这个处境糟透了，我受不了"；三是认为"是谁给我惹出这件事情，实在应该受到惩罚"。这些主观原因往往是造成愤怒的重要原因。可以说，你对别人的期望往往会引发你的愤怒的情绪，你很可能会想"别人应该达到我的标准""如果我加班的时间过长，就应该提升我的职位""其他人也应该像我这样做"。

另外，从深层次上来说，某种情况下缺乏自尊是容易造成愤怒的一个重要原因。如果你受到别人的批评，经常感到愤怒不已，这实际上是缺乏自尊心的表现，是潜意识中用愤怒来掩饰自己内在的脆弱、自卑，借由愤怒或攻击别人让自己显得强大。如果你有足够的自我能量，即使受到了别人的苛刻批评，你仍然会感到自信，这时不但不会感到愤怒，并且你可能会耐心地分析这些批评，尝试着从中得到收获。做一个内心强大的人，就比较容易使你远离愤怒。接纳自我、包容他人、感恩社会、释怀过去、关注现在、乐向未来，就可以使你情绪积极，从而使你能量满满，变得内心强大起来。

2. 巧用愤怒管理赢得自身权利

对广大女性来说，如果生活工作中过于柔弱，不敢愤怒，自身的权益就难以得到保障。如果在侮辱和冒犯面前仍不愤怒，只会让我们成为失败者。一般我们过多地关注了愤怒的消极方面。其实，愤怒也是有社会功能性的。当我们生气的时候，会很快使对方意识到他们冒犯了我们，或者至少是让我们感到了沮丧。对绝大多数人来说，单单这种意识就足以让他们感到不安。

愤怒是一种威严，是一种能够带来权利的情绪。正所谓"我不发怒，你就不知道我的厉害！"哈佛商学院教授特蕾莎通过研究人们对摘录的图书评论的反应发现，与其做出正面评论的人相比，做出负面评论的人往往被认为更聪明、更有能力，即使独立的专业人士认为这些负面的评价的质量并不显得更高。她的论文《聪明但却残酷》，说明了一切，她发现：招人喜欢的人被认为是温暖人心的，但友好也往往被认为是软弱甚至是缺乏才智。

对广大女性来说，面对来自异性的骚扰，愤怒经常包含了挽救自尊的策略。我们生气并不仅仅是为了恐吓别人，也是为了得到他们的尊重。愤怒对实现成功的社会生活是很有价值的。关键是要学会正确的愤怒，所谓正确的愤怒，就是瞄准了正确的人，符合正确的理由，在合适的时间，达到了恰当的程度。职场中的女性要注意不要轻易对自己的领导发怒，愤怒理性与否首先取决于它是否符合一个人的长期利益。

3. 管理愤怒，超越愤怒

生气愤怒对人的身体损害极大，美国一些心理学家做了一项实验，他们把正在生气的人的血液中所含的物质注射到小老鼠身上，并观察其反应。初期，这些小老鼠表现呆滞，整天不思饮食。几天后，它们就默默地死掉了。生气还会引起皮肤憔悴、双目红肿、皱纹增多、妇女月经不调，甚至影响生育。生气的妇女在哺乳期不仅奶水减少，而且在生气后给婴儿喂奶，婴儿有可能中毒，轻者长疮，重者生病。有分析表明：人生气10分钟会耗费大量精力，其程度不亚于参加一次3000米的赛跑。法国思想家蒙田说过"愤怒不仅扰乱思想，还会自动使愤怒者疲乏不堪，愤怒之火会减弱并消耗力量"。因此，要学会管理愤怒。

第一种：在生气时，分散注意力，离开引发愤怒的环境，等待肾上腺涌动逐渐消失，生理水平恢复平静。高程度的愤怒会使我们产生"认知失能"，对我们生气的事琢磨得时间越长，怒火会烧得越旺。分散注意力的作用在于阻止一连串的愤怒想法出现。

第二种：在愤怒或敌意想法刚刚产生处于萌芽时就把它遏制住。愤怒越早控制越有效。

第三种：控制和质疑触发愤怒的想法。从不同角度看问题可以熄灭怒火。

愤怒往往是由于他人的行为对你造成挫折而引发的。他人的行为并不必然引起你的愤怒，愤怒是你认知加工的结果。就像上面提到的愤怒通常受你所固有的三大不合理信念的控制。一个人要天天和其他人打交道，你难以控制别人的行为，因此，改变认知就是控制愤怒的有效方法。

女性往往很在意一些小事，而生活中又充满了小事。因此，如果你非常在意别人的行为，那就注定你将与愤怒相伴一生。有人说"气便是别人吐出而你却接到口里的那种东西，你吞下便会反胃，你不看它时，它便会消散了。""气是用别人的过错来惩罚自己的蠢行。"

第四种：超越愤怒、当愤怒的火山爆发时，采用压制或发泄的方法是不恰当的，正确的做法是理解愤怒，超越愤怒。当你感到愤怒时，什么都不用做，只要认识这种愤怒，慢慢地接受它，容许它存在。你就会惊讶地发现，这种客观中立的见证过程能够消减愤怒情绪，正所谓"不识庐山真面目，只缘身在此山中"。如果想要观察一件事物，就必须让自己从这件事物中抽离出来，与它保持某种"距离"。举例来说，想象自己正坐在椅子上，此时你想观察整把椅子。只要你还在椅子上，就无法办到此事。所以你必须起身离开椅子，隔着一定距离，才可能看清椅子的全貌。不仅如此，当你坐在椅子上的时候，你的姿势与外部轮廓完全受椅子影响、控制、"管理"，你无法移动椅子，更无法管理椅子。从某种意义上来说，你成了椅子的附属品。一旦你离开椅子，你不仅可以看清它的全貌，而且摆脱了它的控制，甚至反过来控制它。

我们知道，在某个高度，在云层上面就没有风雨。如果你被愤怒情绪笼罩，那是因为你的心灵飞得还不够高。你一旦跳到愤怒情绪的云层之上，就可摆脱愤怒情绪的困扰，这时去俯视愤怒，就会变得理性，就能正确地对待愤怒。大多数人所犯的错误是处在愤怒情绪之中去抗拒愤怒，他们努力试图消灭愤怒，结果永远难以摆脱它。因此，通过超越愤怒可以达到一种"宠辱不惊，闲看庭前花开花落；去留无意，漫随天外云卷云舒"的人生境界。

(二)恐惧与焦虑情绪的管理

1.恐惧与焦虑的本质

恐惧是人类的基本情绪；恐惧与焦虑是进化的产物；恐惧是大脑机制的"杏仁核"。

焦虑的核心成分是恐惧。当焦虑状态严重和持续存在时就可能导致神经性焦虑的病理状态。经常感受焦虑者可能养成一种焦虑特质，特点是性格脆弱。焦虑主要有三方面的表现：①紧张，害怕；②烦躁不安，心神不宁；③担心，忧虑。

2.恐惧与焦虑使我们做好准备，保护我们免受伤害

有威胁才有恐惧。如果没有恐惧，我们很容易受到各种危险的攻击，而且我们会莽撞地去面对一些有致命危险的处境，而不会顾及可能的灾难性后果。"害怕的能力是我们最大的才智。"只有当恐惧是与一些可以感知到的危险相联系的时候，恐惧才能成为恐惧。

恐惧是理性的必需品。那些杏仁核受损的人不仅丧失了害怕的能力，还丧失了做出理性抉择的能力。他们不能区分什么是重要的，什么是不重要的。焦虑使我们与现实生活保持协调，焦虑不仅仅是一种心境，还是一种有深远意义、有智慧的存在。

3. 控制焦虑与恐惧

历史上有个著名的医师叫阿维林纳，他对动物的生存环境做过一个试验。他把两只小羊同样喂养，其中一只放在离狼笼子不远的地方，由于经常恐惧，这只小羊逐渐消瘦，身体衰弱，不久即死了；而另一只小羊因为放在比较安静的地方，没有狼的恐吓，而健康地生存下来了。长时间过度的焦虑和恐惧有害身体健康，因此要学会控制焦虑和恐惧。

（1）认清焦虑问题与症状。克服焦虑的第一步，要先认识焦虑问题的存在。经常焦虑的人们通常擅长"如果……会怎样"的思维模式。因为他总是在担心会发生何种事情，因此，他们无法获得放松。如果你有下列几种情形，说明你在处理焦虑上存在很大问题：总是担心将来要遇到危险和受到威胁；总是对未来做出悲观的预测；经常过高估计坏事发生的可能性和严重性；不由自主地一次又一次地担心同一件事；靠分散注意力或躲避某一场合来避免焦虑；很难建设性地利用焦虑来解决问题。

（2）放松。焦虑会让我们觉得紧张、担忧和激动，如果能够放松自己，就可以减轻焦虑对我们的损耗。日常的有效放松方法有深呼吸，或者在引起焦虑的情况发生前做好准备等。放松的方法都集中于注意自己的呼吸、心跳以及肌肉紧张等身体反应。

（3）进行理性评估。要认识到绝大多数忧虑是我们想象出来的。能解决的事，不必担心；不能解决的事，担心也没有用。我们有的担忧永远不会发生；有的忧虑涉及过去的决定，是无法改变的；有的忧虑集中于别人出于自卑感而做出的批评；有的忧虑与健康有关，而越担忧问题就越严重；只有很少的忧虑可以列入"合理"范围，但还有其中的一部分是你无法控制的，因此，大部分的事是不必忧虑的。

（4）马上行动。有些人的焦虑与恐惧源于缺乏行动力。消除焦虑与恐惧最快的有效方法就是行动。心理学大师弗兰克曾用精神分析的方法对一位恐惧症患者治疗了多年，毫无成效。这位患者害怕走出家门到大街上去，最后实在没有办法，他引用了一句格言"宁愿要可怕的结局，也不要无尽的恐惧"送给这位病人，并给了他下面的忠告："与其你这样常年遭受恐惧症的折磨，为什么不试试让自己累垮，昏厥过去或在大街上突发心脏病呢？如果你要离家，就得打定这个主意：我会累垮，昏厥过去，心脏病发作，而不必担心可能发生的意外。"于是，这位病人打定主意，走到了大街上。就在此时，他真的就从恐惧症中解脱了出来。

其实，很多事情如果你只是坐在那里焦虑、害怕而不行动，就会越来越痛苦；如果行动，去做你焦虑和害怕的事，焦虑害怕就会消失。

(三)抑郁情绪的管理

1. 抑郁的本质

抑郁是一种复合性的情绪体验：感到悲伤、失望、沮丧，思维缓慢、情绪低落、有目的性的身体活动减少、负罪感和绝望，并伴有饮食和睡眠障碍。

抑郁下的悲伤会使人心力下降，降低我们对许多事物的兴趣。任何引起严重"失落感"的事件，都可能导致抑郁。抑郁患者有歪曲的认知倾向，有"习得性无助"感。大部分人的抑郁没有达到抑郁症状态，只是抑郁情绪较高。

抑郁情绪的正常与异常界限：处于抑郁状态的人如能对其自身遭遇做合理恰当的分析与认识，对自身行为的控制与调节符合社会常规，并有一定的自信与自尊，虽有忧郁体验但无异常行为，即属正常情绪反应。然而，如果抑郁状态使人对自身处境不能做出如实判断，并产生偏离社会常规行为，如果由于压力过度而情绪低落或绝望，失去兴趣和责任感而不能正常工作，甚至产生报复社会和企图自杀等极端意念和行为，则已转化为情绪异常。

2. 战胜抑郁

对于抑郁情绪，普通的抑郁最流行的治疗方法是社会交往，比如外出就餐、打球、看电影，总之是和朋友或家人一起从事的某项活动，以减少其对抑郁原因和后果的沉思。

减轻轻度抑郁的有效方法如下。

一是学会质疑沉思的核心想法，探究这些想法的合理性，并提出积极的想法进行替代，即"认知重建"。

二是有意识地安排愉快的、转移注意力的活动。转移注意力的活动能发挥作用的一个原因是抑郁的想法往往不请自来，悄悄潜入个体的心理。一旦抑郁的思绪开始出现，它就会对一连串的联想产生强大的磁力。注意不要选择看催泪电影、悲情小说等方式转移注意力。转移注意力最有效的活动莫过于能够转

107

变情绪的活动，比如看激烈的体育赛事、滑稽的电影以及鼓舞人心的图书。注意过度看电视也会增加抑郁。

三是进行有氧运动，它也是摆脱轻度抑郁以及其他消极情绪的最有效的方法之一。运动有效的原因在于它可以改变情绪激发的生理状态，抑郁是一种低度唤起的状态，而有氧运动能使身体高度唤起。同样道理，放松活动可以使身体处于低度唤起状态，因此放松对于高度唤起的焦虑效果明显，但它对摆脱抑郁的效果就不那么明显了。

四是通过享受或感官愉悦使自己高兴起来，这是消除抑郁的另一种流行方法。如情绪低落时洗热水澡、吃喜欢的食物、听音乐、购物等。

五是取得成功。改变抑郁情绪更为有效的方法是取得小小的胜利或获得简单的成功。同样，提升自我形象也能让人快乐起来，即便外表的改变也可以发挥作用，比如穿衣打扮或者化妆。

六是帮助有需要的人。抑郁起源于对自身的沉思和关注，因此，如果我们对他人的痛苦感同身受，对他人伸出援助之手，将会使我们摆脱对自身得失的过度关注。

对于严重的抑郁症患者，会使生活处于停顿状态，解决的方法是精神疗法、时间和药物。

（四）悲伤情绪的管理

1. 悲伤的本质

悲伤意味着严重的损失；悲伤的另一个组成部分，或者说它存在的前提是爱，它还是让爱传递下去的一种途径；悲伤是一种痛苦的情绪，并不是说情绪本身痛苦，而是损失让人痛苦；悲伤是一种合乎道德的情绪，面对亲人去世正常人都会悲伤；悲伤涉及的是自我的缺失，或者说自我中最重要的一部分丢失了；悲伤是由于丧失了亲密关系，或者是因为此前建立起来的某种强烈的情感依赖突然破裂而引起的。

2. 悲伤的价值

（1）悲伤具有自我保护作用。悲伤的一个特点是减少一个人的活动量，将自己封闭起来，这样具有自我保护作用。

（2）悲伤使我们重新评估形势、反思自身过错。悲伤意味着我们遭受了损失，它会使我们重新反思所做的事，以避免带来进一步的损失。一个人如果面对重大损失，没有悲伤反省，则容易带来更大的损失。

(3)悲伤可以被用来作为一种策略，它在艰难时期帮助我们赢得同情和关系，它时刻提醒我们，我们从属于一个社会群体。

3. 走出悲伤

长时间的悲伤会对一个人带来不利影响：会过度压抑你的内心，使你反复审视自己的失败影响情绪，最后让原本出于好意的他人厌烦不已；使你在他人眼中显得脆弱、容易被利用；让你对任何痛心之事过于敏感。因此，一个人面对损失，短暂悲伤后，要学会恢复正常情绪状态。

(1)接纳现实，让悲情得以宣泄。悲伤也是一种能量，如果让它淤积起来，越积越多，反而会在今后阻塞我们的情感，甚至可能出现意外的、破坏性的爆发。而只有表达和宣泄，才能让这种能量得以流动，同时在流动的过程中让能量进行交换和转变。也只有让悲伤流动，才能让它有平稳过渡并置换成积极情绪的可能。

(2)处理遗憾和自责。面对亲人的去世，遗憾和自责也难以挽回，我们所能做的就是通过反省避免再留下遗憾。面对自己所做的错事或损失，只有重新奋起，为已经打翻的牛奶而哭泣是没有用的。

(3)将爱转移。面对亲人的去世，可试着将与亲人之间的这份爱，转化为一种对自己的爱或者是对其他重要他人的爱。将爱转移的另一层面意思是化悲痛为力量，把自己要做的事情做好，就是对亲人的最大告慰。

(五)宣泄不良情绪

情绪越压抑越有反效果，如果情绪当时无法宣泄，就应该在事后处理，不要让情绪遗产残留下来，当情绪该出来的时候没有出来，它就变成一个未完成的事件，这个未完成的事件就是我们生命中圆的缺口。不良情绪的长期累积容易引发身心问题。因此，一个人要学会定期通过适合自己的方式宣泄不良情绪。

一个人的外表不管多么强大，他的内心都是脆弱的。所以，每个人都是需要安慰的。在美国，有一种告解室，是一种医疗方法，你对着一个屋子说话，它里面会有简单的回应，实际上是机器在回应，它能让情绪得到缓解。在日本的一些公司，专门安排一个发泄室，在员工不满时，可以到里面打领导的模型像，也可以摔东西、骂人等，目的是为了发泄和缓解不满情绪。还有，一些女孩子不满时，有时会发疯地吃东西，这实际上是一种情绪转移现象，也是一种宣泄。

当遇到比较大的挫折问题时，最好去找强势思维的人诉说，他会帮你找方法，给你以力量。不要找一些一开口就同情你的人诉说，一些廉价的同情可能会让你的心理好受一点，但会让你处于一种弱者的地位，进入弱势思维的角色，处处感到不公正，对命运不满，最终对你无益。当然，还可以找你的亲人、信得过的朋友诉说，但他们可能并不是强势思维的人，他们可以完全是出于好意，但仍会给你传达一种弱势思想，这是我们的传统文化决定的。你只要注意这一点就行了，对于他们的一些话，可以有选择性地听，或者不记住也行，但自己心中要明白，你的目的是让自己的心灵减负，而不是向亲人找解决的方法。

（六）放弃对抗，顺其自然

有些消极情绪如果一个人越想消除，它反而越严重。这时不妨采取放弃对抗、顺其自然、为所当为的策略，这会更有效。尤其是对那些带有强迫性神经质情绪的人，这种策略更有效。其治疗原理可用森田疗法的原理进行解释。森田疗法（Moritatherapy）由日本慈惠医科大学森田正马教授于1920年创立，是一种顺其自然、为所当为的心理治疗方法。经森田的后继者的不断发展和完善，已成为一种带有明显的东方色彩、并被国际公认的、一种有效实用的心理疗法。具有神经质倾向的人求生欲望强烈，内省力强，将专注力指向自己的生命安全，当专注力过分集中在某种内感不适上，这些不适就会越演越烈，形成恶性循环。森田疗法就是要打破这种精神交互作用，同时协调欲望和压抑之间的相互拮抗关系，主张顺应自然、为所当为。精神拮抗作用也是症状顽固的原因，特别是强迫观念中，这种心理活动作用很大。把自己的某种身心现象视为于己不利或令人不快的东西，企图加以排斥和否定的态度。例如，当自己意识到在众人面前感到恐惧时，想要排斥恐惧，必须平静，但又做不到。因此总想把不可能变为可能的矛盾心理就会成为强迫观念的原因。结果由于这种机制，增强了精神交互作用。对神经质的发病有决定性作用的是疑病性基调，对于症状的发展有决定作用的就是精神交互作用。对某种感觉如果过度注意，对那种感觉就会变得敏感，对这种敏感的感觉越来越注意并会使之固定，这种感觉与注意进一步相互作用，越来越形成感觉过敏的精神过程。

森田疗法的核心思想是"任其不安，为所该为"，这也就是我们经常所说的"接受现实，积极应对"。对出现的情绪和症状不在乎，要着眼于自己的目的去做应该做的事情。"对待不安应既来之则安之""对情绪要顺其自然"，仍然去做应该做的事情。而不是一出现了不安就听凭这种不安去支配行动，即顺其自然。一个人越是与不快乐的情绪斗争，他的能量越是被耗费在不快乐的有关事情上，结果仍然是不快乐。面对情绪问题，有时候是无为而无不为。

（七）改变认知

叔本华说过"事物本身并不影响人，人们只受到对事物看法的影响"。也就是说周围发生的事情并不重要，重要的是你如何看待它。美国的戴维·迈尔斯说过，"压力不仅仅是一个刺激或一个反应。它是我们用来评价和应对环境威胁和挑战的过程。我们生活中的事件要流经一个心理过滤器。压力更多地来自个体对事物如何评价，而不是事件本身。"①这说明认知在一定程度上决定人的情绪。

美国临床心理学家艾里斯提出了理性情绪理论，又称为 ABC 理论。艾里斯认为，在人们情绪产生的过程中有三个重要的因素，这就是诱发情绪发生的事件、人们对诱发事件所持的相应的信念、态度和解释以及由此引发的人们的情绪和行为的结果，情绪并非是由导致情绪发生的诱发事件直接引起的，而是通过人们对这一引发事件的解释和评价所引起的。即并非是事件引起了情绪，而是人们对事件的认识引起了情绪。

理性情绪理论的核心观点见表 5-3。

表 5-3 理性情绪理论的核心观点

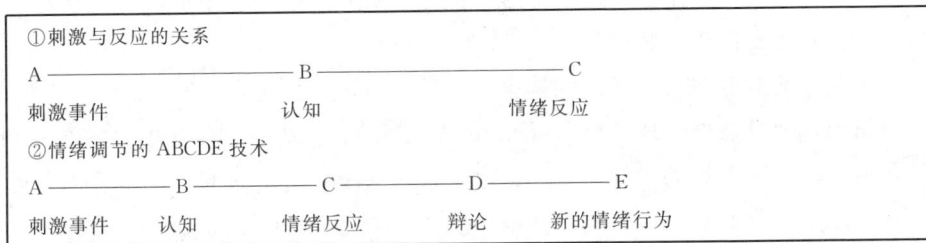

①刺激与反应的关系		
A —————————— B —————————— C		
刺激事件	认知	情绪反应
②情绪调节的 ABCDE 技术				
A ————— B ————— C ————— D ————— E				
刺激事件	认知	情绪反应	辩论	新的情绪行为

理性情绪理论的应用步骤如下。

第一，将引发不良情绪的事件和认识一一列出。

第二，找出引发不良情绪的非理性观念（Irrational Belief）。非理性观念有以下几种主要特征。

---

① ［美］戴维·迈尔斯．心理学（第 7 版）［M］.黄希庭，等译．北京：人民邮电出版社，2006：458.

（1）绝对化要求（demandingness）。从自己的意愿出发，对某一事物怀有认为其必定如此或必定不是如此的信念。这种特征常常表现为日常生活中"应该""必须""一定""绝对"等用语上。如"我必须获得成功""别人必须很好地对待我"等。怀有这样信念的人极易陷入情绪困扰中，因为客观事物的发生、发展都有其规律，是不以人的意志为转移的。就某个具体的人来说，他不可能在每一件事情上都获得成功；而对于某个个体来说，他周围的人和事物的表现和发展也不可能以他的意志为转移。

（2）过分概括化（overgeneralization），即以偏概全的思维方式。在这种非理性特征中，世界上事物只有两类，要么正确、要么错误。一方面，表现为对自身的不合理评价。自己做错了一件事就认为自己一无是处，以某一件或几件事来评价自己的整体价值，其结果往往是导致自责自罪、自卑自弃，从而产生焦虑和抑郁等情绪。另一方面，表现为对他人的不合理评价。别人稍有一点对不住就认为他坏透了，完全否定他人，一味责备他人，从而产生敌意和愤怒等情绪。按照艾里斯的观点，以一件事的成败来评价整个人的价值，是一种理智上的法西斯主义。他强调，"评价一个人的行为，而不是去评价一个人。"因为在这个世界上，没有一个人可以达到完美无缺的境地，所以艾里斯指出，每一个人都应该是接受自己和他人有可能犯错误的人类的一员。

（3）灾难化（awfulizing）。常会表现为经常出现天就要塌了、再没有比这更可怕的了等想法。对某一负性事件进行推论，认为其结果将非常糟糕、非常可怕，甚至觉得自己正面临灭顶之灾。

第三，通过对非理性观念的认识、驳斥和纠正，找出合理的观念。

第四，通过建立合理的信念（Rational Belief），最后达到情绪感受的改变。

因此，当你愤怒的时候可以通过改变认知来改变情绪。例如，如果一个司机在公路上把你的车给堵住了，你很自然地会生气。这时，你应该提醒自己这位司机并没有使你生气，这件事也没有使你生气或对你产生压力，而是你下意识的认知导致了你生气。而如果你这样看，这个司机实在不容易，他可能现在正有急事要办，不料车出了问题，他现在一定很着急。你一旦这样想，就不会再生气了。

艾里斯概括的人的11种非理性信念

1. 人是绝对要获得周围环境的人，尤其是每一位生活中重要人物的喜爱和赞许。

2. 人的价值在于他是否全能，即在人生的每一环节和每一方面都能有所成就。

3. 世界上有些人很坏、很可惜，所以应该对他们进行严厉的谴责和惩罚。

4. 如果事情发展非己所愿，那将是一件可怕的事。

5. 不愉快的事情是不能控制的外界环境因素所致。因此，人无法控制和改变。

6. 面对现实中的困难和自我承担的责任是很困难的，办法便是逃避。

7. 人们要对危险随时随地地警惕，应该非常关心并不断注意其发生的可能性。

8. 人必须依赖他人，特别是某些与自己相比强而有力的人，才能生活得好些。

9. 人以往的经历常常决定了他目前的行为，而且这种影响是永远难以改变的。

10. 一个人应该关心他人的问题，并为他人的问题而悲伤难过。

11. 每一个问题都应有唯一正确的答案。如果找不到，就会痛苦一生。

(八)从痛苦中发现意义

所有心理痛苦都是有意义的，所有的体验对生命都是重要的。心理痛苦是自我在成长中的必经阶段。从苦难中发现意义，可以提升一个人应对痛苦的能力。心理学家维克多·弗兰克(Viktor E. Frankl)认为，"这世界上并没有什么东西能帮助人在最坏的情况中还能活下去，除非人体认识到他的生命有一意义。"他还提出"意义治疗"法，"意义治疗"的任务在于协助病人找出他生命中的意义，即尽量使他随着分析的过程体会到存在中隐藏的意义。意义治疗(Logotherapy)的焦点是放在将来，也就是说，焦点是放在病人将来要完成的工作与意义上。

(九)运动调节

运动几乎对所有消极情绪都有缓解效果。大量的调查研究表明，运动可以减轻焦虑和抑郁症。美国心理学家威廉·摩根的一项试验表明，每周进行 3 次 20～30 分钟低强度的体育锻炼后，人们的抑郁情绪就会得到缓解。英国研究者试验结果发现，一般患者每天进行 30 分钟的体育活动，抑郁症状就会明显减轻。通过运动(跑步、打球、游泳、器械操)的确可以提高人身体的机能、知觉和控制力，增加血液循环，调节心率，改善机体的含氧量，让人的精力在短时间获得一种提升。情绪烦恼是一种难以释放的负性能量，有节律的运动可以把这样的能量通过汗水释放出去。生理学研究表明，体育锻炼可驱散抑郁状态下释放的激素、葡萄糖和油脂，提高肾上腺髓质分泌儿茶酚胺的能力，儿茶酚胺增多能缓解抑郁症状。另外，体育锻炼可通过释放一种叫作β—内啡肽的脑化学物质，改善人体中枢神经的调节能力，并提高机体对有害刺激的耐受力，令人感到镇静和快乐。同时，作为一种转移注意力的方法，运动可以起到充实生活的作用。

北卡罗来纳州杜克大学医学院针对156名50岁以上患有严重精神抑郁症的男子分为三组进行试验，第一组每周运动三次，每次半小时；第二组只靠治抑郁症的药 Zoloft（主要成分为 Sertraline）治疗；第三组吃药运动兼行。过了十六周，三组病人的病情都有显著的改善，表现为光做运动效果和光吃药或吃药运动并行一样好。再过六个月，运动组成绩最好——抑郁症再发的比例最低，只有8%。药物组病情再现率高达38%，吃药兼运动组也有31%。研究小组领导人布鲁门索说，此项研究的重要结论是：运动的效果更持久，能贯彻"经常运动"守则的病人复发率较低。小组成员起初假设运动兼吃药组应该会有相加相乘效果，结果并不然，大概因为运动组的病人较主动去改善病情。布鲁门索说，服药是被动的疗法，而做运动的病人也许对病情较有"自我掌握"感，随着病情改善，也有较大的成就感。

其实，运动调节的效果还源于运动可以帮助注意力的转移，注意的方向不同就引起不同的情绪反应。注意烦心的事就烦心，注意高兴的事就高兴。注意的内容控制情绪，情绪反过来决定注意内容。运动可以较容易地帮助人快速从引起消极情绪的事情中跳出。

（十）打造幸福情绪

1. 幸福的本质

幸福是指一个人的需求得到满足而产生长久的喜悦，并希望一直保持现状的心理情绪体验。幸福是人的精神（意识）对自我进行觉知时的满意状态，幸福是主观的。积极心理学家马丁·塞利格曼把"幸福"划分为三个维度——快乐、投入、意义。

2. 打造幸福情绪

能把事情做好的人最幸福。亚里士多德说过："幸福是凭借理性而积极生活所带来的结果"。可见，幸福不是等来的，幸福也不是靠毫无目的的冲动得来的，幸福需要理性打理自己当下的生活，幸福需要积极地生活。哈佛大学讲师本泰勒·本－沙哈尔博士在其《幸福的方法》中用公式的方式对亚里士多德的阐述进行了简洁明了的表述：

$$幸福 = 当前的快乐 + 未来的获益$$

本－沙哈尔用四种汉堡来形象地描述四种不同的生活模式与幸福的关系（见图5-5）：第一种类型是垃圾汉堡。虽然它口味迷人，但却是标准的"垃圾食物"，吃它等于去享受眼前的快乐，但同时也埋下了未来的痛苦。第二种类型是素食汉堡。它口味很差，里面全是蔬菜和有机食物，食用这类汉堡的确可以确保日后的健康，但会吃得很苦。第三种是最差汉堡。既不好吃也不健康。与此类似，有一种人对生命已经丧失了希望和欲望，他们既不享受眼前的事物，也对未来没有任何期望。第四种是理想汉堡。这种生活模式的人享受当下所从事的事情，而且通过目前的行为他们可以获得更加满意的未来。因此，我们当前所做的事情最好是：当前的快乐（我擅长、我喜欢）＋未来的获益（我积累、我收获）。只有那些能为未来自我发展产生自我资源积累的活动，才能带来幸福。

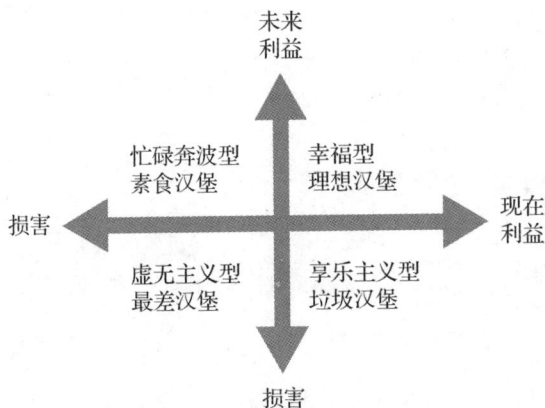

图 5-5　四种汉堡式生活

【本章小结】

情绪和情感由主观体验、外部表现和生理唤醒三部分组成。情绪是一种能量，在本质上都是某种行动的驱动力。情绪的背后是需求。需求满足产生正面情绪，需求不满足产生负面情绪。

积极情绪具有活动激活与特定的行动倾向、自我拓展建构、积累自我发展资源、促进身体健康、提升组织效能等功能。

女性的生理生育周期会影响情绪变化。女性情绪情感的一般特点：对负面事件和消极情绪具有易感性，有更强的移情能力，易受情景的影响，更容易为琐事发脾气，情绪宣泄呈现出特殊的代偿性行为表现。女性基本上需要关心、了解、尊重、忠诚、认同和安慰。

情绪觉察是情绪管理的前提。情绪管理关键是减少负面情绪，增加幸福积极情绪。

【关键术语】

情绪；情感；心境；热情；激情；应激；詹姆斯—兰格理论；坎农—巴德学理论；"评定—兴奋"理论；沙赫特的两因素情绪理论；认知—评价理论；积极情绪；积极情绪的扩张建构理论；产后抑郁症；情绪劳动；情商；愤怒；恐惧；焦虑；抑郁；悲伤；情绪的 ABC 理论；幸福

【思考题】

1. 如何理解情绪的本质？

2. 结合实际谈谈积极情绪的功能。

3. 女性的情绪情感有哪些特点？

4. 如何有效管理自己的情绪？

第六章　视错觉与女性审美形象修饰

文明女性的一大部分是她的服饰——事情原应如此。某些文明礼貌的女性如果没有服饰就会失去一半的魅力，有些会失去全部的魅力。

——马克·吐温

【学习目标】

1. 掌握视错觉的基本规律。
2. 了解色彩心理。
3. 理解修饰的基本原理与技术。
4. 学会利用视错觉知识进行形象修饰。

爱美是人的天性，而在女性身上表现更为突出。设计本章的目的是通过对视错觉心理和色彩心理的规律性认知，帮助广大女性更科学地对自己的形象进行塑造。

第一节　视错觉与色彩心理

一、视错觉与审美视错觉

(一)视错觉

视错觉又叫错视，是人们观察物体时，由于物体受到形、光、色的干扰，加上人们的生理、心理原因而误认物象，会产生与实际不符的判断性的视觉误差。视错觉是知觉的一种特殊形式，它是人在特定的条件下对客观事物的扭曲的知觉，也就是把实际存在的事物被扭曲的感知为与实际事物完全不相符的事物。

从某种意义上来说，通过对视错觉心理学的研究，掌握视错觉的心理规律，对美化我们的生活具有重要的现实意义。设计师通过视错觉原理的巧妙运用，可以在平面空间形态中产生令人意想不到的多元化的视觉艺术形象；服装设计师可以利用视错觉原理美化女性形象；女性自己了解了视错觉原理也可以对自己的形象进行有效修饰。

(二)审美视错觉

审美心理学是研究和阐释人类在审美过程中心理活动规律的心理学。审美心理，具体来说，是指人们美感的产生和体验中的知、情、意的活动过程，具有一定的个性倾向规律，以及一定程度的环境影响因素。

审美虽然是知、情、意的活动过程，但更多与感知相关，尤其是与视觉感知相关。而人对外界事物的视觉感知不是简单地、完整地复制外界图像，而会产生错觉。因此，审美心理离不开对视错觉的了解。视错觉就是当人观察物体时，基于经验主义或不当的参照形成的错误的判断和感知，是指观察者在客观因素干扰下或者自身的心理因素支配下，对图形产生的与客观事实不相符的错误的感觉。

审美视错觉指的是人们在实行对其作为审美对象的审美过程中，因为自身的审美经验，而对审美对象的表现主题形成"错觉"，并以"错觉"而获得相关作品的审美体验。

二、视错觉的基本规律

(一)线条长短错觉

长度相等的线段，受所处方位或者两端附加要素的影响，在视觉上会产生与实际长度不符的现象，称为长短错觉。如图 6-1(a)两条线段是等长的，但看起来下边的线段比上边的要长，这是由于两端的箭头方向不同所致；线的位置不同影响其长短感觉，如图 6-1(b)上边那条横线显得比下边的横线更长；同样长度的线横向显短，竖向显长，如图 6-1(c)垂直线与水平线是等长的，但看起来垂直线比水平线长；如图 6-1(d)竖线的比较，近处显长，远处显短。另外，同样长度的线稀疏显短，密集显长。

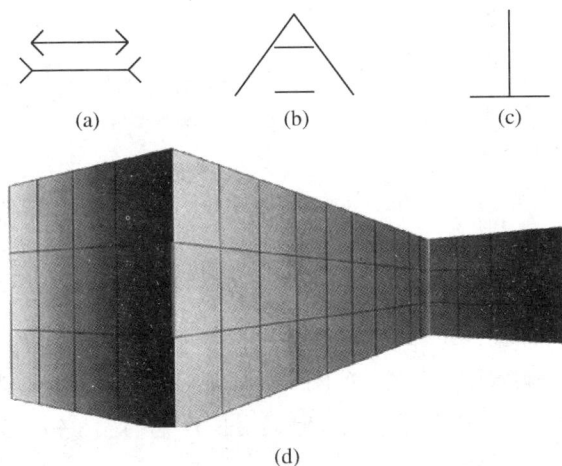

图 6-1　线条长短错觉

（二）变形错觉

由于图形所处的背景对人的视觉产生的诱导和干扰作用，使人们所看到的图形要素产生的变形，我们称为变形错觉。图 6-2(a)两条平行线看起来中间部分凸了起来；图 6-2(b)两条平行线看起来中间部分凹了下去；图 6-2(c)竖着的平行线，看起来好像是弯曲的；同样图 6-2(d)中实际的平行线感觉不再平行，图 6-2(e)、图 6-2(f)中的方形和圆形感觉也发生了变形。

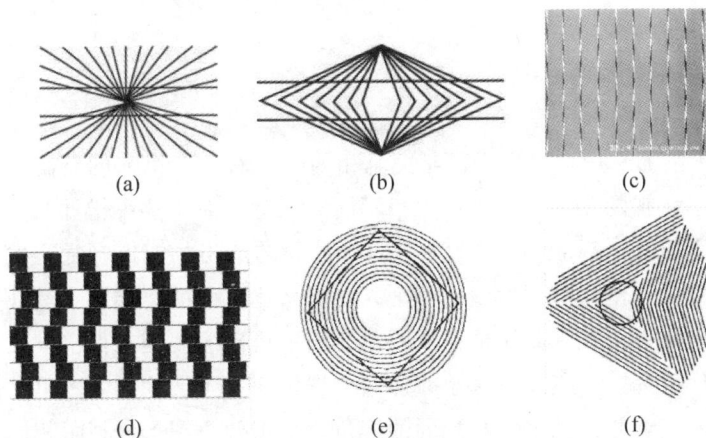

图 6-2　曲线错觉

(三)面积大小错觉

两个完全相同的图案，由于颜色或两者周围环境的不同而使原来相同的形象在视野上产生了大小不同的错觉，叫大小错觉。

1. 颜色对于大小的影响

如图 6-3(a)，左边的黑方块与右边的白方块实际一样大小，但白方块显得大些。

2. 周边形态对于大小的影响

图 6-3(b)，中间的两个圆面积相等，但看起来左边中间的圆大于右边中间的圆。图 6-3(c)，中间的两个三角形面积相等，但看起来左边中间的三角形比右边中间的三角形大。这两种情况都是因对比产生的大小错觉。

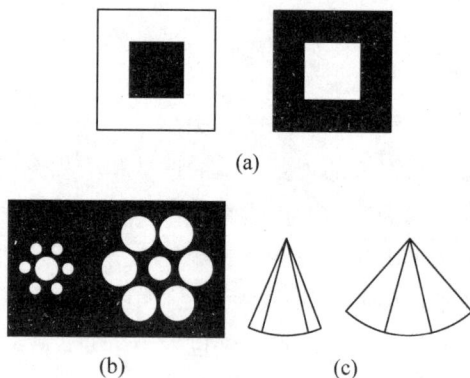

(a)

(b)   (c)

图 6-3　面积大小错觉

(四)透视错觉

图 6-4 中的左边两个人身高是完全相同的，右边三个人的身高也是完全相同的。由于透视的角度不同，产生了不同的感觉。对于这种错觉，斯坦福大学的心理学家 Roger Shepard 认为它与三维图像的适当的深度知觉有关。由于环境的透视效果，使你感到后面的那个人看起来比前面的离你远。透视是绘画的技术，关键是你的视觉系统依据从视觉环境中得出的规则来做出推论。通常一个东西离你越远，它就显得越小，即它的视角变小了。在这幅图里，后面的图形与前面的有着相同的尺寸和相同的视角。由于两个图形的视角相同而透视距离不同，因此，你的视觉系统就会认为后面那个人一定比前面的大。

图 6-4　透视错觉

(五)分割错觉

将物品用某一方向的线段分割，分割前后在该方向上的视觉效果会产生量的变化，我们称为分割错觉。同样的分割用在不同的地方，会产生相反的效果。稀疏横向分割显矮，竖向分割显高，如图 6-5(b)和图 6-5(c)所示。密集横向分割显宽，密集竖向分割显窄，如图 6-5(e)和图 6-5(f)。

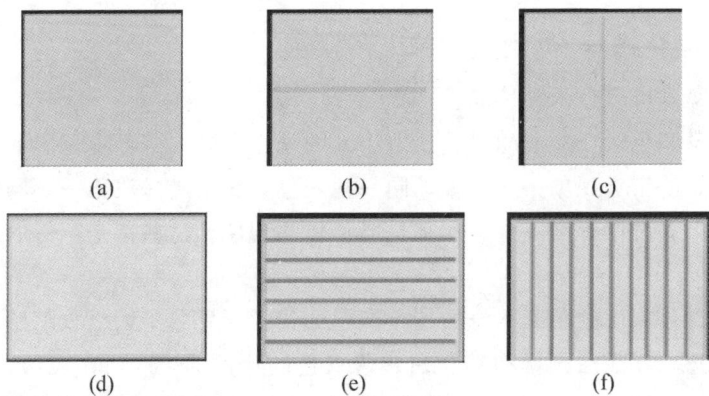

图 6-5　分割错觉

(六)不可能图形

所谓"不可能图形"是作者(通常是古怪的画家和趣味数学家)通过错误的透视画法创作的于真实三维空间并不存在的二维图形。如图所示：图 6-6(a)柱子是圆的还是方形的？图 6-6(b)三角是直立的还是平放的？图 6-6(c)这个阶梯到底怎样走？图 6-6(d)这根针怎样穿过两个垂直螺母的？

(a)　　　　　　　　　　　　(b)

(c)　　　　　　　　　　　　(d)

图 6-6　不可能图形

(七)颜色错觉

颜色错觉可以分两种情况。

一种是颜色对比造成的错觉。由于人的视觉受到周围环境色彩的影响,会产生对色彩的错觉现象,比如说,同一种灰色,看上去深浅不一;同一色相的颜色,看上去鲜艳程度不一。这都是颜色错觉现象。这些都是色彩的对比在起作用。

另一种是不同的色彩本身的特点产生的错觉。黑色给人以收缩感,白色给人以膨胀感。比如法国国旗红、白、蓝三色的比例为 35:33:37,而我们却感觉三种颜色面积相等。这是因为白色给人以扩张的感觉,而蓝色则有收缩的感觉。当一种小面积的色彩被另一种大面积色彩包围时,双方的色彩特征更为鲜明,对比更加强烈。大面积色彩与小面积色彩的相互排斥,使得小面积色彩在明亮度、色相纯度、冷暖等方面给人更为强烈的错觉现象。

三、色彩心理

色彩心理是指客观色彩世界引起的主观心理反应。色彩的直接心理感受来自色彩的物理光刺激对人的生理发生的直接影响。由于色彩的色相、明度和纯度各不相同，我们对这些色彩就会产生不同的心理感受。不同波长的光作用于人的视觉器官产生色感的同时还导致某种情感的心理活动。例如，红色能使人脉搏加快、血压升高，具有心理上的温暖感觉；长时间红光刺激，会使人心理上产生烦躁不安，生理上想要绿色来补充、平衡。可见色彩心理的本质也是一种错觉。

(一)色彩的机能性感觉

色彩的机能性感觉是人们对色彩的共性感觉。由于人类生活在大自然的共同空间里，有着共同的体验；人类还有着内在的生理结构，这些决定了人类之间有着不少共性的感觉。视觉正常的人对色彩的机能性感觉是一致的，例如：对色彩的冷与暖、进与退、膨胀与收缩、兴奋与沉静、轻与重、软与硬等感觉趋于一致。

1. 色彩的冷暖感觉

冷暖一般是皮肤对外界温度高低的感觉，而色彩的冷暖感觉则是来源于人们对色光印象和心理联想在心理上给人的一种感觉。眼睛对于色彩冷暖感的判断，主要不依赖于眼睛对色光触觉，而是依赖联想，色彩冷暖感的形成与生活经验和心理联想有联系。如生活中太阳、炉火、火炬、烧红的铁块反射红橙光，红色、橙色能使人心跳加快、血压升高，人们看到红色、橙色容易产生"温暖"的感觉；大海、蓝天、远山、雪地等是环境反射蓝色光最多的地方，这些地方的温度总是比较低，蓝色使人心跳减慢、血压降低，人们看到蓝色容易产生"冷"的感觉。

日本色彩学家曾做过一个试验：将两个工作间分别涂成灰蓝色和红橙色，两个工作间的客观温度条件即物理上的温度相同，劳动强度也一样。在蓝色工作间工作的员工，于15℃时就感到冷，而橙红色工作间工作的员工，当温度降到11℃～12℃时才会感觉到冷。

色彩中红、橙、黄称为暖色，蓝、靛、蓝紫称为冷色，绿和紫称为中性色。

从色彩的心理学来说，还有一组冷暖色，即白冷、黑暖、灰中性的概念。当白色反射光线时，也同时反射热量，黑色吸收光线时，也同时吸收热量。因此黑色衣服使我们感觉暖和，适于冬季、寒带；白色衣服使我们感觉凉爽，适于夏季、热带。

色彩的冷暖与饱和度的关系如下。

(1)暖色系列：饱和度越高，温暖程度也越高，饱和度降低，温度降低。

(2)冷色系列：主要受明度影响，明度越高，寒冷感越强。

(3)无彩色系：白色为冷色，黑色为暖色。暖色加白变冷；冷色加黑变暖。

因此，人在夏季穿白色或浅色服装，因其反光率高，有凉爽感；冬季穿深色或黑色服装，因其反射率低，吸收率高，有暖感。

暖色有光明、热恋、流动、膨胀、刺激的意象，即暖色使人兴奋，但容易使人感到疲惫和烦躁不安；冷色有冷静、稳定、理智、收缩的意象，但灰暗的冷色容易使人感到沉重、阴森、忧郁；只有清淡明快的色调才能给人以轻松愉快的感觉。

2. 色彩的轻重感觉

色彩的轻重感觉即色彩在心理上的重量感受。生活中我们会感受到白色的物体轻飘，黑色的物体沉重。色彩的轻重主要取决于明度，高明度色感觉轻，低明度色具有重感。明度的轻重感觉：(重)黑＞低明度＞中明度＞高明度＞白(轻)。明度相同时，纯度高感觉轻，纯度低感觉重。因此，穿着打扮设计中凡是加白提高明度的色彩变轻，凡是加黑降低明度的色彩变重。明度低的深色系具有稳重感，而明度高的浅色系具有轻快感。室内装修设计中一般体现上轻下重；衣着穿着中上轻下重给人以沉静、稳重的感觉。同一款服装，如果面料色彩为淡粉色，给人一种轻盈、欢快、飘逸感；若是褐色，则给人稳定、沉重，这也是色彩重量错视现象。

3. 色彩的动静感觉

色彩的动静感觉即色彩在心理上产生的运动(兴奋)与静止(沉静)的感受。色彩动静感觉与色相、明度、纯度和对比度都有关系：暖色运动感强，冷色静止感强；明度高运动感强，明度低静止感强；纯度高运动感强，纯度低静止感强；对比强运动感强，对比弱静止感强。

暖色系红、橙、黄中明亮而鲜艳的颜色给人以运动、兴奋感；冷色系蓝绿、蓝、蓝紫中的深暗而浑浊的颜色给人以静止、沉静感。中性的绿和紫既没有兴奋感也没有沉静感。

色彩的积极与消极感和兴奋与沉静感完全相同。无彩色系的白色与其他纯色组合有兴奋感、积极感，而黑色与其他纯色组合则有沉静感。此外，白和黑以及彩度高的色给人以紧张感，灰色及低彩度色给人以舒适感。

4. 色彩的膨缩感觉

(1)色彩的膨缩与色调。冷色属于收缩色，暖色属于膨胀色，故暖色感觉大，冷色感觉小。生理学解释：当各种不同波长的光同时通过眼睛的晶体时，聚焦点并不完全在视网膜的一个平面上，因此在视网膜上的影像的清晰度就有一定的差别。长波长的暖色影像似焦距不准确，因此在视网膜上所形成的影像模糊不清，似乎具有扩张性；短波长的冷色影像就比较清晰，似乎具有收缩性。

（2）色彩的膨缩与明度。光亮的物体在视网膜上所形成影像的轮廓外似乎有一圈光圈围绕着，使物体在视网膜上的影像轮廓扩大了，看起来就觉得比实物大一些，如通电发亮的电灯钨丝比通电前粗些，生理物理学称为"光渗"现象。相同粗细的黑白线条，白线条看起来比黑条纹粗；同样的圆形，白圆看起来比黑圆大一些（见图 6-7）；同一个人，穿深色衣服显然比穿鲜明色衣服瘦小些。

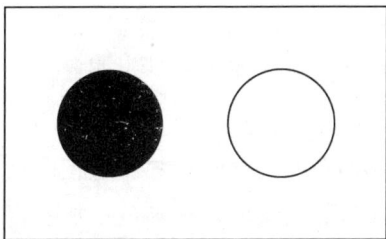

图 6-7　白色圆形看起来比黑色圆形大

5. 色彩的远近感觉

色彩的远近感觉即色彩产生的空间感受。色彩可使人感觉到远近，据此可分为前进色和后退色。明度高的色彩感觉近，明度低的色彩感觉远；暖色为前进色，冷色为后退色；纯度高的色彩前进，纯度低的色彩后退；对比强的色彩前进，对比弱的色彩后退。

生理学解释：色彩中我们常把暖色称为前进色，冷色称为后退色。其原因是暖色比冷色长波长，长波长的红光和短波长的蓝光通过眼睛晶体时的折射率不同，当蓝光在视网膜上成像时，红光就只能在视网膜后成像。因此，为使红光在视网膜上成像，晶体就要变厚一些，把焦距缩短，使成像位置前移。这样，就使得相同距离内的红色感觉迫近，蓝色感觉远去。从明度上看，亮色有前进感，暗色有后退感。在同等明度下，色彩的彩度越高越往前，彩度越低越向后。因此暖色好像在前进，冷色好像在后退（见图 6-8）。前进色由绿 → 黄绿 → 黄 → 橙 → 红，感觉越来越近；后退色由绿 → 蓝绿 → 紫 → 蓝紫 →

蓝，感觉越来越远。

然而，色的前进与后退与背景色紧密相关。在黑色背景上，明亮的色向前推进，深谙的色却潜伏在黑色背景的深处。相反，在白色背景上，深色向前推进，而浅色则融在白色背景中。

色彩的前进、后退感形成的距离错视原理，在绘画中常被用来加强画面的空间层次，如画面背景或天空退远可选择冷色，色彩对比度也应减弱；为了使前景或主体突出应选暖色，色彩对比度也应加强。

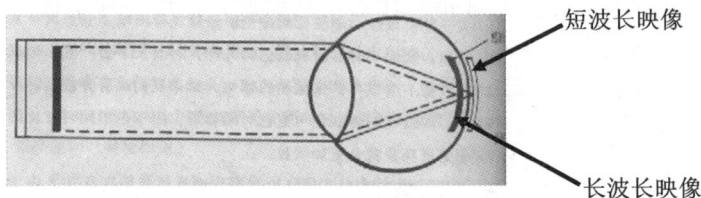

短波长映像

长波长映像

图 6-8　波的长短在视网膜上成像的机制

6. 色彩的华丽与朴素感觉

色彩的华丽与朴实感与色彩的三属性都有关联，明度高、彩度也高的色显得鲜艳、华丽，如舞台布置、新鲜的水果等色；彩度低、明度也低的色显得朴实、稳重，如古代的寺庙、褪了色的衣物等。

红橙色系容易有华丽感，蓝色系给人的感觉往往是文雅的、朴实的、沉着的。但漂亮的钴蓝、湖蓝、宝石蓝同样有华丽的感觉。以调性来说，大部分活泼、强烈、明亮的色调给人以华丽感，而暗色调、灰色调、土色调有种朴素感。

7. 色彩的疲劳与舒适感觉

色彩的舒适与疲劳感是色彩刺激视觉生理和心理的综合反应。红色刺激性最大，容易使人产生兴奋，也易产生疲劳。凡是视觉刺激强烈的色或色组都容易使人疲劳，反之使人舒适。绿色是视觉中最舒适的色，因为它能吸收对眼睛刺激性强的紫外线。

8. 色彩的活泼与忧郁感觉

色彩的活泼与忧郁感主要与明度和纯度有关，明度较高的鲜艳色具有活泼感，灰暗混浊色具有忧郁感。高明度基调的配色易取得活泼感或明快感，低明度基调的配色易产生忧郁感。无彩色的白色活泼，黑色忧郁，灰色是中性的。

9. 色彩的柔软与坚硬感觉

色彩的软硬感主要与明度和纯度有关。明度较高，纯度又低的色有柔软感，例如，粉红色；明度低，纯度高的色有坚硬感；中性色系的绿和紫有柔和感，因为绿色使人联想到草坪或草原，紫色使人联想到花卉。无彩色系中的白和黑是坚固的，灰色是柔软的。

总之，色彩的软硬与色彩的轻重、强弱感觉有关：轻色软，重色硬；弱色软，强色硬；白色软，黑色硬。

(二)色彩的性别年龄表现

男性：冷色、暗色、简朴、重量、力量。表现男性感觉多用低明度、低纯度、色相差别小的色彩。

女性：暖色、亮色、柔和、娇艳。表现女性感觉多用高明度、高纯度、色相差别大的色彩。

老人：朴素、敦厚、含蓄、沉着。赭色、黑色为象征色，明度对比为低中调。

小孩：鲜明、艳丽、活泼、明亮。明度对比为高中调。

(三)色彩的联想

观看色彩时，由于受到色彩的视觉刺激，而在思维方面产生的对生活经验和环境事物的联想，这就是色彩的联想。人们对于色彩的联想分为两种：具体联想和抽象联想(见表 6-1)。

表 6-1　色彩的具体联想和抽象联想

	具体联想	抽象联想
橙	橘子、晚霞、橙子、秋叶	温情、快乐、炽热、积极、明朗
黄	香蕉、黄金、黄菊、注意信号	明快、注意、光明、不安、野心
绿	树叶、草木、公园、安全信号	和平、理想、希望、成长、安全
蓝	海洋、蓝天、湖海	沉静、忧郁、凉爽、理性、自由
紫	葡萄、茄子、紫罗兰、紫菜	高贵、神秘、嫉妒、优雅、病态
白	白雪、白纸、白云、护士	纯洁、朴素、神圣、虔诚、虚无
黑	夜晚、墨、木炭、头发	死亡、邪恶、恐怖、严肃、孤独
红	血液、夕阳、心脏、火焰	热情、喜庆、反抗、爆发、危险

对同样的色彩，男性的色彩联想与女性的色彩联想也有区别(见表 6-2)。

表 6-2　男性、女性的色彩联想

	男性的色彩联想	女性的色彩联想
橙	柿子、少女、橘子、砖瓦、党派	柿子、玩具、幼儿园、秋、晚霞、果园
黄	城市、卵黄、金发、香蕉、色情、明朗	菊花、春天的阳光、黄金、月亮、黄花、愉快、希望
绿	夏天、公园、青叶、田园、健康	青叶、草、山、新鲜、公园、安全、春天、青春
蓝	夏天的海洋、秋天的天空、清爽、理智	秋天的天空、海洋、湖、水、冷静
紫	牵牛花、教义、中国、葡萄	紫色的花、茄子、和服、紫菜汤
黑	黑板、绝望、墨、头发、脏、悲哀、稳重	丧服、失恋、夜晚、煤炭、不吉、恐怖、高贵、孤独
红	血、口红、红衣服、唇、夕阳、命运、夏日、跳动、热情、罪人、革命	危险、交通信号、热情、玩具、童装、唇、恋爱、喜悦、火、苹果

(四)色彩的情感与象征

红色，给人的心理感觉有热情、活泼、奔放、温暖、喜庆、吉祥、欢乐、勇敢等。

橙色，给人的心理感觉有明亮、积极、快乐、兴奋、温暖、收获等。

黄色，给人的心理感觉有明亮、轻快、和平、权贵、财富等。

蓝色，给人的心理感觉有宁静、健康、清凉、广阔、深远、理智等。

绿色，给人的心理感觉有和平、青春、生命、安全等。

紫色，给人的心理感觉有典雅、端庄、高贵等。

粉色，给人的心理感觉有可爱、温柔、娇媚、梦幻等。

灰色，给人的心理感觉有压抑、忧郁、淳朴、谦逊、消极等。

白色，给人的心理感觉有纯洁、干净、坦荡、恐怖等。

黑色，给人的心理感觉有神秘、严肃、恐惧、庄重、深沉等。

当然，色彩心理的分析是不能一概而论的，只能在普遍意义上进行归纳、总结。这些归纳和总结可以指导我们的生活与商业经营。据说英国伦敦泰晤士河上有一座布莱克弗顿尔桥，原为黑色，每年总有些人把自杀的地点选在桥上。后把桥改涂为蓝色，自杀的人明显减少。又把桥涂成粉红色，就很少有人到此自杀。

颜色在商品上的应用：黄色、橙色被用来刺激和吸引顾客的注意力；红色成了强身健体的补品的代言色；粉色通常于女性产品联系在一起；紫色通常给人高贵、典雅的感觉，所以用来衬托高档或奢侈品；绿色和棕色能引起自然和清凉的感觉，常常被用作环保产品、养生提神品的包装；蓝色则暗示着干净和宁静或是精神上的稳定。

一件服装，不仅要重视质地与剪裁，还要注意颜色的搭配。人们在穿着服装时，对色彩是否能衬托自己的肤色、彰显个人气质也格外重视。近些年来颇为流行的职业"色彩顾问"，就是由经验丰富的色彩专家为顾客选择适合的色彩。一些人为了穿衣服总是选择万无一失的黑色，沉闷单调，经过色彩专家的指点，选择了适合自己的色彩，整个人立刻有焕然一新的感觉。

四、错觉产生的原因

关于错觉产生的原因虽有多种解释，但迄今都不能完全令人满意。这是一个相当复杂的问题。

客观上，错觉的产生大多是在知觉对象所处的客观环境有了某种变化的情况下发生的，有的是对象结构相处于某种背景之中（如大小恒常错觉）知觉的情景已经发生了变化，但人却以原先的知觉模式进行。

主观上，错觉的产生可能与过去经验、情绪等因素有关。人对当前事物的感知总是受着过去经验的影响，我们生活在地球上，习惯把小的对象看作在大的静止背景中运动，如人、车辆在静止的大地上运动。静止的，误以为月亮在云后移动。

情绪态度也会使人产生错觉。例如，时间错觉：焦急地期待、通宵地失眠、百无聊赖、无事可干等都会有"一日三秋"之感。全神贯注于自己的事业或欢乐的活动，使人感到时间过得很快，有所谓"光阴似箭，日月如梭"的错觉等。

错觉也可能是各种感觉相互作用的结果。心理学家们也提出了一些理论来解释错觉，前面"视错觉的基本规律"前六类错觉可以用视觉心理学的眼动理论来解释：在知觉几何图形时，眼睛总在沿着图形的轮廓或线条做有规律的扫描运动。当人们扫视图形的某些部分时，由于周围轮廓的影响，改变了眼动的方向和范围，造成取样的误差，因而产生错觉。

总之，产生错觉的原因是多种多样的。这里，既有客观的因素，也有主观的因素；既有生理的原因，也有心理的原因。这些因素也不是孤立地、平均地起作用的。某种具体错觉产生的原因，应具体地进行分析。

第二节　视错觉与女性的审美修饰

时尚达人靳羽西说过：没有不漂亮的女人，只有不会打扮的女人。对女性来说，身体美和服装是分不开的，人们为了弥补自身的某些"缺陷"和不足，往往会在服装造型中利用"视错觉"来达到很好的视觉效果。人们的视觉习惯和实际视差、人的生理和心理等因素组合在一起，产生了"视错觉"。而服装造型带给人们的视觉冲击力远远大于服装的其他细节。因此，通过艺术的加工处理，把"视错觉"运用到服装造型中，同样可以达到完美的效果。

一、修饰的基本原理与技术

服装造型设计通过强调重点，吸引观察者的注意力，对其他部位的注意力会被淡化，甚至直接忽视对其他点的注意，从而突出优点，掩饰了缺点，达到了更好的服装搭配效果。在日常服装搭配中，模特般的完美身材毕竟是少数，所以，在选择服装时，要根据自身的特点，选择能够突出身材优美的一面，掩盖身材欠缺的一面，就会穿出更好的效果。

（一）巧妙利用分割错觉修饰身材

图6-9的裙装设计，左边第一、第二条裙装用稀疏的垂直分割线，会使人显得细高苗条；左边第三条裙子用密集的垂直分割线，会使人显得稍胖；第四、第五条裙子用稀疏的水平分割线会增加胖矮的效果；第六条裙子用密集的横线分割线设计会增加瘦高的效果。

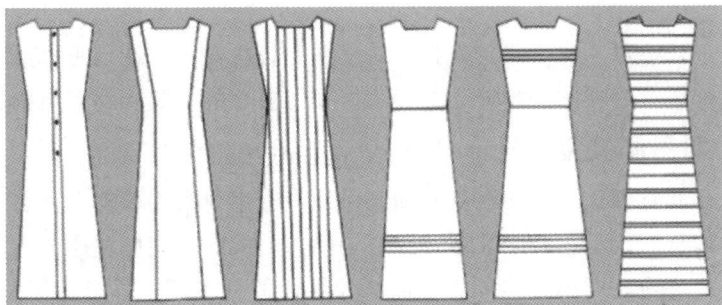

图6-9　巧妙利用分割线设计裙装

有许多人爱穿横条的水兵"海魂服"，设计这款服装的设计师利用了分割视错觉，让看"海魂服"的旁观者，为了能看清这些纹路，视线必然会沿着条纹方向移动，自觉不自觉地把线的长度跟条纹间隔做比较，就会觉得横向的宽度增加了。这样的"错觉"正好适合过于消瘦的人穿着，会显得丰满些。

(二)精选衣服的松紧修饰身材

身材瘦小的往往会穿上暖色宽松的衣服，使自己看上去丰满一些。在服装搭配上，宽松的服装造型，有掩饰人体外形上的某些缺陷的穿着效果；相反，紧身合体的服装造型，有突出形体美的作用。一般衣服越紧身越显胖，其视错觉原理可用图6-10来解读。

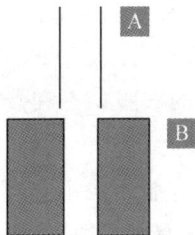

图6-10

A和B的缝隙空间相等，但A比B看起来更宽。原因是A的线条要细很多，于是在对比的作用下，A的两根线条中间的空间，会比B看起来要更宽阔一些。因此，下摆宽的中短裙会使人显得瘦些。

(三)利用上衣的长短遮掩缺点

上长下短，如上面的衣服能盖过臀部，能够修饰臀部过大的女性，遮掩缺点。

上短下长，可突出下身的修长，对腿部有拉长效果，特别是对身材上长下短的女士来说，这样的搭配能起到修正作用。短小的上装能够突出胸部。

(四)利用服装色彩修饰身材

深色具有收缩作用，浅色具有膨胀作用，利用视错觉原理，可以达到修整体形比例的目的。深色调服装适宜身材丰满、高大的肥满体和厚体体形。浅色调适宜身材瘦弱、矮小的体形。上深下浅组合适宜肩宽、臀窄的倒三角体形。上浅下深组合适宜臀部丰满，窄肩体形。

上下身同色的衣服会显瘦很多，尤其是上下身都是同色的深颜色的衣服更显瘦，因为深颜色给人以收缩感。大胆的印花、格子布、花色布等容易使人产生"宽大"的错觉。

穿膨胀色的白裤子时，如果上半身同样搭配白色比配深色系更好，特别是对矮个子而言。

二、女性身体缺陷的巧妙修饰

(一)脸型、身材与服装的搭配

1. 脸型

(1)长脸。不宜穿与脸型相同的领口衣服，更不宜用 V 形领口和开得低的领子，不宜戴长的下垂耳环。适宜穿圆领口的衣服，也可穿高领口、马球衫或带有帽子的上衣；可戴宽大的耳环。

(2)方脸。不宜穿方形领口的衣服；不宜戴宽大的耳环。适合穿 V 形或勺形领的衣服；可戴耳坠或小耳环。

(3)圆脸。不宜穿圆领口的衣服，也不宜穿高领口的马球衫或带有帽子的衣服，不适合戴大而圆的耳环。最好穿 V 形领或者翻领衣服；戴耳坠或者小耳环。

2. 颈

(1)粗颈。不宜穿关门领式或窄小的领口的衣服；不宜用短而粗的紧围在脖子上的项链或围巾。适合用宽敞的开门式领型，当然也不要太宽或太窄；适合戴长珠子项链。

(2)短颈。不宜穿高领衣服；不宜戴紧围在脖子上的项链。适宜穿敞领、翻领或者低领口的衣服。

（3）长颈。不宜穿低领口的衣服；不宜戴长串珠子的项链。适宜穿高领口的衣服，系紧围在脖子上的围巾；宜戴宽大的耳环。

3. 肩

（1）肩宽。可采用深色、冷色且单一的色彩，以使肩部显窄些。不宜穿长缝的或宽方领口的衣服，不宜使用加垫肩的服饰，不宜使用横条面料。不宜穿泡泡袖衣服；适宜穿无肩缝的毛衣或大衣；适合用深的或者窄的 V 形领。

（2）肩窄。不宜穿无肩缝的毛衣或大衣，不宜用窄而深的 V 形领，适合穿开长缝的或方形领口的衣服；可穿宽松的泡泡袖衣服，适宜加垫肩类的饰物。

4. 臂

（1）粗臂。不宜穿无袖的衣服，穿短袖衣服也可以在手臂一半处为宜；适宜穿长袖衣服。

（2）短臂。穿衣不宜用太宽的袖口边，袖长为通常袖长的 3/4 为好。

（3）长臂。衣袖不宜又瘦又长，袖口边也不宜太短，适合穿短而宽的盒子式袖子的衣服，或者宽袖口长袖子的衣服。

5. 胸

（1）胸部过小或无胸。除应选用质地轻薄、飘垂和宽松的上衣外，色调宜淡不宜深、宜暖不宜冷，也不宜穿紧身衣。上装若用鲜艳色调、轻松色调的图案来装饰，可使胸部显得丰满些。不宜穿露乳沟的领口衣服。适合穿开细长缝的领口的衣服，或者穿水平条纹的上衣。

（2）胸部过大或丰满。宜穿宽松式上装和深色、冷色而单一的色彩，而且上装款式不宜繁复，以避免视觉停留。不宜用高领口或者在胸围打碎褶，不宜穿水平条纹图案的上衣或短夹克。适合穿敞领和低领口的衣服。

6. 腰

（1）腰围过粗。在视觉体型上最敏感之处就是腰围了。如果腰围过粗，可选择能掩饰腰围过粗的服饰，使用深色、冷色而质地较硬的布料，使腰身纤细一些、优美一些。

（2）长腰。不宜系窄腰带，不宜穿腰部下垂的服装。系与下半身服装颜色同色的腰带为好；适合穿高腰的、上有褶饰的罩衫或者带有裙腰的裙子。

（3）短腰。不宜穿高腰式的服装和系宽腰带。适合穿使腰、臀有下垂趋势的服装，系与上衣颜色一致的窄腰带。

7. 臀、腿与脚

（1）臀部过小、腿过细。着装上除不宜选用暴露体型的紧身裙或裤外，更不宜选用深色面料的服饰，宜选用色彩素浅、式样宽松的长裤或褶裙，这样可使之丰满一些。

（2）臀部过大、腿部太粗。尽量不要选用白色或强烈、鲜艳、暖色的服饰，也不宜穿上深下浅的服饰，不宜穿色彩过浅过亮的裙子、裤子，用色太纯、太暖、太亮易使面积扩大。下身着装最好采用深色、冷色和简单款式，这样能使臀部显小，腿部显得纤细，并使人减少对腿部的注意。不宜在臀部补缀口袋，不宜穿打大褶或碎褶的鼓胀的裙子，不宜穿袋状宽松的裤子。适合穿柔软合身、线条苗条的裙子或裤子。

（3）腿短。穿衣打扮时要尽量选短小紧身上衣，裤子以微喇长裤为佳，配以高跟鞋，鞋跟在舒适的程度上越高越好，切忌穿萝卜裤、低腰裤、窄脚裤，那样会使腿显得更短。夏季的穿着打扮就容易多了，裙子＋高跟鞋，就足以掩饰一切。冬季穿高筒靴子时，一定要配以长度过膝的大衣，大衣的颜色跟靴子的颜色要和谐，这样也会给人以修长匀称之感。

（4）脚过大。尽量选择与服饰色彩相近的鞋袜，可使脚显小，尤其色泽协调很重要。同时，不宜穿白色鞋袜，肉色和米色最不引人注意。

（二）体型分类与着装技巧

人的体型可分为 H 形体型、X 形体型、A 形体型、Y 形体型、O 形体型。

1. H 形体型

肩部与臀部的宽度接近，身体最突出的特质是直线条，腰部不明显。

H 体型应避免大型、较短或贴身的上衣。如果身材属于比较瘦的 H 型，可以利用加宽肩部与臀部的设计来修正体型。如果身材属于比较胖的 H 型，那么在适当加宽对肩部与臀部设计的同时，可以选择一些有腰线设计的服装。

另外，H 型外轮廓的服装还可以将粗壮的腰部有效地遮掩起来。较为消瘦的 H 型，腰围尺寸正常，可以选择 X 型外轮廓的服装，其宽大的肩部和下摆有益于塑造理想的着装外观。但如果是肥胖的 H 形体型，则不合适。Y 型外轮廓的服装由于突出肩部设计，可以创造出有趣的外轮廓线，是适合的着装设计。但如果是肥胖的 H 型，宽大肩部的 Y 型设计则会加大身体的肥胖感，这样设计不合适。A 型外轮廓的服装便于塑造身体曲线，飘逸的裙摆有助于改变身体的直线感。

2. X 形体型

肩膀与臀部基本同宽，腰身瘦小。胳膊与腰部之间有明显的缝隙。胸部丰满，曲线明显，也称沙漏型。

如果身材纤细，身高中等，那么几乎所有的款式都可以穿。如果身材比较丰满，那么应注意身体与服装的合适度。

3. A 形体型

臀大肩小，体型最为主要的特征是宽大的臀部或较粗的腿部，虽不一定胖，但是臀部的宽度比肩部宽。常常溜肩，小骨架。脂肪的分布通常在臀部、腹部与大腿。

A 形体型着装应避免穿着长及臀部最宽处的夹克和宽松的蓬蓬裙。装饰品应位于身体的上部，使视觉注意力上移。垫肩、肩章、收腰、胸部贴口袋、胸部褶皱、宽大的领子都是适合的设计。

4. Y 形体型

宽肩窄臀，背部较宽，有腰部曲线，腿部较细。常常是中等到偏大的骨骼结构。臀部与腿部较为苗条。

为了在视觉上减小肩部加宽臀部，插肩袖或无肩缝的衣袖设计较为有效。A 型外轮廓的服装非常合适。上身着装要避开宽大，避免硬朗套装。不宜穿有垫肩、肩章或扩大肩部的衣服，不宜穿泡泡袖的衣服。

5. O 形体型

圆润的肚子，腰部的宽度大于肩部与臀部的宽度，肥大的臀部。该体型的人一般较为肥胖。

该体型适宜穿有垫肩的简洁合体服装。穿垂直的设计，合体的西装裙或长裤较好。不宜穿插肩袖与底摆收紧的夹克衫，也不宜穿紧身与布料轻逸的休闲裙装。不宜穿小一号紧身裤勒住腹部，避免过于紧身的 T 恤。H 型外轮廓的服装，由于剪裁利落，肩部方正，适合 O 形体型。A 型外轮廓的服装使肩部显得溜肩，腹部与臀部重量加大，不太合适。

X 型外轮廓的服装强调 O 型所不具备的细腰，不太合适。

(三)体型瘦高的修饰

这种体型宜穿浅色横纹或大方格、圆圈等的服饰。以视错觉来增加体型的横宽感。同时可选用红、橙、黄等暖色的服饰加以搭配，使之看上去或健壮一些，或丰满一些，或更匀称一些。不宜选择单一性冷色、暗色的服饰色彩。

(四)巧妙暴露使人显瘦

敞开上衣会使人显得瘦高。敞开上衣，即把上衣扣子解开，人看上去既变高也变瘦，原理源于线条错觉。另外，对于大脸女士，应该敞开 V 领，再叠搭一层深色内衣，脸也会使人感觉变小了。

露出全身瘦的地方会显得瘦，如把衬衫领口敞开、穿 7 分袖的上衣、袖口卷起等都会使人显得瘦。因为只要把其中一部分遮住，只露出剩下的部分，人们就会脑补被遮住的画面。所以，在穿衣服的时候，一定要露出全身最瘦的地方。如遮住腰身，遮住大腿。

(五)体型过大、过胖之修饰

体型太大的女士，指的是高度与宽度都超过标准体型的人。这种体型不宜穿着颜色浅且鲜艳的服饰，而且最好免去大花格布，而代之以小花隐纹面料，主要是避免造成扩张感，以免使形体在视觉上显得更大。

体型太肥胖的女士，不宜穿色彩太艳丽或大花纹、横纹等服饰，这样会导致体型向横宽错视方面发展。肥胖体型的人适宜穿用深色、冷色小花纹，直线纹服饰以显清瘦一些。色彩上，忌上身色深、下身色浅，这样会增加人体不稳定感。冬天，不宜穿浅色外衣；夏天，不宜穿暖色、艳色或太浅色的裤子，因为它会使胖人显得更胖。款式上切忌繁复，要力求简洁明了。过厚面料还会使人显得更胖，而过薄布料也易暴露出肥胖的体型。

(六)巧用装饰、印花、色彩增加身高

身材较矮的女士最好不要下身穿印花衣服或装饰品，上身穿印花衣服或装饰品戴在身体的上部会有增加身高的效果。这就是视线上移的作用，利用显眼的视觉焦点，让它上移，这会让矮个的姑娘看上去更高一些。所以说，印花半裙，特别是长长的印花半裙请矮个子姑娘谨慎选择。

体型太矮的人，尽量少穿或不穿色彩过重或纯黑色的服饰，免得在视觉上造成缩小感觉。不要穿那些鲜艳大花图案和宽格条的服饰，应该挑选素静色和长条纹服饰。体型太矮的人，在色彩搭配上要掌握两个基本要领：一是服饰色调以温和者为佳，极深色与极度浅色不好，二是上装的色要相近搭配属同一色系，反差太大，对比强烈都不好。

此外，个子较矮的人若配上亮度大的鞋、帽，反而显得更矮。这是因为"两头扩大""中间"收缩的缘故。如果身着灰色服饰，配上一顶亮度大的帽子，

可显得高一些。

(七)巧用衣服颜色美化肤色

对于皮肤偏黄的人选择衣服颜色时要注意：尽量少穿绿色或灰色调的衣服，这样会使皮肤显得更黄，甚至会显出"病容"，而适合穿粉色系的暖色调服装。面色偏黄的女性，适合穿蓝色或浅蓝色的上装，它能衬托出皮肤的洁白娇嫩，但深蓝或紫色上衣就会适得其反。

对于皮肤黑的人选择衣服颜色时要注意：不要选择颜色过于鲜亮的颜色，比如：白、红、黄、绿、蓝、紫等颜色，这些颜色不但不亮，反而会把人的眼球集中在衣服上，显得皮肤更黑；而过于灰的，也不能选择，因为过于灰的颜色，让人显得没有精神，透不出灵气来；最好选择米色系列、粉色，但切不可有粉红色。穿较深蓝色、黑色会好一点，尽量避免穿鲜艳的颜色，如粉红、黄色、白色……总之，就穿一些深一点的、冷色调的颜色的衣服。

以上介绍在实际执行过程中，要注意采用"整体大于部分"的原理，也就是说整体感觉效果好要比过于修饰某一部分更有实效。

三、巧用点饰修饰性格

不少套装和长裙上用连续的多个大小相等的点进行有序或无序的自由排列：有序，均匀地遍布全身或作肩、胸等局部点缀，给人乖巧、庄重的感觉；无序，无论是从下摆向上延伸的点，还是从肩部向下散伸的点，在看似随意分散、杂乱无章的布局中，实质体现出设计师的设计意图，给人以活泼、灵动感。

综上所述，在社会不断进步以及人们对美不停追逐的大环境影响下，服装与人体之间的关系越来越密切，"视错觉"作为一种特殊的设计艺术处理手法，发挥着很重要的作用。但是，在视错觉的应用中，不能盲目追求"错"，一定要注意经验的积累，做到"扬长避短"，以弥补人体不足，突出人体美和服饰美的和谐关系。

另外，要注意所有外在的修饰如果没有内在的自信做支撑会使外在气质黯然失色。意大利作家索菲里·罗兰说过："一个缺乏自信心的女人永远也不会有吸引别人的美。没有一种力量能比对美的自信更能使女人显得美丽。"正所谓自信的女人最美丽。

【本章小结】

视错觉是人们观察物体时，由于物体受到形、光、色的干扰，加上人们的生理、心理原因而误认物象，会产生与实际不符的判断性的视觉误差。视错觉包括线条长短错觉、变形错觉、大小错觉、透视错觉、分割错觉、颜色错觉等。

色彩的机能性感觉是人们对色彩的共性感觉，主要包括冷暖、轻重、动静、膨缩、远近、华丽与朴素、疲劳与舒适、活泼与忧郁、柔软与坚硬等。

在选择服装时，要根据自身的特点，选择能够突出您身材优美的一面，掩盖身材欠缺的那一面，就会穿出更好的效果。

【关键术语】

视错觉；审美心理；长短错觉；变形错觉；大小错觉；分割错觉；不可能图形；色彩心理；色彩的冷暖感觉；色彩的联想

【思考题】

1. 举例说明视错觉的基本规律。
2. 举例说明修饰的基本原理与技术。
3. 举例说明女性身体缺陷的修饰技巧。

第七章　女性的恋爱与择偶心理

爱情是男人生活的一部分，但却是女人生活的全部。

——英国诗人拜伦

1. 领会爱与爱情及其相关理论。
2. 能够区分爱情的相关概念。
3. 理解依恋理论与亲密关系。
4. 了解择偶的心理理论。
5. 理解两性恋爱与互动中的需求差异。

第一节　爱情及相关理论

一、爱与爱情

(一)爱与爱情的含义

爱是一种与异性接近的欲望，是一种欲求两人合二为一的冲动。爱的核心是两者的关系，所有不同种类的爱都有一个共有的结构，那就是一个人的自我与另一个人的自我缠绕融合在一起。如亲子关系、夫妻关系等。爱情是两个独立自我的完美融合。

图 7-1　爱情是两个自我的融合

爱情是以异性生理为基础，以感情为心理基础，以道德为社会基础的多因素的结合，是人类的高级情感，是在恋爱双方的内心形成的相互倾慕，并渴望对方成为自己终身伴侣的最强烈的感情。爱情的发生是化学、生物学和心理学等多种因素共同作用的结果。

关于爱情很多心理学家、哲学家都有论述。

《情爱论》的作者瓦西列夫说："爱情是本能和思想，是疯狂和理性，是自发性和自觉性，是一时的激情和道德修养，是感受的充实和想象的奔放，是残忍和慈悲，是温饱和饥渴，是淡泊和欲望，是烦恼和欢乐，爱情把人的种种体验熔于一炉。"

人本主义心理学家卡尔·罗杰斯说："爱是深深的理解和接受。"

弗洛姆认为，"爱是我们对所爱者生命与成长的主动关切，没有这种关切就没有爱"。

心理学家海德说："爱是深度的喜爱。"

人类学家林菲尔德说："爱是一种可以观察到的、两个异性之间的、偶尔是同性之间的关系，这种关系反映了一种有模式的、重复的、标准的行为和特别的态度及情感状态，这实际上包括潜在的性行为。"

心理学家詹姆士这样描述恋人的心理状态："恋人是我的骨肉，是我身体的一部分；对方如果死亡，我的一部分生命将死亡；对方做了不体面的事，我亦将感到羞耻；对方被侮辱时，我也觉得身临其境。"

真正对爱情进行学术研究却是从 Rubin 等人的工作开始的，在 Rubin 看来，爱情是一个人对另外一个人的某种特殊的想法与态度，它是亲密关系的最深层次，它不仅包括审美、激情等心理因素，还包含生理激起与共同生活愿望等复杂的因素。

(二)爱情的特点

第一，相异性。爱情一般是在异性之间产生的，狭义的爱情专指异性恋，不含同性恋(同性比较复杂)。

第二，成熟性。爱情是在个体身心已发展到相对成熟阶段时产生的情感体验，幼儿没有爱情体验。

第三，高级性。爱情是一种高级情感，不是低级情绪。

第四，生理性。爱情有生理基础，包括性爱因素，不是纯粹的精神上的依恋。

第五，利他性。爱情的基本倾向是奉献。衡量一个人对异性是否有爱情、强度如何，可以通过"是否发自内心，帮助所爱的人做其期待的所有事情"这个指标来衡量。

二、爱情相关理论

(一)斯腾伯格的爱情三角理论

斯腾伯格提出的爱情三因素论(Triangular theory of love)勾勒出了爱情的心理结构。他认为不论人类的爱情多么复杂，都是由三个相同的成分构成的。

动机成分。人类爱情的产生必然有性驱力的原因，这种性驱力会受爱恋对象生理特征的影响，例如我们会因一个人的外形而对他亲近或疏远。

情绪成分。情绪是人对反映内容的一种特殊的态度，可以引发身心激动的状态。属于爱情的情绪，除了爱与欲之外，还有可能含有其他复杂成分。

认知成分。它对情绪和动机两种成分起一个调控的作用，减少爱情的冲动性。

后来斯腾伯格(1986)进一步将发生在两性之间的爱情的动机、情绪、认知成分变为亲密(intimacy)、激情(passion)、承诺(commitment)三种成分。这就是爱情三角理论，这三种成分的排列组合，能构成不同种类的爱。完整的爱是由亲密、激情及承诺共同构成的①。

激情属于动机成分，是指男女之间本能的异性吸引，与伴侣紧密结合、日夜厮守的强烈渴望。处于爱情中的人看到对方就有强烈的兴奋感觉，非常渴望和对方在一起，没见面时心中总是想他，一旦分离就强烈思念。动机中包括性的驱动力、肉体的吸引和浪漫感情的体验，也包括自尊、援助、友好、优越感、支配彼此及自我实现等需要。

亲密属于情感成分，是指两个人通过相互沟通，能够经常彼此分享自己的内心世界，并得到对方的接纳。正是因为不断深化的相互了解，两个人变得越来越亲密。情感中包括了对伴侣的好感和高度评价、高度尊重，相处时的愉快、舒服、温暖，与对方间的心灵相近、互相契合、互相归属，与对方亲密沟通、分享彼此的心事与成长，与伴侣共同活动、体验快乐的事情，愿意让所爱的人幸福，在对方需要的时候帮助对方，同时在自己需要的时候也可以依赖对方，给予情感支持也接受情感支持。

承诺属于认知成分，是决定去爱一个人并愿意和他维持长久关系的决心和

---

① ［美］斯腾伯格·爱情心理学［M］.李朝旭，等译.北京：世界图书出版公司北京公司，2010.

定向，包括短期和长期两个部分。短期部分是当事人"决定"去爱一个人，"我已经认定他，决定跟他在一起，而不跟别人在一起"；长期部分是对两人之间亲密关系做的持久性承诺，决心以身相许，彼此忠诚，亲密相伴，患难与共。承诺是维持关系长久的动力。短期部分和长期部分并不必然一起出现，当事人可以决定爱一个人，但并不承诺长久的爱，也可以对某人做出承诺但并不清楚自己是否爱他。

只有激情而没有亲密和承诺的"爱"是不能永恒的。当激情消退的时候，留下的只是伤害。我们说，爱情是两性之间一种忘我依赖的、带有性倾向的情感。始终存在着一个复杂的爱情需要系统，它支配着人们的两性活动。

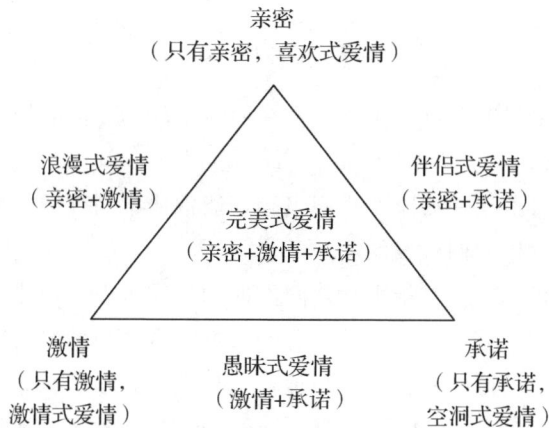

图 7-2　爱情三角形

从图 7-2 可以看出，三角形的三个顶点及三条边和三角形内共有七种类型的爱情。

(1)喜欢式爱情(liking)：主要是亲密，没有激情和承诺，如友谊关系。两人彼此熟悉、欣赏与契合，出于友情或认同感而建立起婚恋关系。

(2)激情式爱情(infatuated love)：主要是激情，没有亲密和承诺，如初恋。

(3)空洞式爱情(empty love)：以承诺为主，缺乏亲密和激情，如纯粹为了结婚的爱情。

(4)浪漫式爱情(romantic love)：有激情和亲密，没有承诺。"不在乎天长地久，只在乎曾经拥有。"两个人都较少考虑结婚和终身相守，结婚之后也喜新厌旧、寻找婚外情人。

（5）伴侣式爱情（companionate love）：有亲密和承诺，没有激情。这种爱比较平淡，较多地发生在青梅竹马的两性之间，到了适婚年龄就结婚。

（6）愚昧式爱情（fatuous love）：有激情和承诺，没有亲密。两人刚认识就产生激情，许下结婚的承诺。但因为彼此不十分了解，激情会随时间慢慢淡化，变得感觉陌生而不和谐。

（7）完美式爱情（consummate love）：激情、承诺和亲密俱有。

总之，只有兼具三种成分的爱情，才是理想的爱情。但爱情三种成分对于维持两性间爱情关系的作用是不同的，以三种成分为主导的爱情关系随时间的持续，其变化的趋势也不同（见图 7-3）。

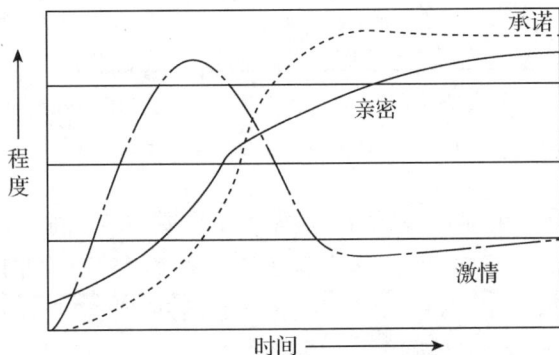

图 7-3　斯腾伯格爱情三因素随时间变化趋势

（二）约翰·李的爱情分类理论

加拿大社会学家约翰·李（John. Lee，1973）将男女之间的爱情分为六种（见表 7-1）①。

表 7-1　John. Lee 的爱情分类

爱情类型	特　性
浪漫（激情）之爱（Eros, Romantic love）	是一种建立在强烈的身体和外貌的吸引力基础上，重视浪漫与激情的爱情
游戏之爱（Ludus, Game playing love）	视爱情为一场让异性青睐的游戏，并不会将真实的情感投入，常更换对象，且重视的是过程而非结果

---

① 金盛华. 社会心理学[M]. 北京：高等教育出版社，2005：240.

续表

爱情类型	特　性
友谊之爱（Storge，Friend-ship love）	是一种细水长流、慢慢发展的爱情，有时当事人是在不知不觉中发展爱情关系
占有之爱（Mania，Posses-sive love）	是一种以占有、满足个人需求的爱情，通常会造成双方的压力与束缚
现实之爱（Pragma，Prag-mative love）	是一种有条件的爱情，以现实利益为发展爱情的第一考虑
利他之爱（Agapa，Altru-istic love）	是一种牺牲、奉献、不求回报的爱情

注：以上六种爱情形式并不互相排斥，比如任何一种爱情都会有一定程度的占有成分。只不过，一定时期或者情境下，人们的爱情可能会以某种形式为主。

表7-1中，前三种是主要类型，后三种是次要类型。每一种次要类型都由两种主要类型组成，但在合成后并不同于原来的主要类型。占有之爱是由浪漫之爱和游戏之爱合成的，现实之爱是由游戏之爱和友谊之爱合成的，利他之爱是由浪漫之爱和友谊之爱合成的。

（三）哈特菲尔德的激情爱理论

哈特菲尔德认为激情爱的实质是个体生理唤起和心理标签相互作用的结果，是个体的紧张和唤起状态被贴上了爱情的标签。根据沙赫特的"情绪三因素理论"，情绪＝刺激×生理唤起×认知标签。不同的情绪的生理反应可以非常相似，比如恐惧、焦虑、开心的时候，人们的心跳都会加快，手会颤抖。但由于人们对这些反应的解释不同，就可能会体验到完全不同的情感。个体如何解释情境，解释自己的生理反应，往往与外部的线索和"诱因"有关。英雄救美女容易演绎出爱情佳话，就是因为在危急的状态下，美女生理上高度唤起，这时候如果英雄从天而降，那么就很容易被美女解释为英雄的出现是她紧张的理由。于是危险过后，温情和吸引油然而生。

【吊桥实验】

加拿大温哥华北部有一座卡皮兰诺吊桥，建在湍急的河流上面约70米的空中，非常危险。就是这座桥上演了许多罗曼蒂克的故事而被认为是"爱情桥"。1974 年，著名情绪心理学家阿瑟·阿伦在这座桥上的实验再次证明了这个爱情制造定律的魔力。阿伦请到一位漂亮的女性作为研究助手。女助手按照阿伦的要求首先来到了这座全长约 137 米，宽约 1.5 米，仅靠 2 条粗麻绳悬挂于卡皮兰诺河河谷上空的吊桥上。她要站在这座与地面相距约 70 米的悬吊桥中央，在动人心魄的摇摆中，寻找那些没有女性陪同的青年男性来参加实验。女助手首先给了那些同意参加调查的男性一份很简短的问卷，告诉他们这个实验的主要目的就是了解一下他们对问卷上问题的看法，但实际上这是心理学家为了避免有人猜到这个实验的目的所设的烟幕弹。接着，女助手通过与这些男性聊天的方式，让他们为一张照片编个故事。最后，每个参加实验的男性都得到了这位女助手的电话。然后，同样的实验在另一座横跨一条小溪但坚固而低矮的石桥上再次进行。心理学家想知道的是：这些男性会编出什么样的故事，谁会在实验后给漂亮的女助手打电话？实验结果显示，走过卡皮兰诺吊桥的男性中大概有一半的人后来给实验的女助手打过电话，而通过那个坚固而低矮的小桥的 16 位男性中，只有两位给她打过电话。与这组相比，吊桥上的男性依图片所编的故事中，也更多含有情爱的色彩。

　　研究者利用心理学家沙赫特的情绪三因素理论(three-factor theory of emotion)对实验的结果进行了解释。一般情况下，我们认识到自己发生了哪种情绪都会经过两个阶段，首先我们会感受到自己的生理感受，如体温升高、心跳加速等；接着，我们产生对它的一个认知评价，也就是根据周围的环境，为自己的这个生理感受寻找一个合理的解释。体温升高、心跳加速这种生理反应的出现到底是由于对吊桥的恐惧还是对漂亮女助手的意乱情迷，估计他们很难分清。对于吊桥上那些回电话的男性中的一部分人来说，是摇摆的吊桥致使他们心跳过速，而他们却有意无意地将其认为这是擦燃了爱情的火花，自己的心开始为一个女人而跳。

图 7-4　吊桥实验

（四）弗洛姆的成熟爱情理论

心理学家弗洛姆在其《爱的艺术》这本书中对成熟的爱情做了详细的阐述。

成熟的爱情，就是那种在保留自己完整性和独立性的条件下，也就是在保持自己的个性的条件上与他人合二为一，人的爱情是一种积极的力量。爱情首先是给而不是得。有创造性的人对"给"的理解完全不同。他们认为"给"是力量的最高表现，恰恰是通过"给"，我才能体验到我的力量、我的"富裕"、我的"活力"。体验到生命的升华使我充满了欢乐。重要的不是物质范畴，而是把他内心有生命力的东西给予别人。

成熟的爱情，他应该与别人分享他的欢乐、兴趣、理解力、知识、幽默和悲伤。在提高自己生命感的同时，也提高对方的生命感。双方会因唤醒了内心的某种生命力而充满快乐。没有生命力就没有创造爱情的能力。

爱情的基本要素是：关心、责任心、尊重和了解。

第一个要素：爱情是对生命以及我们所爱之物生长的积极的关心。

第二个要素：关心和关怀的另一面是责任心，不仅是外在的要求，同时也是内在的自觉行为。

第三个要素：尊重，没有尊重，责任心就很容易变成控制别人和奴役别人。

第四个因素：认识即了解，了解对方才能尊重对方。如果不以了解为基础，关心和责任心都会是盲目的，而如果不是以关心的角度去了解对方，这种了解也是无益的。认识的秘密是爱情，爱情是积极深入对方的表现。

关心、责任心、尊重和了解是相互依赖的，在成熟人身上能够创造性地发挥自己力量。放弃获取全知和全能的自恋幻想，并有一种谦逊的态度。

（五）爱情的异性荷尔蒙诱发与维持理论

英国学者的一项实验表明，人类爱情绝非纯粹的心理现象，而是具有相应的生理基础。他们在一个房间内放了十张椅子，只在其中的一个椅子上喷洒男性荷尔蒙，除此之外这些椅子之间并没有其他不同。然后，他们分别邀请840位女性走进房间，让她们任选一个椅子落座。结果，共有811名女性选择了那张喷洒过男性荷尔蒙的椅子。然而，在以男性为对象的相同实验中，511名被试没有任何一位选择那张经过处理的椅子。研究者认为，对生理产生潜在影响的气味，在一定程度上决定着两性之间的吸引。

伊利诺伊州立大学生态学、动物行为学教授洛厄尔·盖兹和他的同事苏·

卡特研究观察发现，田鼠夹夹住的往往都是一对老鼠，一雄一雌。盖兹在后来的研究中发现，一只雌鼠长到 30 天时就已成熟，可以交配了。如果碰到一只"单身"雄鼠并嗅到对方的尿味，它那繁殖的本能就会被激发。经过 24 小时的接触，它就可以与邂逅的这个"光棍"鼠"成亲"了，如果对方不领情一走了之，那么它也随时可以和碰到的另一只雄鼠交配。让他惊奇的是，洞房花烛后的田鼠会像人一样确定关系，生儿育女，一起过小日子。后来把实验放到实验室，注射了脑下垂体后叶荷尔蒙的田鼠对"伴侣"忠心耿耿，并且更喜欢拥抱、亲吻等身体接触。是不是脑下垂体后叶荷尔蒙促使田鼠选择了一夫一妻制？确实，当卡特给一些雌鼠注射此类荷尔蒙时，它们择偶不再像以前那么挑剔，但一旦确定关系，就对"丈夫"忠心耿耿，甚至有点"黏人"。而注射了这种荷尔蒙的田鼠也比那些未注射的更喜欢亲吻、拥抱等身体接触，并且对其他田鼠视而不见，故意回避，颇有点"我的眼中只有你"的味道。更有趣的是，当卡特给这些雌鼠注射了减少脑下垂体后叶荷尔蒙的药物时，它们立即抛弃了曾经深爱过的伴侣。

在对人类的研究中，学者们发现，交合中男女的荷尔蒙水平也会升高。脑下垂体后叶荷尔蒙水平越高，双方的感觉就越兴奋。对恋爱中大学生的脑状态的研究表明，当被试者遵照研究者的嘱咐在脑中描绘自己爱人的形象时，其脑细胞的愉悦区血流明显加速，这一区域在人们着迷于某种兴趣或交合时也会活跃起来。另一些研究发现，激发男女爱情的是大脑中的苯乙胺、多巴胺、催产素和慈母素四种化学物质，当相爱时间超过 1 年半到 3 年时，双方的爱情激发物质就会被人体中的抗体抵消。男人没有催产素和慈母素，所以比女人更为喜新厌旧。①

三、爱情与相关情感的区分

(一)爱情与喜欢的区别

与爱情最容易混淆的一种人际吸引形式是喜欢。喜欢的两个主要因素：一是人际吸引的双方有共同的理解，二是喜欢的主体对所喜欢的对象有积极的评价和尊重。

爱情三要素：①依恋。卷入爱情的恋人在感到孤独时，会高度特意地去寻

① 黎明，盆盆，尘尘编译．花心总是难免的？——科学家称基因决定伴侣是否忠诚[J]．科技信息，2002(9)．

求自己恋人地伴同和宽慰，而喜欢的对象不会有同样的作用。②利他，即关怀与奉献。恋人之间彼此会高度关怀对方的感情状态，让对方感到快乐和幸福是自己的责任。③亲密。恋人之间有身体接触的需要。爱情与喜欢的区别见表7-2。

表 7-2　爱情与喜欢的区别

	爱情	喜欢
依恋	强	弱（无）
利他	奉献	对等（相互）
亲密	有身体接触	无（少）

社会心理学家鲁宾（L. Rubin，1970，1973）对爱情和喜欢的关系进行了系统的研究，他发现爱情不是喜欢的一种特殊形式，爱情与喜欢根本就是两种不同的情感。他认为爱情包含三种成分：①亲密和依赖需求；②欲帮助对方的倾向；③独占性和排他性。[①]

（二）爱情与友情的区别

一般来说，爱情与友情具有如下区别。

1. 定义不同

爱情是男女之间的依恋、爱慕的感情。婚前的爱情指一对男女基于共同的生活理想，在各自内心形成的对异性真挚的仰慕，并渴望对方成为自己终身伴侣的强烈、稳定、专一的感情。友情是人们在共同的生活、工作或学习中，基于共同的情趣、志向产生的一种美好而又亲密的感情。友情是人与人之间相互尊重、互相信任的基础上建立的一种美好情谊。

2. 对象范围不同

爱情具有专一性，友情具有广泛性。爱情只能发生在一对互相爱慕、互相钟情的男女之间，不容许有第三者插入，具有排他性与专一性的特点。而友情则不同，它具有广泛和交叉的特点，既可以在同性，也可以在异性之中发生，还可以在同辈甚至长辈与晚辈之间出现。

3. 构成的基础不同

友情关系构成的基础是比较简单的，例如爱好相同、志趣相投都可以结下

---

① 宋迎秋，曾雅丽，姜峰. 大学生恋爱与情感问题应对方式分析与探究[J]. 中国健康心理学杂志，2007，15(17).

良好友情。爱情关系的构成则要复杂得多，有多种因素决定，如相貌、年龄、性格气质、政治观点、思想修养、道德品质、理想情趣等，只有双方在这些方面基本和谐，才可能产生持续的爱情。

4. 持续时间不一样

爱情具有持久性，友情具有阶段性。爱情与友情不同。爱情所包含的感情和义务因素，不但存在于婚前的整个恋爱过程，而且也存在于婚后夫妻生活和家庭生活之中。没有牢固的爱情基础和缺乏持久性的爱情，都是不幸福的。而友情可因环境、工作、思想意识和兴趣等方面的变化而变化，或者随时可以中断，因此具有阶段性的特点。

5. 交往方式不同

爱情具有隐秘性，友情具有公开性。由于爱情具有排他性的特点，爱情的表露仅在相爱的男女双方之间进行。亲昵的语言、情感的交流和互爱的行为，大都有意避开他人，具有较强的隐秘性。友情与此不同，它只是一半同志关系，情感的交流，相互的切磋，相互的学习和帮助，不限于一对男女之间，不必有意回避他人，因此具有公开性的特点。另外，友情会保持一定距离，而爱情则亲密无间。

6. 目的不同

友情以友好交往为目的，而爱情则以性爱、婚姻为目的。

爱情与友情也有联系：友情和爱情都是人们之间的良好感情的凝结；异性之间的友情在一定条件下可以转化为爱情。

日本青年心理学家曾对异性间的友谊和爱情的异同做过区分，认为在以下五个方面有不同。

(1)支柱不同：友谊的支柱是理解，爱情的支柱是感情。

(2)地位不同：友谊的地位是平等，爱情的地位是一体化。

(3)体系不同：友谊的系统是开放的，爱情的系统是关闭的。

(4)基础不同：友谊的基础是信赖，爱情则纠缠着不安和期待。

(5)心境不同：友谊充满"充足感"，爱情则充满"欠缺感"。

四、爱情的增强

(一)难以得到的人

在一个研究中，安排一位女实验助手，让其假装是计算机约会程序安排她来回答电话询问。她对一组人说：非常渴望和任何人约会（一般容易得到）；对另一组人说：自己不愿意见任何人，但是愿意与他约会（有选择的、难得到的）。结果，后一种做法使她被男性认为具有更大吸引力。

（二）冷落与分离

一定时间的分离可以增强具有一定爱情基础的男女之间的关系，却可能使爱情比较薄弱的男女分手。

（三）权力欲与机敏果断

有美国专家对 231 对对象连续跟踪两年，研究结束时，其中的 103 对分手了，65 对仍然维持着，9 对订婚了，43 对结婚了，11 对失去了联系。对当初问卷结果的分析发现，男方的权力欲分数越高，双方的关系越容易发生困难。在两年后分手的男女中，有 50％是出于这一原因。而在男性权力欲弱的人中，只有 5％的男女是由于这一原因分手。然而，女性的权力欲与爱情的进展无关。

研究发现，机敏果断的品质能够赢得或者增加异性的好感，而且男性的这一品质显得更为重要。

（四）爱情中的罗密欧与朱丽叶效应

有研究发现，如果出现干扰恋爱双方爱情关系的外在力量，恋爱的双方情感反而会加强，恋爱关系也因此更加牢固。德瑞斯考尔等人 1972 年研究了 91 对已婚夫妇和相恋已达 8 个月以上的 49 对恋人。结果发现，在一定范围内，父母干涉程度越高，有情人之间相爱也越深[①]。

另外，男女双方关系中的投入与收益之间的关系也会影响爱情的增强。

五、依恋理论与亲密关系

依恋理论最初由英国精神病学家鲍尔比（John Bowlby）提出，他试图理解婴儿与父母相分离后所体验到的强烈苦恼。鲍尔比观察到，被分离的婴儿会以极端的方式（如哭喊、紧抓不放、疯狂地寻找）力图抵抗与父母的分离。他将依恋定义为"个体与具有特殊意义的他人形成牢固的情感纽带的倾向，能为个体提供安全和安慰"。鲍尔比提出依恋这个概念主要是用来解释婴儿与其养护者之间的情感联系，但后来的研究者们将之扩展到了成人之间。目前一般认为依

---

① 金盛华. 社会心理学［M］. 北京：高等教育出版社，2005：244.

恋(attachment)是个体与主要抚养者发展出的一种特殊的、积极的情感纽带，也是指个体寻求并企图与另一个体在身体和情感上保持亲密联系的倾向。

依恋类型的划分来自一个经典的情景实验：实验是由艾斯沃斯等(Mary Ainsworth & Witting)设计的，他们首先安排母婴在一个完全陌生的环境中，然后让婴儿分别经历母亲离开、陌生人进入等情境。观察婴儿在与母亲分离和相聚的过程中，以及面对陌生人的过程中的表现，从而对婴儿的依恋类型进行判断。

Hazan 和 Shaver 将爱情关系与成人依恋关系联系起来研究，研究者认为个体婴儿时期与人建立的依恋关系，会使个体形成一个持久且稳定的人格特质，这项特质对个体在与异性建立亲密关系时自然流露出来。他们认为儿时的人际亲密关系的形态对后来的爱情互动形态可能有因果的关系存在。Hazan 和 Shaver 认为成人婚恋关系中的情感联结也可以被理解为一种依恋关系，它有着和早期依恋相似的生物系统。他们的研究表明成人在处理亲密关系时也会表现出类似的反应方式，婴儿的依恋系统特征——维持亲密，抗拒分离，安全基地和避风港湾——同样可以在成人的亲密关系中观察到①。

(一)回避依恋型

回避依恋型(avoidant attachment)的婴儿也可以顺利地和母亲分离，最不爱哭，对于陌生人的兴趣高于对母亲的兴趣，明显地逃避母亲。逃避型小孩早期经验到的是自己的需求被拒绝，不受到照顾者的重视，其自我模式是"孤独""不被需要"，并认为人是不可信任的，是拒绝的，约占 20%。

这类的恋人，表现为比较冷漠，但是内心很需要爱情，只是不知道该怎样去爱，他们更倾向于通过网络等其他非面对面的渠道寻找感情。成人往往回避亲密关系，对这种关系表现出较少兴趣。

(二)焦虑—矛盾型依恋

焦虑—矛盾型依恋(anxious-ambivalent attachment)的婴儿在与母亲分离时，表现出焦虑不安、哭闹，但当母亲回到身边时，却又明显表现出冷漠或敌意。此类型小孩经验到的照顾者反应是不一致的、时好时坏，其自我模式为"不确定""害怕"。这一类型常是既渴望与照顾者亲近，另一面却又表现生气、抗拒等行为，占 10%～15%。

---

① 邓诗颖.学前儿童家庭教养方式、依恋类型与亲社会行为的关系研究[D].苏州：苏州大学硕士学位论文，2013.

这种依恋类型的成年个体特征是对人际关系怀着混合的情感，这就使人处于爱、恨、怀疑、拿不起、放不下的冲突情感之中，导致一种不稳定和矛盾的心理状态。通常，矛盾型的人总觉得自己被误解和不受赏识，认为自己的情人和朋友都不可靠，不愿意与自己建立持久的关系。矛盾依恋型的人担心他们的恋人并不真正爱自己，或者会离开自己。因此，他们一方面希望能与自己的恋人极为亲近；另一方面又对恋人是否可靠和可信满腹猜疑，易产生较强的占有欲和嫉妒心。

（三）安全依恋型

安全型依恋(secure attachment)主要表现为婴儿在与母亲一起时，以母亲为中心主动去探索环境，并不是总以为在母亲身旁，只通过偶尔的靠近或眼神注视与母亲交流，母亲在场时，婴儿感到足够的安全；当母亲离开时，明显表现出苦恼、不安；但当母亲回来时，会立即寻求与母亲接触，易被安抚，占 65%～70%。安全型婴儿的母亲一般对孩子的信号及情绪表达(哭声、肢体动作等)很敏感，能及时了解孩子的想法，鼓励孩子进行探索，而且喜欢和孩子有亲密的接触。

安全型依恋是一种稳定和积极的情绪联系，这种类型的人认为自己是友好、善良和可爱的人，也认为别人普遍是友好、可靠和值得信赖的人。他们十分容易与其他人接近，总是放心地依赖他人和让别人依赖自己。这种类型成人后，与伴侣的关系良好、稳定，能彼此信任、互相支持，容易与异性建立稳定、健康的亲密关系。

后来，Barthofomew 和 Horowitz（1911）的实验提出 Hazan 和 Shaver 之前所提出的回避型其实是两种完全不同的回避型，他们认为人们之所以要避免和他人亲密接触，是因为存在两种不同的原因：一种情况是人们期望和他人交往，但又对他人戒心重重，害怕被人拒绝和欺骗；另一种情况是人们独立自主、自力更生，真正地喜欢我行我素和自由自在，而不愿意与他人发生紧密的依恋关系。这就将成人的依恋类型分为了四种而非三种，即把回避型又分为恐惧型和疏离型两种①。

恐惧型(fearful)的人对自己和他人的态度都是消极的，这种类型的成人可

---

① 单志芳．大学生成人依恋、自我分化与亲密关系满意度的关系研究[D]．长沙：湖南师范大学硕士学位论文，2014.

能出于害怕被拒绝而极力避免和他人发生亲密关系。虽然他们希望有人喜欢自己，但更担心自己因此离不开别人，而一旦建立了亲密关系，又往往会过度担心伴侣会离开自己，整天提心吊胆地防止冲突和其他代价过高的关系，有时想到与伴侣亲密相处时他们就会感到恐惧。

疏离型（dismissing）的人对个人的看法相对积极（自己是有价值的），但是认为他人会拒绝自己，和他人发生亲密关系得不偿失。这种类型的成人会以避免与他人发生联系来作为保护自己不受伤害的手段。他们拒绝和他人相互依赖，因为他们相信自己能自力更生，也不在乎他人是否喜欢自己。他们会更关注替代选择，会留心任何可能的其他爱情选择，并且更容易被新结识的人所吸引。他们希望将来的伴侣不给他们提供帮助，因为他们不打算反过来做任何报答。

这样 Bartholomew 和 Horowitz 以三类型依恋风格理论的概念为基础，发展出一种四类型的爱情依恋风格理论，他们以"正向或负向的自我意像"和"正向或负向的他人意像"两个不同的向度来分析，得到四种类型的爱情依恋风格（见图 7-5）。

安全依恋：由正向的自我意像和正向的他人意像所造成。

焦虑依恋：由负向的自我意像和正向的他人意像所造成。

疏离依恋：由正向的自我意像和负向的他人意像所造成。

恐惧依恋：由负向的自我意像和负向的他人意像所造成。

疏离依恋　　正向自我意像　　安全依恋

负向他人意像　　原点　　正向他人意像

恐惧依恋　　负向自我意像　　焦虑依恋

图 7-5　依恋类型分类

第二节　女性的择偶心理

一、择偶心理

(一)择偶心理的含义

所谓择偶心理指的是男女双方在选择自己的恋爱对象时的心理现象和心理活动规律。

一般来讲，人们建立恋爱以及婚姻关系的原因，是为了满足某种需要。因此，择偶成为每个人成年之后必须面临的问题。而择偶的标准因人而异，主要决定于本人的恋爱观、婚姻观和家庭观。一般来讲，主要遵从以下原则：①要求配偶的身材、容貌、谈吐、举止、风度适当；②要求配偶的智力、才能、品德、性格优良；③要求配偶的年龄、学历、职业、经济状况、生活习惯、宗教信仰、兴趣与本人相近；④要求配偶在性格、生活和工作等方面能互相补充、互相支持而不冲突；⑤要求配偶的身体健康，家族没有病史等。但在择偶过程中会受到社会文化的影响，也常受到家庭的干预。

(二)择偶与恋爱的区别

首先，概念上不同。恋爱是同性或异性互相爱慕行动的表现。择偶是个人动机复杂的理性行为，即个人在社会范围内依据特定的条件选择人生伴侣的理性行为。

其次，作用和目的不同。恋爱是情感上的需求，不太考虑结果，感性成分多。择偶是基于现实的、世俗生活考虑，带有目的性，是理性的。

最后，对象上的不同。恋爱的对象未必是结婚或婚姻的对象，而择偶的对象是以结婚或婚姻为目的的婚姻对象。

二、择偶的心理理论

择偶意向是婚姻的基础之一，它主要体现在择偶标准之中，也直接关系到婚恋的成功与否，是多数人人生的必经过程。因为每个人的家庭背景、生活经历、文化程度不同，择偶的标准与规则也不相同，但择偶作为人们的一种心理行为，具有一些共同的心理特征。择偶的心理学理论除了第二章中的"进化心理学理论"外，专家学者们对择偶心理进行了研究，还提出了其他各具特色的择偶理论。

(一)弗洛伊德的早期关系择偶理论

弗洛伊德认为，儿童在家中与父母的关系会影响到他成年后对伴侣的选择，而且所选择的伴侣不是在外表及心理上与父母有相似之处，就是完全不像他的父母。他还认为，爱是一种重新寻找，择偶结婚其实是寻找自己父母的替代。由于儿童在生命早期最先接触的爱的对象是父母，儿童性格的形成与父母爱的方式有关，因此成年择偶结婚大都以父母的婚姻为蓝本。如果儿童幼年时父母给予了足够的关爱，那么成年后他会不自觉地按照父母的影子为自己选择配偶。女孩子找父亲的替代，男孩子找母亲的化身。而那些在幼年时受到父母遗弃、厌恶、贬低、虐待，缺少正常父母之爱的人，他们在择偶时往往选择那些极不像自己父母的人。因此，精神分析的替代理论认为，恋爱择偶是成年的自我对儿童期父母感情的重新修正。

(二)荣格的原型择偶理论

阿尼玛(anima)与阿尼姆斯(animus)是荣格提出的两种重要原型(archetype)。阿尼玛是每个男人心中都有的女人形象，是男人心灵中的女性成分或意向。阿尼玛身上有男性认为女性所有的好的特点。每个男人的阿尼玛都不尽相同，是男性在漫长的岁月中与女人交往时所获得的经验的沉积，为男人在男女交往(包括母子交往、朋友和爱人的交往)时提供参照系，影响男性对女性的选择。男人会对心中阿尼玛的特点感到喜爱，在遇到像自己的阿尼玛的女性时，他会体验到极强烈的吸引力。当男人对女人有一见钟情的感觉时，他可能是将他心目中阿尼玛的形象投射在这女人身上。阿尼姆斯指女性心灵中的男性成分或意象，是女人在漫长的岁月中与男人交往所获得的经验的沉积，为女性提供男女交往的参照系。

(三)相似择偶理论

许多学者认为，每个人在选择伴侣时，都在寻找最像自己的人。相似性的寻找不但在容貌、气质、学历、智商上要相配，个人的政治观念、信仰、工作职业、为人处事的态度也要相似，最好个人兴趣爱好也相同。这就是同质性择偶学派的要点。有些同质派学者则提出人们在择偶时，在心理上有 15 个因素在起决定作用：①类似的价值观；②类似的人生努力目标；③类似的智慧与教育背景；④双方家庭类似的哲学观点；⑤彼此之间良好的沟通能力；⑥相互的生理吸引力；⑦对婚姻与性的健全态度；⑧对婚姻的高度承诺与期望；⑨类似的人格特质；⑩对养育子女有接近的看法；⑪双方都有固定的经济来源；⑫年龄很接近；⑬双方的兴趣与爱好很相似；⑭都有良好的亲子关系；⑮都愿意接受婚前辅导。

诸类相似的因素中，价值观的相似性在择偶中起的作用更长久，在婚姻生活中价值观相似的人更容易相处。

(四)互补择偶理论

美国社会学家温奇曾经提出过择偶互补理论。他认为爱情是个人需要的一种表达方式，可能是意识，也可能是潜意识的行为。一个人在幼年期的成长中欠缺某些经验，成年后就会在伴侣身上寻求弥补。温奇认为，每个人都有多方面的需要，如谦卑、成就、独立、顺从、敌对、抚养等。男女选择伴侣的过程实际是发现能给予自己最大心理满足对象的过程。他提出，一个支配欲很强的人，会选择一个意志薄弱、很顺从的人；一个强健的人，会选择一个很纤弱的人，这就是"互补作用"的结果。温奇曾对美国25对新婚夫妇进行过一项配对实验，先将个人的性格分别做一调查，然后按其背景材料以匿名方式加以匹配，结果发现其中20对竟然都被他对上了。温奇的互补说在实践中很有普遍意义。

(五)"刺激—价值—角色"择偶理论

以美国心理学家默斯坦为代表的社会心理学家对择偶过程进行了研究，认为择偶中双方关系的发展是个渐进的过程，可以分为刺激、价值和角色三个阶段。

1. 刺激阶段

在这一阶段，双方以"刺激"类的信息决定是否建立关系，将感官的信息作为判断依据，如外貌、年龄、种族等特征。

2. 价值阶段

双方比较彼此的基本价值观是否相容，是否有共同语言，是否有相似的信仰等。

3. 角色阶段

此阶段是判断是否深度"兼容"的阶段，双方评价对方是否符合自己的角色期望，在为人父母、居家生活等各项生活任务方面是否保持一致。

以上三个阶段中任何一个阶段出现问题，均会导致关系的解体，当然也有很多夫妻在择偶过程中忽视了这些方面的评估和比较，带着问题走入了婚姻，这也为婚姻埋下了隐患。

(六)条件权衡理性择偶理论

美国学者默斯登认为，每个人在选择恋爱对象时，实际是对方的某些特点刺激了本人的情感，本人按内心的价值观体系进行衡量，最后加以权衡并确定。他认为，每个人的择偶是在对对方的优缺点有所了解之后，对其各项加减之后考虑各候选人的得分来决定的。他举例说，某人有两个可选择的对象 A 和 B，列出六个指标作为评价这两个人的标准，这六个指标分别是外表、智力、财富、幽默感、性格、信仰。假定某人的价值观体系中这六项的比重依次为：外表 5 分、智力 3 分、财富 3 分、幽默感 2 分、性格 1 分，那么，依据自己对 A、B 两人的了解与印象分别予以打分。最后算出 A、B 两人各自的总印象分，谁的总分最高，就选择谁为伴侣。

(七)坡度择偶理论

这种理论认为，男性倾向于选择社会地位、受教育程度、职业阶层、薪金收入等与自己相当或比自己低的女性，而女性则倾向于选择社会地位、受教育程度、职业阶层、薪金收入等比自己高或与自己相当的男性，即择偶模式中的"男高女低"模式。

三、择偶标准与两性择偶偏好

(一)择偶标准

择偶标准就是男女之间进行恋爱与组成家庭时相互选择的主观评价标准，它是人脑对于男女之间价值关系的客观价值标准的主观反映。择偶标准由众多基本要素所组成，一般的择偶标准包括：相貌、财富、个性、才华、兴趣爱好、品德修养、年龄、社会尊重、社会权利、社会地位、社会角色、健康、宗教信仰等。

(二)两性择偶偏好

择偶偏好标准是有性别差异的，虽两性都喜欢伴侣外貌有吸引力，但男性对此的重视程度大于女性，正像一段网络语言所说：她的内在决定我是否持续喜欢她，她的外在决定我是否有兴趣了解她的内在。这说明对男性来说女性的外在形象是首当其冲的。相对来说女性更注重伴侣的能力、经济情况等。还有，女性一般喜欢年龄大于自己的伴侣，男性相反；男性看重女性的温柔贤淑，女性比较看重男性的事业成就。表 7-3 为美国男女对伴侣的期望。

表 7-3　美国男女对伴侣的期望

男性对女性的要求	女性对男性的要求
1. 身体的吸引	1. 成就
2. 性能力	2. 领导能力
3. 影响力	3. 进取心
4. 社交能力	4. 经济能力
5. 持家能力	5. 娱乐能力
6. 保持仪表的能力	6. 智力
7. 人际间的理解	7. 观察力
8. 艺术鉴赏	8. 理智
9. 道德精神	9. 体育能力
10. 艺术创造力	10. 理解能力

男女择偶的标准还受下列因素影响。

1. 预算——可支配的资源

有研究者对成年男女的择偶标准进行了一项这样的实验：给他们一定数额的钱，去购买他们心中看重的十个品质。实验结果发现，预算的多少会对他们的选择产生影响。当所给的预算很少时，男性将大量的钱花在身体魅力上，女性将大量的钱分配在智商和收入上，随着预算的增多，在选择配偶偏好上出现的性别差距逐渐减小。因此，在选择配偶有"大"的预算或可供选择配偶的范围更大时，身体魅力和经济能力就不再是最重要的因素。也就是说，一个人有很大的预算，可以理解为自身获得的资源已经可以独立生活，而不需要另一个人帮忙管理家务或是提供经济保障，这时可以更多地参照自己的内心感受和情感需求来寻找配偶。此时男女寻找配偶标准不存在差异性，说明性别外显的差异更有可能是社会建构的结果，不同性别的内在需求有很大的一致性。

2. 关系的严肃性

关系的严肃性也对男女择偶偏好产生影响。一项比较了多种关系下男女择偶偏好的研究中，研究者选定了大学生对确立下面四种关系的最低标准，分别是：一晚的关系、一周的关系、稳定的恋爱关系，以及婚姻关系。在所有的关系中，女性对每一个标准的要求都比男性高，这也就意味着女性开始一段关系时考虑的事宜更多。关系的稳定性和情感的欢愉性是男女都认为的关系中的积极因子。在一晚关系的确立标准中两性存在差异最显著。在恋爱关系和婚姻关系的确立中两性差异最小，这也就意味着，在严肃的关系中，男女的择偶偏好更相似。

四、择偶的发展阶段

B. Adams(1986)认为，选择配偶是一个复杂的过程，包括以下四个阶段。

第一阶段，人们会从那些能够相互影响的人中选择配偶。在这个阶段，人们以生理上的吸引力、相似的兴趣、智力水平以及其他有价值的行为、品质为依据选择配偶。

第二阶段，通过自我暴露的交流来进行价值观比较。这将会加深原有的吸引力使关系持续下去。

第三阶段，存在一个对角色相容性及共情程度的可能性的试探。一旦发展起角色联动和共情作用，分离的代价逐渐超过在一起时的困难和紧张。如果吸引力足够大，分离的阻碍足够强的话，稳固的关系便产生了。

第四阶段，将做出一个长期相处的承诺。如果双方都对此做出积极的回应，就会结婚或者长期同居①。

第三节 女性的恋爱心理

一、恋爱及其发展阶段

(一)恋爱

两个人基于一定的物质条件和共同的人生理想，在各自内心形成的对对方的最真挚的仰慕，并渴望对方成为自己终身伴侣的最强烈、最稳定、最专一的感情。

(二)恋爱的发展阶段

第一阶段：爱慕期。在这一阶段开始感觉到某异性的特殊魅力，倾慕对方的仪表、风度、气质、言谈、品格、才能等肉体和精神魅力，被深深吸引而迷

---

① 胡楠. 配偶选择的神经机制：择偶策略、性别差异和自我评估[D]. 重庆：西南大学硕士学位论文，2015.

醉。总有一种从未有过的捉摸不透的亲近欲和冲动，想去接近对方又不敢贸然去做出什么行动。这是一个如醉如痴的失魂落魄阶段。有的人一直处于这个单相思阶段，不敢表达。

第二阶段：表达期。经过前一阶段的想象、揣摩，终于鼓足勇气向对方表白了自己的爱慕。这时主动表白的一方常会神色紧张、心绪不宁，接受表白的一方也会不知所措。这是恋爱心理发展最关键的一个阶段，这一阶段比较短暂，但却具有很强的震撼力。如果被拒绝，则恋爱的启动终止。

第三阶段：晕轮期，或称浪漫期。在这个阶段，双方经过表白并接受对方的爱慕，恋爱关系便正式建立。双方立即亲密起来。其实，在很大程度上，他们爱的是自己心中长期以来形成的一个影像。他们把自己心中理想爱人的优点全部投射到对方身上，对方的一举一动，一颦一笑，都感觉非常可爱。两个人恨不能时时刻刻在一起。

第四阶段：磨合期，或称矛盾期。在这个阶段，狂热过去，情感逐步恢复稳定，不再整天腻在一起，不再过于迎合对方说出去逛街就去逛街，女孩会有一种被冷落的感觉，怀疑男方是否真爱她。双方常常会发生争执、吵架。如果不是双方都有诚意和热情，爱情发展到这个阶段很容易就结束。因此，这个阶段的女性应适当控制自己的情感，相信对方，多一些理解。

第五阶段：理性与平淡期。在这个阶段，彼此了解更加深入，能相互理解，懂得了如何取舍退让，爱情变成彼此对生活学习工作的动力和寄托，两人彼此信任，感情比较稳定，很难再分开，彼此相知相惜。

恋爱过程中，有的人从晕轮期直接进入理性期，有的从理性期又回到矛盾期，或在更深了解的基础上再回浪漫期。总之，要使恋爱关系持续需要诚意、智慧和毅力，如果决定结婚就自然走入婚姻殿堂。

（三）从激情爱到伙伴爱

爱情分激情爱和伙伴爱。激情爱是个体希望和对方融为一体的强烈的情感状态，处于激情爱的人春风沉醉，心无旁骛，不能忍受爱人的冷落和背叛。伙伴爱是对与自己生活在一起的伴侣的一种深刻的卷入感，彼此理解、尊重，互相依赖，像亲人一样，比起激情爱容易动荡的特点来说，伙伴爱稳定一些。一般来说，恋爱的初期激情爱的成分多一些，随着彼此关系的稳定，特别是结婚以后，双方的情感会转变为伙伴爱。

激情和浪漫能持续多久，社会心理学的研究证明了激情和浪漫爱会随着时间而冷却，而共同的理想、共同的兴趣、共同的价值观以及宽容和习惯等因素在维持感情中的重要性会与日俱增。印度学者古普塔访问了印度西北部城市斋浦尔的 50 对夫妻，发现由爱情结合的夫妻婚后 5 年，彼此爱的情感会不断减少；由家庭之命结合的夫妻，开始的爱情水平并不高，但他们的感情会慢慢增加，5 年后大大地超过了因爱而结合的夫妻们。

神经学家们经过反复研究和论证，发现一对情侣的爱情可持续的最长时间为 30 个月左右，美国康奈尔大学博士辛迪·奈克斯调查了 37 种不同文化氛围中生活的 5000 对夫妇，并进行医学测试，得出的结论是：18 至 30 个月的时间已经足够男女相识、约会、结合和生子，之后，双方都不会再有心跳及冒汗的情况。奈克斯说，爱情其实是大脑中的一种"化学鸡尾酒"，是由化学物质多巴胺、苯乙胺和后叶催产素促成的，时间长了，人体便会对这三种物质产生抗体，而经过两年左右的时间，"鸡尾酒"便会失效。之后，男女要么分手，要么让爱变成习惯①。

亲情是比爱情更加稳定的一种情感。婚姻只是消磨了一种感觉，但是另外一种感情却在这种消磨中破茧成蝶，亲情是人类最稳定、最复杂、最珍贵的情感。

二、女性恋爱中的表现

当女性处于某一男性追求的时候，开始时会表现得内敛、妩媚、羞涩、平静以及用间接的方式与这男性相处，并且，此时的女性戒备心理特别强，她们害怕被异性欺骗，所以会谨慎地考察对方。

一般来说，女性在恋爱中更投入，容易被感性冲昏头脑，所以容易踏入误区。大部分女性都会有梦幻心理，她们会幻想自己的恋爱，幻想自己是轰轰烈烈故事里的女主角，会为恋爱添上过高的期望，不切实际。而男性往往只能短时间地沉溺于爱情之中，且即使在热恋中也不会忘记他肩负的事业重担。正如英国诗人拜伦所说："爱情是男人生活的一部分，但却是女人生活的全部。"

女性一旦堕入爱河，就会立即疏远昔日的一切朋友，但是男性却希望二者兼有。法国女作家莎尔美这样说："爱情对男人来说好似生活中的插曲，而对

---

① 爱情的生理学解释［EB／OL］．http：//blog．renren．com/share/241079089/4623464078．

女人来说却是她们一生的历史篇章。"《埃特伯雷故事集》里，有这样一个故事，有位武士犯了重罪，国王把他交给王后处置。王后命他回答一个问题：什么是女人最大的心愿？这位武士当场答不上来，王后给了他一个期限，到期再答不上来，就砍他的脑袋。于是这位武士走遍天涯海角去寻求答案。最后终于找到了，保住了自己的脑袋。据说这个答案经过全体贵妇讨论，一致认为是正确的："女人最大的心愿就是有人爱她"。① 当然，这个问题的答案是由单一贵妇群体讨论的结果，有阶层偏见。

三、两性爱情心理比较

首先，女性比较固执、刻板，男性则容易见异思迁。女性在爱情发展中情感容易过多卷入，一旦爱上某个人，则难以听从别人劝告（棒打鸳鸯不分离）。男性则表现的容易见异思迁，容易变心。

其次，女性比较含蓄，男性则积极主动。女性在与爱恋对象沟通表达上更隐秘含蓄，抱有间接地流露情感；男性则心情比较急躁，喜欢"速战速决"。

最后，女性戒备心理较重，男性则容易一见钟情。女性选择恋爱对象注重能力和才华，不肯轻易允诺；而男性则容易被女性的外貌所征服，多见为一见钟情，相信女性的话，几乎没有怀疑对方的念头。

四、两性恋爱与互动中的需求差异

恋爱中两性的需求也是不一样的。社会对两性成长发展过程中的影响的差别，决定了需要的内容和满足需要的方式上的性别差异。女性的"择偶观"，反映了女性的依附心理，女性更注重地位的支持、经济的支撑、感情的支柱。女性希望通过婚姻获得安全的需要和爱的需要的满足。男性希望通过婚姻加强自尊感的体验、自我存在价值的体验，满足独立、自由、支配地位等自尊方面的追求。当然，随着女性经济地位的独立，女性爱的需求也在发展变化。

两性恋爱互动中对彼此的需求也是不一样的（见表 7-4）。我们理解了这种需求差异，就要在互动中多换位思考，进行高质量的互动，增进彼此关系。

---

① 王小波. 知识分子的不幸[J]. 东方，1996(2).

表 7-4　爱情中两性互动中需求差异

	女性	男性
在感情上的需求	关心、照顾、理解、尊重、忠诚、安慰、肯定、保证	信任、接纳、欣赏、羡慕、认可、鼓励
在爱的关系中	需要感到被珍爱，而不是简单生活照顾、物质满足	需要感到能力被肯定，而不是不请自来的忠告
在情绪低落时	需要别人聆听她的感受，而不是替她分析和建议	需要独自安静，而不是勉强他细说因由
在寻找自己价值时	从人际关系中肯定自己	从成就中建立自我
在增进爱情时	需要感到被对方了解和重视	需要感到被对方欣赏和感激
在互相沟通时	总是以为男性的沉默代表对她的不满和疏离	总是以为女性的宣泄代表向他寻求解决问题的方法

五、女性如何安全地提出分手

经过一段时间的恋爱，如果"我对他已经没有感觉了，可他还非常爱我"，如果女性觉得对方确实不合适，经过理性思考后决定分手。这时候女性作为提出分手的主动方要注意分手提出的时机和策略，不然会对对方造成极大伤害，甚至引发不良后果。

(一)提出分手前尽量有一些暗示信号

女性经过周详考虑决定分手后，在告诉对方前最好有一些暗示信号，以便让对方有时间进行心理适应，经过调适这样可以避免给对方造成冲击性的心理伤害。暗示信号有多种，如逐渐减少见面机会，见面不再谈暧昧的话题。

(二)分手要选择适当的时机提出

尽量不要在对方面临重大考试或遭受重大打击时提出分手，以免造成对方崩溃。

(三)提出分手的理由可委婉，但要表明态度

在顾及对方感受和尊严的情况下，真诚地、具体地讲出分手的理由。也就

163

是说提出分手要维护对方的尊严，千万不要说伤对方自尊的话，诸如"你就是没有男子气概""你没有能力"等。但要表明态度，同时给他一个比较能接受的又坦诚的解释，以告诉对方为什么不能继续下去。

(四)避免激烈争吵

如果女性估计对方会反应过激，切莫喋喋不休地争论，人身安全永远是第一位的。况且争论并不能达成一致，例如对方总是不同意你提分手的原因，来回争辩只会导致吵架，甚至引发男性偏激行为。

(五)既然决定并已经提出了分手，就不要拖泥带水

一般女性提出分手后，有些男性还会带有侥幸心理继续联系女性，这时，女性要决断。分手初期，没有十分充足的理由，不要再见面，不要让他认为还有回旋的余地。美国罗格斯大学人类学家海伦－费舍尔通过功能性核磁共振研究发现，在分手初期，每个被甩者的反应正如戒毒者的戒断症状：在最初的数天到数周，只要一想起甩自己的恋人，人们大脑的几个关键部位就会兴奋起来，但这种反应会随着时间逐渐消退，说明正在逐渐康复。但这种康复的过程是脆弱的，一旦发生回心转意的事情，就会重新"上瘾"，例如突然收到对方的电子邮件等。为了加快结束这种关系，建议双方不要再进行任何接触，包括打电话、发微信等。

六、恋爱的满意度

过往的研究表明，如果男女的爱情基于友谊，则他们的爱情满意度会更高（Grote & Frieze，1994；J. H. Harvey & Weber，2002）[1]，拥有以友谊为基础的爱情伴侣，会认为他们之间更能相互理解，爱情也会更持久。此外，如果恋爱双方都擅长表达感情，那么双方都会对感情感到更加满意（Lamke，1994；Sternberg，1998）[2]。研究者对 140 对大学生情侣进行了调查，发现这些情侣中，"积极的爱"（激情型，友谊型与利他型的组合）是关系满意度的最积极预测

① Nancy Kropp Grote and Irene Hanson Frieze. The Measurement of Friendship－based Love in Intimate Relationships[J]. Personal Relationships，1994，1：275—300.

② Robert J. Sternberg. Cupid's Arrow：The Course of Love through Time[M]. Cambridge：Cambridge University Press. 1998：101—128.

因素，而游戏型是最消极预测因素（Meeks，S. S. Hendrick ＆ Hendrick；1998)①。在各种跨种族和跨文化的研究中，研究者都证实了"激情型是预测爱情满意度的最重要指标"。

得克萨斯奥斯汀大学的一项针对恋爱满意度的研究，揭示了我们对于一段关系的满意度，受到潜在对象质量、自己和伴侣的差距以及伴侣和自己理想伴侣等多方面的因素影响。这项研究调查了 119 名男性和 140 名女性，他们的关系平均时间为 7 年半。研究提供了 27 项可能影响伴侣选择的条件，然后让这些被调查者分别评价自己和自己的伴侣。随后研究者根据他们的模型，算出了这些参与调查者和他们伴侣的平均分，以及他们理想伴侣的可能得分。同时，被调查者还被要求说出了他们对自己恋爱关系的满意度和开心程度。结果发现影响恋爱满意度的，并不是一个人的伴侣得分和其理想伴侣得分之间的差异，而是其他潜在对象的得分是否更接近一个人的理想伴侣的得分。也就是说：一个人的伴侣得分如果比自己高，意味着伴侣比自己更优秀，那么这个人对于恋爱的满意度就容易更高。但是，如果自己对象的得分低于自己，意味着不如自己优秀，然而他/她亦然比其他人更接近自己的理想伴侣，那么这种"不优秀"，就不会影响恋爱的满意度。除此之外，研究人员还研究了在恋爱中付出的努力程度是如何影响恋爱满意度的。那些难以寻求到其他合适伴侣的人，无论是因为物质原因还是精神原因，都容易拥有更高的恋爱满意度，在恋爱中也更加积极，包括会激励自己提升自己，或者"保护"自己的伴侣远离其他可能的诱惑②。

【本章小结】

爱情是以异性生理为基础，以感情为心理基础，以道德为社会基础的多因素的结合，是人类的高级情感，是在恋爱双方的内心形成的相互倾慕，并渴望对方成为自己终身伴侣的最强烈的感情。爱情的发生是化学、生物学和心理学等多种因素共同作用的结果。爱情包括动机、情感、认知三种成分。斯腾伯格认为爱情包括亲密、激情、承诺三种成分。

---

① B. S. Meeks，S. S. Hendrick ＆ Hendrick. Communication，Love and Relationship Satisfaction[J]. Journal of Social and Personal Relationships，1998，15：755—773.

② 密阳. 女性爱情满意度公式[EB /OL]. http：//www. zhuinvsheng. com/nvshengx-inli/14731. html，2012-09-13.

　　成人婚恋关系中的情感联结也可以被理解为一种依恋关系，它有着和早期依恋相似的生物系统。据此亲密关系分为回避型、焦虑—矛盾型、安全型三种类型。

　　择偶的心理理论包括早期关系理论、原型理论、相似理论、互补理论、"刺激——价值——角色"理论、条件权衡理性理论、坡度理论。

　　虽两性都喜欢伴侣外貌有吸引力，但男性对此的重视程度大于女性，女性一般喜欢年龄大于自己的伴侣，男性相反；男性看重女性的温柔贤淑，女性比较看重男性的事业成就。爱情一般要经历从激情爱到伙伴爱。

【关键术语】

　　爱情；爱情三角理论；罗密欧与朱丽叶效应；依恋；回避依恋；焦虑—矛盾型依恋；安全型依恋；择偶心理；早期关系择偶理论；阿尼玛；阿尼姆斯；相似择偶理论；互补择偶理论；条件权衡理性择偶理论；坡度择偶理论；择偶标准；恋爱；激情爱；伙伴爱

【思考题】

　　1. 解释斯腾伯格的爱情三角理论。

　　2. 说明爱情与喜欢、友谊的区别。

　　3. 依恋类型对成人亲密关系有何影响？

　　4. 男女择偶偏好有何差异？

第八章　女性的婚姻与家庭心理

婚姻是一本书，第一章写的是诗篇，而其余则是平淡的散文。

——巴法利·尼克斯

【学习目标】

1. 领会婚姻的构成要素。
2. 理解原生家庭对婚姻的影响。
3. 学会有效处理家庭关系。
4. 了解离婚的原因。
5. 了解女性预防婚姻破裂的有效方式。

第一节　女性的婚姻心理

比尔·盖茨在接受杨澜采访时，被问到他一生中最聪明的决定是创建微软还是大举慈善？他回答说都不是，找到合适的人结婚才是！沃伦·巴菲特曾经也谈道："一生中最重要的投资不是买哪种股票，而是选择跟谁结婚。因为，在选择伴侣这件事上，如果你错了，将让你损失很多。而且，损失不仅仅是金钱上的，对女性而言更是如此。"婚姻对女人来说更重要。

一、婚姻的概念

婚姻是男女结成夫妻关系的行为，是家庭成立的基础和标志。婚姻关系的本质在于它的社会性，即婚姻是按照一定的法律、伦理和习俗规定而建立的。婚姻的动机一般来说有三种，即经济、繁衍和爱情。

美国著名家庭关系治疗大师萨提亚将最理想的婚姻状态描述为：有共同的时间、共同的话题、做共同的事，但要保留各自的空间。

我国著名心理咨询师李子勋这样解读婚姻：婚姻从心理深层讲是一个归

属，婚姻是一个生存的方式，对女性来讲，婚姻更是一个生存的目的，也是一个归属。对男人来讲，婚姻当然也是一个生存，因为男人需要照顾。不要把婚姻想象得过于理想，也不要把婚姻看作爱情的坟墓，它是生活的一个驿站，是双方共同成长的过程。

二、恋爱与婚姻的差异

恋爱较为自由、感性，而婚姻需要责任、理性。恋爱，往往是不知不觉的坠入情网，不一定需要自觉性和判断力；结婚则不然，必须意识到自己的责任并确定承担与否，这是契约。恋爱时感情的随意交流，从一开始就存在分手的可能性，并不稳定；结婚是彼此以契约的形式约定共同生活一辈子。恋爱有时是脱离现实、自由奔放的，跟着感觉走的；结婚刚好相反，是现实的柴米油盐，需要理性。

恋爱的参与者是两个人，婚姻的参与者是两个家庭。对"婚姻"这两字的解释，婚就是指男方家庭，姻则是指女方家庭。曾经有人问过一个问题："婚床上睡了几个人？"答案不是两个，而是六个。这说明婚姻实质上不是两个人的事情，而是两个家庭的事情。爱情是两个人的事，是避开他人独享其乐的；婚姻却是两家人的事情，需要公开、大张旗鼓地宣布两者的结合。要求双方都要接受对方原生家庭里的所有人。有不少城里的女性结婚后无法接受家在农村的男方亲戚到自己家来，而被迫离婚。因此，与一个人结婚就是在与这个人原生的家庭结婚，否则不要结婚。

三、夫妻关系的类型

（一）爱情型

一类是由美貌与性吸引而导致的结合。这种类型潜伏着一种风险，美貌及性魅力会逐渐减退，假如婚姻缺乏其他基础，或不能过渡到以双方人格相似性为基础的爱情，那么这种婚姻往往迟早出现危机。

另一类是人格型夫妻，是以人格的相似性或互补性为基础的结合。由于人格具有相对稳定性，不像体型、性魅力那样易变，这种结合一般能使婚姻平稳而幸福。

（二）功利型

此类型的婚姻是以爱情之外的出身、学历、财产、社会关系等条件为基础的结合。首先，当双方收益与成本基本平衡时，婚姻能持续，双方感到满足。其风险是，如双方收益与成本不平衡，往往出现不满，导致危机；其次，由于夫妻关系的理性色彩浓厚，难以获得爱情享受，往往双方关系紧张时，一方寻找婚外情，从而导致关系破裂。

(三)平等合作与分工型

平等合作型夫妻双方平等分担家务，分工型夫妻双方根据各自特点分工，料理家政。这两种类型的共同点是，双方均进入自己的角色，又对对方有相应期待，彼此都认识双方在家庭中的价值，有较强责任感，家庭生活较为和谐、稳定。

(四)建设型

建设型夫妻，双方在共同目标下勤勤恳恳生活和工作。他们可能遇到的问题是，精神生活不够丰富；当达到目标后，一方可能变得满足继而懒散，以致出现裂痕。

(五)惰性型

惰性型夫妻，迅速对婚姻失去热情。他们不能发现需要解决的问题，不愿进行新的尝试，只希望按老样子生活。没有紧张、冲突，也没有乐趣，缺乏享受和乐趣会对婚姻有涣散作用。

(六)失望型

失望型夫妻在新婚时百般努力，力求建立美满的婚姻生活，对婚姻有很高的期待。但他们不久就发现，婚姻生活中有种种不满意，"现实不理想，理想不现实"，对方的表现也远非当初所料，因此感到失望。

(七)一体型

这是目标认为最理想的婚姻关系类型。一体型夫妻在较长的共同生活中相互体贴、合作，在性格、爱好、习惯上彼此适应，融为一体。双方均把对方看成是"自己"的一部分，心心相印。此类型关系稳定、美满。不足之处是较为封闭，如一方离去，另一方寂寞难忍。

四、婚姻的构成要素

(一)爱情

婚姻之中首要的当然是爱情，没有爱情的婚姻是不幸的，更是难以稳固的。恩格斯："如果说只有以爱情为基础的婚姻才是合乎道德的，那么也只有继续保持爱情的婚姻才合乎道德。"

(二)性爱

性爱是婚姻中一个重要的组成部分。从爱情的心理结构来看，爱情包括了情爱和性爱。从 Sternberg 爱情三角理论来看，成分之一的激情（passion）就是指强烈地渴望与伴侣结合，促使关系产生浪漫和外在吸引力的动机，也就是与"性"相关的动机驱力。从人类延续来看，性是每个成年人的正常需要，也是生儿育女、繁衍后代的必要条件。性对于婚姻来说，除了其生殖功能——繁衍后代外，还有助于更进一步维系婚姻和家庭的稳定，性和谐的夫妻，主观幸福感更强，婚姻更加美满。

夫妻之间通过性行为的给予与获得，通过性紧张的释放、性欲的满足，缩短了人与人之间的距离，增加了亲密感。男女之间通过涉及性行为的沟通和交流，进一步加深了相互之间的理解和接纳的程度，对婚姻的稳定和持久也是不可缺少的。

(三)责任

从恋爱走向婚姻的一个重要变化是要承担多种责任。丈夫对妻子的责任、妻子对丈夫的责任、父母对子女的责任、夫妻对双方老人的责任。需要夫妻双方共同抚养孩子，赡养老人，分工做家务、理财等，这些都将实实在在地落在每个走入婚姻的人的肩上。夫妻双方正是在共担责任过程中，共同成长、共同进步，相扶相携走过人生的漫漫长路。

(四)经济条件

婚姻生活必须包括经济条件的支持，经济状况会影响夫妻双方的主观幸福感。"贫贱夫妻百事哀"固然有一定道理，但是，是不是钱越多、经济条件越好，婚姻越幸福呢？答案当然是否定的。因为这涉及经济收入的绝对量，主观感受和支出方式。一般而言，经济收入应该高于某个临界点，能确保家庭的基本开支。但是影响幸福感的直接因素是对收入的主观判断，研究认为，对自己的收入评价较高的父亲，倾向于有较美满的家庭生活。同时，支出方式的统一也有助于夫妻的情感。

(五)心理相容

心理相容主要是指双方的价值观、人生观、个性特点和处事方式等方面的和谐一致。婚姻中一个很重要的因素是双方在价值观上的一致，教育孩子、消费、金钱管理、亲友关系、社会活动与个人兴趣、生活习惯等方面都能彼此适应。难以想象一个以崇拜金钱的人和一个以中华之崛起为己任的人能共度一生。个性契合也很重要，契合并不是说性格要一模一样或者完全互补，而是指在进行磨合后，双方能求同存异，适应彼此的个性。

处事方式一般与原生家庭和成长经历有关，男性和女性往往有着不同的处事方法，男性倾向于问题解决模式，女性倾向于倾诉理解模式。不同的处事模式既带来了冲突也带来了学习的机会，用一颗宽容的心接纳对方的方式、调整自己的方法，是婚姻中必需的磨合过程。

因此，有专家提出幸福婚姻的三大特征：①个性特征相容；②价值取向相似；③关系互动和谐。

五、原生家庭对婚姻的影响

爱情是两个人的事情，婚姻是两家人的事情。婚姻是两个家庭习惯传统的结合，而不仅仅是两个个体的结合。伴侣走到一起，他们也将两家的传统带到了一起。

(一)原生家庭对个人的影响

原生家庭(family of origin)是指个人出生、成长的家庭，一般由父母、兄弟姐妹等家庭成员组成，通常父母(尤其是父母关系)对个人的影响最大。而新生家庭则指进入婚姻生活后所建立的家庭。萨提亚认为，一个人和他的原生家庭有着千丝万缕的联系，而这种联系有可能影响他的一生。个人和经历也有着难以割断的联结，一个人的不快乐可能是因为儿时未被满足的期待。

原生家庭不单指家人，也包括环境、事件、功能、关系等。心理学研究证明个人在原生家庭与主要照顾者互动所产生的影响深远而广泛，而且会持续在成年后的生活中扮演着重要的角色。

因为人们在未成年前，没有独立生活的能力，必须依赖别人，认知发展也不完善，处于生存的本能，都会主动适应周围的环境，熟悉和模仿父母的生活和认知模式，久而久之就把早期父母的生活模式无意识地带到了自己成年后的生活中，并且自己还觉得是理所当然的。总之，一个人对于外部世界与他人的态度，就是他的家庭对其塑造的结果。因此，一个人的问题往往在其原生家庭中会找到原因。

（二）原生家庭对婚姻的影响

1. 原生家庭会影响婚后夫妻双方互动模式上的冲突

我们在原生家庭中学会的习惯化的互动模式，会自动地迁移到婚后的夫妻互动模式上，都会无意识地认为自己原生家庭的互动模式就是合理的，如果另一方的回应与原生家庭不一致内心就不舒服，就会产生冲突。沙利文（Sullivan）曾说过："我们过去与他人的关系会在自己心中沉淀下来，这些沉淀调节着我们的预期，还常常会影响到我们现在或者将来真实的人际关系。"一个人在选择恋人、与配偶的相处模式、对待配偶父母的方式等方面都会受到原生家庭的影响。很多时候，表面上我们是在与自己的配偶相处，其实是不断重新经历自己过去与父母的关系。婚姻关系，可以说是我们在成长过程中，与父母互动模式的重现。例如，一位丈夫原来的家庭是父亲说了算，母亲只是做家务，他从小就认为大男子汉是干事的，不应该做家务，他掌握家中的财权也是应该的。而他的妻子原来的家庭中父母较平等，父亲也经常帮助母亲做家务，所以认为丈夫也应该帮自己做家务，这对夫妻对待应该干家务的事有不同的看法和要求，因此经常发生矛盾。

2. 原生家庭教养方式造成的人格缺陷会导致婚后冲突

原生家庭对婚姻的影响在中国文化下还表现在，有些母亲教育孩子的隐形方式是在无意识中控制孩子，对孩子投入过多、过于包办，孩子的独立意识和能力一直没有培养起来，即使到成家了也不能从原生家庭中很顺利地分离，产生"分离焦虑"。成家了对父母仍然百依百顺，听任母亲的，不听爱人的，最终导致夫妻矛盾。

还有的表现在原生家庭成长过程中某一方面的情感过于缺失，形成某种心理情结，导致婚后过于寻求补偿。如有的女性，小时候缺乏父爱，结婚后把所有缺失的父爱投射到丈夫身上。刚开始丈夫还感觉不错，可时间一久就无法忍受妻子过于黏人的要求，对其情感依恋上无穷无尽的索要感到筋疲力尽。

六、成人依恋与恋爱婚姻关系

依恋行为是人类"从摇篮到坟墓"一直发展的行为系统。成人的爱情和儿童对依恋对象所感觉到的爱是非常相似的，完全可以把婴儿依恋的理论推广到成人的亲密关系中去。

不同的亲子关系从长远来看影响到孩子以后人际关系的建立，婴儿会形成一种对人际交往的无意识的"心理作用模式"。如果孩子在早期的关系中体验到爱和信任，他就会觉得自己是可爱的、值得信赖的，如果婴儿的依恋需要没有得到满足，就会对自己形成一个不好的印象。因此，与养育者关系的早期经验就成了我们处理以后人际关系的基础。这些依恋关系的心理模式主要是无意识的。婴儿—看护者之间的情感纽带特征也同样适用于大部分婚姻关系和已有承诺的恋人关系。

Ainsworth(1991)认为安全型依恋关系能促进关系之外的机能与能力的发展。个体在与伴侣关系中寻求安全与舒适的体验。若当这些安全感与舒适性是有效的，个体就能够从伴侣提供的安全基地离开，并满怀自信从事其他的活动。当问到家庭成员关系时，安全型成人比另两种类型的成人更倾向于描述同父母积极关系和一个温暖、信任的家庭环境。矛盾型的人很少回忆起父母的支持。回避型的人描述与家庭成员的关系是不信任和情感淡漠的，父母的婚姻大多是不幸福的，他们不大可能形成一种安全的依恋类型。安全依恋型的成人对他们的浪漫关系更满意，也倾向于找一个同样依恋类型的同伴①。

安全依恋型的人更倾向于认为，他们与别人的关系中有很多爱、承诺和信任。而且能忽略同伴的缺点，接纳并支持同伴。与安全型的同伴交流要更温暖、更亲密，更喜欢在恰当的时候与别人分享个人信息。

回避型依恋的个体具有一种心理困扰，害怕亲密及怀疑他人，他们认为真正的爱情不会长久，电影和爱情小说里面描写的那种深爱在现实中根本不存在，因此，他们很少对伴侣表露感情，也难以享受亲密。

矛盾型的人则多次恋爱，但是难以得到他们拼命追求的长久的欢乐。他们唯恐失去伴侣，因此屈从于伴侣的愿望，尽力讨对方喜欢。

依恋类型也会影响成人在亲密关系出现压力时的反应。

安全型个体在面对压力时产生的生理变化比较小，对不安全依恋的人来说，与伴侣关系中的一些小问题都可能构成威胁，他们会感到更多的关系冲突，当他们觉得伴侣忽略了他们，如在心情不好的时候没有安慰他们时，会感觉更加难过。

回避型的人难以给伴侣情绪支持，同时在他们自己最需要支持的时候也不

①　尚秀华．青少年依恋、自我概念与学业成就的关系[D]．长春：东北师范大学硕士学位论文，2007．

善于从伴侣那里寻求情绪支持。

依恋类型并不是完全一成不变的，并不是在生活早期就绝对固定不变了，要想改变自己的依恋类型也是可能的。

充满真情和信任的成人人际关系可能会为一些小时候曾经被拒绝的人提供安全的心理作用模型。

案例：没有安全感的张兰

张兰结婚后，丈夫经常到外地出差，虽然每次出差丈夫都打电话给她，但张兰心理仍然经常七上八下，总是害怕丈夫会有外遇。以至于发展到只要丈夫下班晚一些她也要一直打电话让丈夫汇报在干什么？并且有时自己还偷偷跟踪丈夫，只要看到丈夫与年轻女子说话，回来都再三拷问。时间一长，丈夫感到难以容忍，两人面临离婚境地。

为了挽回婚姻，在丈夫的建议下他们两人找到了婚姻咨询师寻求帮助。原来，张兰小时候母亲比较忙，把她送到农村奶奶家，三四个月才能见一次面，每次见面分离都是一次痛苦的体验，这样在内心形成了一张不安全的情节。小时候安全依恋的缺乏导致婚后的张兰缺乏婚姻中对丈夫的安全感。正是婚后问题产生的症结所在。孩子早期的成长环境直接影响到他成年后的人格建立。儿童时期，特别是3岁之前，是一个人建立安全感的关键时期。如果父母在这个阶段特别关爱孩子，孩子一生都会特别有安全感。而现在很多父母忙于工作，把孩子托付给爷爷奶奶照看，频繁的环境转换为孩子的成长埋下隐患，产生被抛弃感，心里充满对失去爱的恐惧。孩子只有与父母形成良好的依恋关系，日后才能与他人建立起亲密和信赖的关系。

七、婚姻中女性的典型需求

(一)期盼特殊日子的礼物

女性希望男性记住那些特殊的日子，尤其是一些特殊意义的日子里，女性能够收到丈夫送的礼物是一件很幸福的事，这跟礼物是否贵重关系不太大，在乎丈夫是否有心。在生日或者纪念日的时候，一束花或一盒糖果，一件饰品，女人就算嘴巴里不说什么，脸上都会洋溢出幸福的笑容。

(二)需要关心和依靠感

一个女人不管事业有多成功、外表有多强悍，内心深处都有着一颗柔情似水的心，不管是大女人还是小女人，也不管到了什么样的年纪，都还是渴望被自己的丈夫一如既往地宠爱着、呵护着，需要一种依靠感。婚后，女人对男人产生不满，大多是因为觉得丈夫没有把时间花在她身上。女人要的只是能感觉到在他的生活中她是第一位的。

(三)需要丈夫遇事坚强

大多数女性都希望丈夫有更强的心理承受力，这样会给她们带来极大的安全感。如果男人心灵脆弱扛不住事，往往会令女性感觉没有安全感。

(四)需要年轻美貌上的恭维

女性天生喜欢自己年轻漂亮，因此，也更怕失去年轻美貌，这时需要来自丈夫的恭维和赞美以满足自己对美的心理需求。来自丈夫的诸如"你这种发型很好看！""你穿上这身衣服很美！"等赞美的话会使她们很高兴和满足。

八、女性婚后心理的变化

巴法利·尼克斯说过：婚姻是一本书，第一章写的是诗篇，而其余则是平淡的散文。因为婚姻生活与恋爱的差异，使得很多女性婚后都会出现一些不适应。女性在婚前都会幻想婚后的生活是多么美满，其实婚姻也是现实生活的一部分，总不会离开现实中琐碎的事，一旦这些女性发现了这个问题，心理上就会受到打击，对婚姻生活感到失望。刚进入婚姻中的人会没有心理准备去对待突然变得复杂的人际关系，因为恋爱时面对的是两人的关系，而婚后则要面对亲朋好友。有的女性婚后会以自己为中心，单方面要求对方来迁就自己。相反，有的女性受到传统思想影响会遵从"男主外，女主内"的心理，使这些女性变得故步自封，一旦婚姻失败，这些女性就会陷入困境。由于懒惰，有的女性会有依赖心理，对自己的先生极度依赖。最后，存在绝大部分女性会热心于孩子，而忽略了自己的婚姻生活。婚姻可以说是女性最大的幸福来源，美满的婚姻能使女性朝气勃勃、心情愉悦，正视自己的婚姻弊病，从容地进行心理调节。

第二节　家庭结构与关系心理

一、家庭的概念与特点

家庭是以婚姻为纽带，以血缘关系为基础形成的承担一定责任与义务，互相依赖、共享资源、共御风险的人类自身进行再生产的社会细胞。

家庭是社会的细胞，是社会生活的基本单位，是由婚姻关系、血缘关系或收养关系构成的。

家庭的特点如下。

以婚姻、血缘关系为纽带。以婚姻关系为纽带的人与人之间的关系是姻亲；以血缘关系为纽带的人与人之间的关系是血亲。

家庭是一种初级社会群体。其成员间，有较多面对面的交往，有直接的互动与合作。

与其他社会关系比较，家庭关系最密切、深刻。它包括性、生育、赡养、生活、事业、经济、政治、伦理道德、教育等多方面的关系。

二、家庭的结构与功能

(一)家庭的结构

1. 结构要素

(1)家庭成员的数量。

(2)代际层次。在家庭代际关系中既有连续性(整合的、融洽的)又有间断性(分离的、隔阂的 ——代沟)。

(3)夫妻数量。夫妻是家庭的核心，家庭中有几对夫妻就有几个核心。核心越多，家庭越不稳定。

2. 结构模式

(1)核心家庭。由夫妻和未婚子女组成的家庭。

(2)主干家庭。由夫妻和一对已婚子女组合而成。

(3)联合家庭。由夫妻与两对或以上的已婚子女组成的家庭，或兄弟姐妹结婚后不分家的家庭。

(4)其他家庭。上述三种类型外的家庭。

(二)家庭的七种功能

第一，经济功能。它是家庭功能的经济基础，包括家庭的各种经济活动。

第二，生理功能。夫妻性生活是婚姻关系的生物学基础。

第三，生育功能。家庭是社会的生育单位，是种族繁衍的保证。

第四，抚养与赡养功能。具体表现为家庭代际关系中的双向义务与责任。

第五，教育功能。包括父母对子女的教育以及家庭成员间的互相教育，其中前者最为重要。

第六，感情交流功能。感情交流是家庭精神生活的一部分，是家庭幸福的重要因素。

第七，休闲与娱乐功能。随着家庭生活水平的提高，休闲与娱乐从单一型向多元型发展，日趋丰富。

(三)影响家庭功能的因素

第一，社会与环境因素。社会政治、经济、道德风尚、人文环境以及所在的地域等，都会影响家庭的功能。

第二，家庭成员的素质。包括政治、法律、科学文化、道德、环境、生理与心理素质等。

第三，家庭成员间的人际距离。如距离远则交往沟通困难，相互关系疏远；如距离近则接触过于频繁，可能矛盾纠纷多。家庭成员既要有适当频率的接触又要保持一定的人际距离，使关系处于最佳状态，从而更好地发挥家庭功能。

三、家庭生命周期

家庭生命周期(family life cycle)是反映一个家庭从形成到解体呈循环运动过程的范畴。家庭生命周期概念只适用于核心家庭。通常把它划分为六个阶段：形成期、扩展期、稳定期、收缩期、空巢期、解体期。

第一，形成期。当一对恋人从两个不同背景的家庭走到一起建立二人世界时，他们有很多地方要互相迁就，适应，才能建立稳固美满的婚姻。

第二，扩展期。家庭进入扩展期，由二人世界进入三人世界，夫妻二人要应付新角色的挑战。

第三，稳定期。随着孩子逐渐长大，家庭行为互动模式相对固定。

第四，收缩期。当子女因读书、结婚而离开家庭时，父母要接受他们离巢的事实以及因分离而带来的伤感。

第五，空巢期。当子女离巢，夫妇俩面对空巢，要重新建立他们的二人世界，他们要面对年老、健康恶化及退休后的生活，要学习做祖父母的权利和责任。

第六，解体期。倘若其中一人去世，家庭便告解体。也有家庭因离婚、丧偶等而提早解体。

四、家庭的问题结构

家庭结构治疗理论可以帮助我们分析家庭的问题结构，该理论有三个核心概念，即家庭结构（family structure）、次系统（subsystem）和边界（boundary）。家庭结构是指家人通常相处的互动模式，是家庭中一组无形的功能需求。家庭的结构由子系统组成，即个人次系统、夫妻次系统、亲子次系统、手足次系统、祖父母与孙次系统。家庭是有边界的，家庭边界是指子系统与子系统之间相互依赖、相互影响，但各自有自己的界限。家庭内边界的清晰度是评估家庭功能的一个有效变数。适当的家庭功能，次系统的边界应该是清楚的，边界模糊不清易导致各种家庭问题。

在一些功能不良的家庭结构中，可能存在着像母亲与孩子联盟，父亲被孤立的家庭结构。这样的结构就导致了夫妻次系统的功能不健全。在教育子女方面就会失调，教育子女是夫妻双方的事。但若母亲和子女形成联盟，子女不听父亲的话，这样的家庭互动模式会带来子女在受教育方面的缺失，也使家庭中夫妻子系统边界不清。结构功能正常则家庭和谐，结构功能异常则引发家庭问题。最常见的不良家庭结构主要表现在纠缠与疏离、联合对抗、三角缠、倒三角形等方面。

（1）纠缠与疏离。例如：母亲对子女长期精心照顾，将感情寄托在子女身上，使丈夫很受冷落，因而影响到夫妻关系。

（2）联合对抗。例如：家庭中父亲或母亲指责子女，另一方却立刻站在子女一方一味护短，形成这种联合对抗的局面。

（3）三角缠。三角缠是指通过第三方来实现双方互动。如夫妻之间不是直接沟通，而是通过子女来传话，或者通过打骂子女来发泄夫妻之间的不满。

（4）倒三角形。在核心家庭中，通常家庭的权力在父母的手中，由上而下地由父母管束年幼的子女。倒三角型的家庭由于父母不和或性格软弱等，导致子女支配父母，或子女与家长互相争权的现象。

五、家庭关系的有效处理

中国家庭由于边界不清往往容易引发家庭矛盾，因此，要有效处理家庭关系，需注意家庭排序①。

---

① ［德］伯特·海灵格，根达·韦伯，［美］亨特·博蒙特. 谁在我家：海灵格家庭系统排列［M］. 张虹桥，译. 北京：世界图书出版公司，2003.

(一)夫妻关系是家庭核心

海灵格说过，"人类关系中有一些秩序，而这些秩序往往早已被爱所排定。唯有当我们洞察这些秩序，爱才能成功。"海灵格总结了制约家庭系列的规律：尊重家庭成员的权利；维持系统的完整性；按照时间先后保持系统的层阶；遵从系统间优先的次序。

爱的序位原则之一是在家庭系统内，先来的比后来的有优先权，也就是在家庭中夫妻关系优先于亲子关系，因夫妻先于子女存在。对于孩子来说，父母关系的和谐比父母对孩子需要的满足更为重要。夫妻要先成为好夫妻，之后才能成为好父母，这样孩子才能真正幸福。

爱的序列原则之二是在两个关系系统里，新的家庭系统优先于旧的关系系统。孩子组成的新家庭系统即派生家庭，应该优先于父母组成的旧系统，即原生家庭。在一个家庭中，如果父母对孩子的爱比他们之间的爱重要得多，爱的法则就会被扰乱，家庭就会面临不能正常发挥功能的危险。同样，如果一位女士结婚后，有事没事就往娘家跑，兄弟姐妹的事情比自己家庭的事情还重要，时间一长，丈夫就会有怨言。解决问题的办法是夫妻之间建立的新家庭要享有优先权。

因此，要想营造一个健康的家庭系统，必须将夫妻关系置于家庭中最重要的位置，亲子关系不能逾越夫妻关系。中国的文化传统有这样的倾向：重亲子关系而不重夫妻关系。这往往也是造成婆媳冲突和夫妻矛盾的重要原因。

(二)亲子关系

父母和孩子之间的爱是付出与接受不平衡的关系，其法则是：父母付出，孩子接受。孩子从父母那里接受的最有价值的东西就是生命的机会。父母与孩子之间的层阶也具有一定规则。第一是优先权根据时间而定。兄弟姐妹之间，年轻的从年长的那里接受，最大的孩子付出得多一些，最小的孩子接受得多一些，因此，最大的孩子常常有一些补偿性的特权，最小的孩子在父母年迈时常会有更多的责任。第二是新的关系系统比老的系统优先，如第二次婚姻比第一次婚姻优先。第三是家庭中最重要的关系是父母之间的关系，接着是亲子之间的关系、大家庭里面的关系，最后是自由选择的团体之间的关系。

(三)婆媳关系

对女性来说，家庭中还有一个重要关系要处理好——婆媳关系。婆媳相处对很多女性来说是个难题。这既有先天血缘因素，又有性别因素。其一，难在没有血缘关系而被动建立的联系。婆婆与媳妇是两个完全没有血缘关系和感情基础的陌生人，特别是婆婆与媳妇都是女性，是因为一个"男人"才被动联系在一个家里。其二，难在情感方面潜意识中的对立。对婆婆而言，害怕儿子"娶了媳妇忘了娘"；对媳妇而言，害怕丈夫没有剪断与母亲感情依恋的"脐带"。按弗洛伊德的理论，二者在潜意识中会争夺一个共同的"男人"。儿子对媳妇好，妈妈容易感到冷落，丈夫对妈妈过于言听计从，媳妇会感到生气。其三，难在分工相似。英国剑桥大学有位心理学家在调查访问了163个婆媳故事后，得出结论认为：婆媳之间最集中的"火力点"就是育儿和做家务。有经验的婆婆会认为媳妇不会持家，有知识的媳妇会认为婆婆落伍守旧。婆媳关系确实很敏感、很复杂。因此，要处理好婆媳关系，应注意以下几点。

第一，需要女性找准自己的角色位置，放平心态。对女性来说应该理解：一方面丈夫和婆婆这种血缘关系必然会使丈夫对婆婆比较听话，强求听你一个人的既不现实也不理性，也不要期望婆婆像自己的妈一样对待自己，要放平心态；另一方面要清楚婆婆是长辈，自己是晚辈，遇事多和老人商量，对婆婆以尊重为主。婆婆是丈夫的妈妈，既然你爱自己的丈夫，你就必须接纳他的家人，包括他的父母，把他的父母当成自己的父母，要让父母感受到娶了媳妇不是丢了儿子，还增加了一个女儿。但又不能将婆婆当作自己的亲妈，如果是自己的亲妈，你可以发牢骚，她不会计较，但婆婆毕竟不是自己的亲妈，说话和行为上不要太随意。

第二，婆媳之间往往争的是儿子/丈夫的爱，觉得给婆婆多了，给媳妇就少了，反之亦然。其实，家庭成员之间的爱不是零和博弈，而是能够产生爱的乘数效应甚至幂函数效应。试着把独占的爱变为共享的爱，婆婆因爱儿子而爱媳妇。

第三，如果有条件的话，婆媳之间最好分开住。保持适度接触，这样可以避免一些因生活小事而产生的婆媳矛盾。同时阶段性地陪婆婆谈心，拉拉家常，尤其谈些开心事。每逢时节或婆婆生日，给婆婆准备点礼物，以增进感情。

第四，夫妻关系和谐是婆媳关系和谐的基础，夫妻矛盾容易引发婆媳冲突。婆婆希望看到媳妇对儿子好，因此在婆婆面前要维护丈夫的权威，要给丈夫留足面子，让婆婆感受到她儿子很有地位，让婆婆心里得到平衡。同时也要注意在婆婆面前不宜有太多过于亲密的小动作，以使婆婆心理感觉不舒服。

其实，处理好婆媳关系，也会增加夫妻间的感情联结。

（四）家庭系统三大运行基本法则

家庭系统三大运行基本法则即归属、平衡和序位。

归属：系统里每个人都有归属的权利，不因善恶道德而改变，我们必须尊重这样的权利。

平衡：付出与接受的平衡，是维护系统稳定的要点。真诚的感谢、忏悔、补偿都是维系平衡的良好动力。

序位：按进入系统先后时间和对系统责任承担的重要度来表现。

六、婚姻家庭经营的法则

家庭是一个人摘下面具、本我完全释放的地方。当一个人在家非常随便甚至随便发脾气时，这说明他（她）还把家当成家。如果一个人在家里还在戴着面具"装"，说明这里已经不是其心目中的家了。

家庭不是讲理的地方（但在冲突时要实时回归到理性去处理），是讲爱、讲奉献的地方，讲理的地方是法庭。在家庭里过多讲理会伤爱。家事无对错，只有和不和，家和才能万事兴。

夫妻间彼此相爱着，彼此忠诚着，这是最基本的要求，当然也是必须要做到的。但婚姻质量的高低更多地体现在生活的细节上。细节问题解决起来并不难，关键是不要视而不见，更不要见而不管。

萨提亚女士曾为我们指出了处理夫妻关系的忠言："我想爱你而不用抓住你；欣赏你而不须批判你；和你齐参与而不会伤害你；邀请你而不必强求你；离开你亦无须言歉疚；批评你但并非责备你；并且帮助你而没有半点看低你，那么我俩的相会就是真诚的而且能彼此润泽。"

夫妻感情要持久，除了相互忠诚与真心这个前提外，更要牢记住两句话：恋爱可以短暂美丽如电光一闪，婚姻却必须切实平淡似细水长流。这一生你会得到很多、失去很多，而陪你到最后的人却只有一个。如何过婚姻，林语堂先生的见解或许对我们有所启发，他说"我们现代人的毛病是把爱情当饭吃，把婚姻当点心吃，用爱情的方式过婚姻，没有不失败的。把婚姻当饭吃，把爱情当点心吃，那就好了。"

第三节　离婚心理

图 8-1　请把书倒过来看看

一、离婚的发展变化过程

离婚是指夫妻双方通过协议或诉讼的方式解除婚姻关系，终止夫妻间权利和义务的法律行为。虽然离婚的原因各异，但也有一些心理规律可循。总起来说，离婚的心理过程大致可以分为下面几个阶段。

(一)分歧争吵阶段

婚后夫妻可能经过了从热恋到磨合的阶段，彼此对婚姻的满意度都很高，但是生活中总是存在很多的诱惑和新的问题，当问题发生的时候没能有效地处理，开始也能压抑容忍，积累到一定程度便开始争吵。甚至为生活中的一些小事也相互批评、指责，严重的发展到谩骂。这一阶段还没有明确在心里产生离婚的想法，但是婚姻中的困顿让其中一方或双方产生了累或者是迷茫的感觉，近而怀疑自己当初的选择，萌生出想要放弃婚姻的想法。

(二)收敛冷漠阶段

经过一段时间的激烈争吵，双方心理距离拉大，开始收敛，并产生戒备心理。谁也不愿理会谁，彼此变得冷漠起来。此阶段双方还没有挑明离婚的想法，但是至少其中的一方，已经在心中盘算离婚的利弊和实际的困难。男性在此阶段停留的时间比较短，往往可以迅速地做出决定，但女性往往在此阶段会更多地顾及子女或彼此的感情而陷入这种矛盾之中，很多人也往往在这一阶段或下一阶段停滞于此，既不能克服婚姻中的障碍，也不能放弃婚姻。总起来，彼此互动减少，貌合神离。

(三)僵持期

僵持期是指一方提出了离婚，但是因为一方不同意或是因为其他的原因而不能马上办理相关的手续，而彼此相互争吵或冷脸相对的时期。本阶段，离婚的问题已经纳入日程，彼此在言语和行为上排斥及伤害着对方，仿佛这样才能够稍稍减少一些自己内心中的痛苦。

(四)缓和期

这一阶段是指通过矛盾和僵持期后，当真正要分离的时候彼此又很怀念彼此之间过去的美好，并且将要踏入单身生活的恐惧，也促使在围城中的人注意到一直被自己所忽视的两个人之间相处的美好，这时对婚姻的留恋感开始上升，彼此又开始对婚姻产生希望和憧憬(当然此阶段并不是所有的离婚者必须要经历的一个阶段)。

(五)破裂期

裂痕越来越大，无法弥合，感情彻底破裂。感情破裂的夫妻，其抉择的模式大致有三种：一是感情完全破裂，走向离婚，主要是通过法律手续进行离婚，目前大多通过协议方式或法律手段离婚；二是考虑种种原因，不便离异，只好凑合着生活，忍挫负重，夫妻关系名存实亡；三是感情破裂，无法逆转，只是为了折磨对方，死活不离。这其实是一种报复心理在离婚过程中的表现，这种报复心理往往是恶性案件发生的一个心理诱因。

二、离婚原因分析

离婚是依法解除婚姻关系。婚姻存续期间，夫妻双方在生理、心理、经济、社会等方面不能调适，使婚姻失调。发展到极点，婚姻功能就丧失，只能依照法定程序解除婚姻关系。

容易导致离婚的情况主要有：结婚年龄较低的夫妻容易离异；因未婚先孕而结婚的夫妻，往往容易离异；短时相识就结婚的夫妻，由于彼此不够了解，婚后发现双方共同点很少，也容易离异；父母离过婚的，子女也容易离婚；有婚前性经验的人容易离异，因为其倾向寻求婚外性生活；夫妻角色不平等、不适应的，容易离异；对性生活不满意的，容易离异；曾经离过婚的，容易离婚；贫穷；等等。

婚前婚后夫妻最大也是最重要、最关键的变化就是婚后夫妻不再相互欣赏。具体地说就是，无视对方的优点，没有赞美，没有表扬，更多的是挖苦和讽刺；无视对方为自己所做的一切。从而会造成双方的心理冲突，心理冲突往往是离婚的原因和前奏，而离婚往往是心理冲突激化的结果。正像德国哲学家叔本华所说：在爱情中，有人"视死如归"；在婚姻中，有人"视归如死"。

（一）夫妻之间的心理冲突

选择伴侣不仅是选择一个人，更是选择一种生活方式。如果双方能够相互理解与包容，将收获幸福。否则将面临各种各样的矛盾和冲突。林语堂曾撰文提到正在择偶的朋友所应该特别注意的：①男女的年龄，最好是男人比女人大几岁，但以不超过十岁为宜。②双方的教育程度要相等，男女差距太大，为不和睦的主因，尤其是女高于男，其美满的可能性更是微乎其微。③性情与嗜好最好相近。④经济能力最好相差无几，双方家境如果过于悬殊，往往会影响婚后的个人自尊心。⑤如果你是男人的话，应该有一份足以供家人温饱的正当职业；如果你是女人的话，你所选择的对象，更应该注意这个问题，爱情虽可贵，仍须建立于"物质"之上，否则，其危险就如沙漠中的大厦，倾倒在旦夕。

总起来看，引发夫妻心理冲突有 5 个因素。

1. 需求不满

婚姻是双方为互相满足需要而结成的伴侣关系，婚姻的稳定性取决于需要的满足程度。如果双方某些需要得不到满足则会感到心情不舒畅，产生不良情绪，导致争吵和持续的冲突。

需求不满包括：①自我价值得不到对方承认，自尊心受损。②一方或双方在性方面的需要得不到满足。夫妻在性欲及其满足方式方面差异较大，如果调适不好会引起夫妻冲突。这可能是夫妻冲突的深层次原因。③一方或双方正当的感情需要得不到满足。④家庭经济需求得不到正当满足。⑤家务劳动分工、持家和照料子女方面意见分歧。⑥在休闲、爱好等方面，双方的需要与兴趣差别太大。

2. 认知与互动方式不和谐

其实这一点也是需求不能满足引起冲突的一种情况。例如，当一个女人只是分享她沮丧的感觉或大声说出她这天遇到的问题时，男人就容易误以为女性需要让他帮助分析并给予解决或提建议。于是男人就会一本正经地开始给予分析、提建议。若他提供解答后，她却仍沮丧不堪，他必会因解答受拒及感到自己无用而难以再倾听她的谈话。他不知道只是需要专注与感兴趣的倾听，对女人而言就是最大的心理安抚。

请分析一下两种情景对话，哪种更符合对方的心理需求？

情景对话一：

妻子：累死我了，一下午谈了三批客户，最后那个女的，挑三拣四，不懂装懂，烦死人了。

丈夫：别理她，跟那种人生气不值得。（给妻子出主意）

妻子：那哪儿行啊！顾客是上帝，是我的衣食父母！（觉得丈夫不理解她，烦躁）

丈夫：那就换个活儿干，干吗非得卖房子呀？

妻子：你说得倒容易，现在找份工作多难啊！甭管怎么样，每个月我还能拿回家四千多块钱。哪像你的活儿，是轻松，可是每个月那三千块钱够谁花呀？

丈夫：嘿，你这个人怎么不识好歹？人家想帮帮你，怎么冲我来啦？

妻子：帮我？你要是有本事，像隔壁丈夫那样，每月挣1万多，就真的帮我了。

丈夫：看着别人好，和他过去！不就是那几个臭钱嘛？有什么了不起？！

情景对话二：

妻子：累死我了，一下午谈了三批客户，最后那个女的，挑三拣四，不懂装懂，烦死人了。

丈夫：大热天的，再遇上个不懂事的顾客是够呛。快坐下喝口水吧。

妻子：唉，挣这么几个钱不容易。

丈夫：是啊，你真是不容易，这些年，家里主要靠你挣钱撑着。

妻子：话不能这么说，孩子的功课、人品，没有你下力，哪儿能有今天的模样？唉，我们都不容易。

其实女人多数时候只想和丈夫分享她当日的感受，她需要丈夫倾听她说的话，丈夫却自以为需要帮助她分析解决问题。而对挣钱少的男人来说最受伤害的是妻子拿自己和挣得钱多的男人比，这种比较很伤男人自尊。可以预知，像"情景一"那样的对话互动方式，最后造成双方心理上深度的伤害，严重会导致离婚。

3. 价值观念不一致

价值观念的不一致常常表现在言语沟通中。双方在价值观念上的冲突，必然表现为经常的、激烈的争吵，表现为行为方面的价值观念的冲突更具有实质性，其后果更为严重。只要一方不放弃自己的某些价值观念及相应行为，冲突就会存在。对人生目的、幸福、成就的看法等核心价值观念上的分歧和冲突往往是根本性的，同时也是持续产生冲突的根源所在。双方都认为自己是正确的，对方是错误的，在生活中碰到相关的问题，往往双方言语上互相指责，行动上背道而驰。

4. 过于以自我为中心

过于以自我为中心表现为：①两个人的"自我"基本利益相异，各趋己利。夫妻的婚姻动机都是利己，而不是为对方做贡献。②遇到分歧，各持己见，互不相让。③对方处于痛苦时，不安慰，不帮助，使婚姻具有的促使双方心理健康的功能丧失。④双方心理调适过程缓慢，难以进入心理和谐状态。

5. 不能共同成长进步

婚后有的一方在努力学习进步，而另一方却满足于现状而停止不前。结果造成两人之间层次差距越来越大，失去了共同语言。这种情况经常发生在婚后男的在努力奋斗，事业有成，而女的柴米油盐，一天天老去。因此，为了避免这样的情况，女性应该意识到精神学识上的共同成长对维系婚姻的作用，自主学习、不断进步。在更成熟的心态下学会分享、耐心、感激、接纳和原谅。

6. 过分理性化的期盼

心理学家认为，造成情人之间强烈吸引的原因之一，其实就是为了追寻完整的自我。心理学大师荣格认为，每个人都身具"显性"与"隐性"（或称"影子"）人格。就是说每个人除了表现外在众人所见的"显性人格"外，还有个正好相反、潜藏心底的"影子人格"。也就是说，一个很活泼的人实际潜藏着很抑郁的一面，而另一个很安静的人，内心有一种活泼的需要和向往。于是，人在择偶时，常会爱上具有自己阴影人格（shadow）的异性。因为对方彰显出自己所缺乏（或已被压抑）的人格特质。一个沉默的人遇到一个活泼的人，往往是他的"影子人格"，就会由此变得极为愉快，受桎梏的心灵，得以自由释放。这个异性相吸，"影子人格"和"显性人格"整合互补的过程，将逐渐发展出一个较完全、较成熟人格，这个过程也被心理学家称为"完整之我"的追寻。但是，婚前的吸引处往往会成为婚后的痛处。过去对方最吸引你的特质，现在却成为让你最受不了的地方。如果过去，你爱上的是他的活泼，婚后就很可能会觉得他粗心大意、幼稚，难以容忍。

7. 害羞心理

美国心理学家通过两项研究探讨害羞对婚姻质量产生的影响，发现：在新婚夫妇当中，害羞的人有更多严重的婚姻问题；害羞的人群整体的婚姻满意度较低；害羞的人在信任他人、嫉妒心、金钱和家庭事务方面会有诸多问题；早年害羞的人日后会有更多婚姻问题，甚至感到婚姻满意度下降。心理学家指出，害羞使得人们更难建立社会关系，因为他们在社会上感到焦虑，对于婚姻中不得不面对的问题感到信心不足。

（二）原生家庭成员的过多介入

原生家庭成员主要是父母，过多介入新生家庭生活往往也是造成离婚的导火索。婆婆公公过多介入儿子生活容易导致妻子不满而离婚，岳父岳母过多介入女儿生活容易导致丈夫不满而离婚。父母过多介入儿女生活，这与中国文化中自我的概念不无关系。费孝通在对中国乡村经济做了十年的田野调查之后，在《乡土中国》（1948）一书中，从比较社会学的观点提出一个差序格局的概念，用以说明中国社会结构的基本原则。该理论认为，中国传统的社会结构是一种具有同心圆波纹性质的差序格局。波纹的中心是自己，与别人发生的社会关系，就像水的波纹一样，一圈圈推出去，随着波纹与中心的远近，而形成种种亲疏不同、贵贱不一的差序格局。西方人的"自己"与中国人的"自己"不同，西方人的"自己"就是指个人，而中国人的"自己"是可以扩展的，不仅包括个体自身，还可以推及家庭、亲戚、朋友，甚至家族和宗族。也就是说在中国两个人结婚不单单是两个独立个体的事情，而是两个家庭、两个家族，甚至两个圈子的事情。因为中国人的自我都不是独立的"自己"，这样婚后容易导致原生家庭、原来的圈子过多介入新的二人世界，导致婚后的另一方没有私密感和自控感，无法享受二人世界，最终导致另一方离开。

（三）出轨、婚外情引发

出轨、第三者插足或婚外情往往也是当代造成离婚的最大诱因。情感和行为上的背叛容易引发极大的愤怒，难以原谅和包容。由于爱情和婚姻关系的排他性，有外遇的一方或者受到外遇侵害的一方提出离婚。

从心理学角度来看，出现婚外情是因为有一些人在他/她的婚姻生活中不能得到满足，缺乏精神的需要或是生理的需要，从而在婚姻以外寻求一种补偿。因此，"婚外情"实际上是婚姻亮起了一盏红灯，告诉你，你的配偶不能让你得到满足，到外面去寻找满足，你的婚姻质量需要改善了。

外遇男女也有别。首先，男女两性发生外遇的驱动力有本质的区别。心理学研究发现，女性出轨多半是她们对婚姻充满着不满和失望，与另一个异性从一段亲密的沟通互动开始，进而发展成以身相许的恋情。男人的移情多半开始于强烈的生理吸引，最初是逢场作戏，只追求性爱，不投入感情，随着交往的深入演变出情感。因此，从婚外情的驱动力来看，男性外遇玩伴，女性外遇知己。其次，女人比男人对待外遇的态度更认真。女人一般不会像男人那样容易出现外遇，但一旦有了外遇，女性通常会认为自己遇到了真爱，会义无反顾。

关于出轨总起来说有三种情况：第一种是精神出轨；第二种是肉体出轨；第三种是精神和肉体双重出轨。如果出轨是第三种情况，挽回的可能性就比较小。

有学者研究发现以下类型的男人容易出轨：有钱、有权的男人和收入比妻子低的男人；四五十岁的男人；对妻子不满的男人（外貌、个性、性生活等不满）；妻子处于怀孕期的男性；婚前性经验丰富的男性；经常或长期出差在外的男性或经常在办公室加班的男性；家有"大女子主义"的男性；经常遭遇失业或降职的男人；追求浪漫或寻求刺激的男性；父母亲中、朋友圈中有过外遇的男性等。

三、婚姻承诺

（一）婚姻承诺的含义

关于婚姻承诺（marital commitment）有多种定义。Amato（2003）提出定义婚姻承诺的三种要素：一是人们对自己的婚姻持长期发展的观点，对关系做出的牺牲，采取措施保持和加强婚姻的内聚性，即使婚姻没有回报也会和配偶在一起；二是对配偶的责任，任何情况下都不会放弃的责任；三是对婚姻的价值和配偶带给自己的快乐深信不疑[1]。

婚姻承诺被认为是影响婚姻关系的一个重要因素。Rusbult（1991）认为承诺的概念包括两个因素：行为意向和对关系的心理依恋，指出二者是共变的，即打算维持关系的配偶也报告说感觉到心理依恋。进一步研究表明：依赖促进

---

[1] 李涛．婚姻承诺的心理学研究［D］．上海：华东师范大学博士学位论文，2006.

较强承诺，承诺促进关系保持，保持被配偶感知，感知促进夫妻间信任，信任使配偶的奉献增加，会变得更依赖①。

我国学者李涛（2006）认为，婚姻承诺是指个体对自己婚姻关系延续的信心，是在感情上、心理上、行为上对自己婚姻关系的认同和投入，并愿意承担婚姻所涉及的各项责任和义务。李涛总结了婚姻承诺有三个因素：第一，婚姻承诺具有吸引的成分，即个体对他或她的配偶的承诺是基于自己的奉献、爱、依恋。承诺的吸引成分是与关系的满意度密切相关的，许多模型突出承诺维度的这一部分可以促进关系的力量。一些研究表明，这种承诺与关系保持的希望联系密切。第二，承诺被认为是一种限制的力量。这个维度的核心是外在因素，既有真实的也有想象的，会阻止关系的解体。与承诺的吸引方面相对，限制的方面似乎容易在对婚姻不满意的人中观察到。例如，家庭不赞成，离婚过程的付出，在关系中投入的损失，还有夫妇双方会为了尚未成年的孩子而维持不幸的婚姻等。第三，承诺包括道德义务的概念。有的理论叫道义承诺，它是一种内在的限制，是人们出于道德的观念和标准认为应该保持关系②。

（二）婚姻承诺的相关研究

Lveniger 提出下列三种因素会增加承诺：吸引或驱使人留在关系中的力量；防止关系破裂的维持力量；可供选择的其他关系。Keuye 指出影响人承诺有积极的和消极的力量。积极的方面是对关系的满意程度、付出的成本，可以使人继续保持关系。消极的方面会促使人离开关系，如对配偶的不满意和被其他可供选择关系的吸引。

婚姻承诺可以促进迁就行为（accommodative behavior），承诺水平高的人很迁就配偶的行为，在婚姻中会控制自己，当配偶生气或发怒时，会安慰对方，不会以愤怒来应对伴侣的愤怒（Rusbult，Bissonnette，Arrigae，&Cox，1998）。做出婚姻承诺的人表现出更大的奉献的意愿，为了保持关系的和谐会牺牲自我利益，为对方做出奉献（Van Lange，1997）③。

研究发现，满意度对婚姻关系的影响远远不及承诺，与满意度相比，承诺

① Rusbult，C. E，Verette，.J，Whitney，G. A.，slovik，L. F.，Lipkus，L. Accommodation Processes in Close Relationshps：Theoy and Preliminary Empirical Evidence[J]. Journal of Personality and Social Psychology，1991，60：53－78.

②③　李涛. 婚姻承诺的心理学研究[D]. 上海：华东师范大学博士学位论文，2006.

的稳定性更高。如果满意度有所变化，但是由于婚姻承诺的存在，使大部分夫妻能够克服这种起伏，保持婚姻，共同面对工作、子女、生活的各种压力。

(三)婚姻的承诺投资模型

婚姻最终是否会走向解体，Rusbult 等提出婚姻的承诺投资模型(investment model)。投资模式是以社会交换论的观点来看婚姻关系的发展，认为婚姻关系中的双方，在此关系中互相有所得失，并以一种理性且公平的评估方式，衡量自己在此关系中的付出与收获，再以此评估为基准，决定其对关系的应对方式。Rusbult 还认为承诺水平是个体留在还是离开婚姻关系的一个中介，男女婚姻关系中的承诺是由满意度(satisfaction)、替代性(alternatives)及投资量(investments)等因素共同决定。根据投资模式的预测，当亲密关系中的个体对关系有较高的满意度、较差的替代性品质以及投资了较多或较重要的资源时，便会对此亲密关系做出较强的承诺，也就是较不易离开此关系(见图8－2)。承诺可以促进关系的稳步发展和保持稳定，引导个体之间的相互作用。承诺能有效地预测个体是否愿意继续保持关系[①]。

满意度：亲密关系中的个体，对于他在此关系中所得到报酬及所付出的成本，会评估相互抵消后的实际结果。同时，个体也会依据过去曾有的亲密关系及有关的经验(例如与家人和朋友所讨论、比较的结果)，形成一个自己对目前关系所应得结果的预期水准。最后，个体会将在关系中获得的实际结果，与此预期水准相比较，而产生对此亲密关系的满意度。当实际结果愈好，预期水准愈低，则满意度愈高。

投资量：投资是指个体在婚姻关系中，所投入或形成的资源。投资与报酬或成本最大的不同有两点：第一是"投资"通常不能独立地从关系中抽取出来，而报酬与成本可以；第二是当关系结束时，"投资"无法回收，而会随着关系的结束一并消失。因此，投资会增加结束关系的成本，使个体较不愿也不易放弃此关系，从另一个角度看，则是增强了个体对此关系的承诺。个体投资在婚姻关系中的资源可分为两类：一类是直接投入的资源，如时间的投入、情感的投入、个人隐私的想法与幻想的披露，以及为伴侣所做的牺牲等；另一类是间接投入的资源，如双方彼此的朋友、共同的回忆，以及此关系中所特有的活动或拥有物等。此外，在长期婚姻关系中所形成两人一体的认同感，长期相处下来

① 李涛. 婚姻承诺的心理学研究[D]. 上海：华东师范大学博士学位论文，2006.

所建立的默契与思想上的相似，以及彼此互补的一些记忆与讯息等，也是会随着关系结束即失去的资源。个体所投入的资源层面愈广、重要性愈高、数量愈多，则表示其投资量愈大；当个体在此关系的投资量愈大时，对此关系的承诺也愈强。

替代质量：指的是对放弃此亲密关系的"可能结果"的好坏判断，"可能结果"包括发展另一段亲密关系、周旋在不同的约会对象间，或是选择保持没有任何亲密关系的单身状态等。个体对于此关系外可替代关系内伴侣的可能对象，其考虑的因素不只包括特定的喜欢对象，也包括不特定的对象，以及个体对自己能否离开此关系的主观知觉与客观评估。此外，个体的内在倾向与价值观也会影响替代质量的主观知觉，例如，当个体觉得自信、有价值、高自尊，以及有强烈的自主性需求时，通常会知觉自己有较佳的替代性品质，而较容易离开此亲密关系(李涛，2006)。

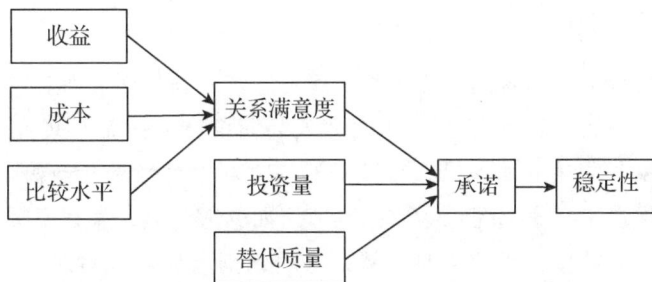

图 8-2 婚姻的承诺投资模型

四、女性离婚后的心理

(一)自卑心理

离婚对当事人来说，往往是个不小的人生打击，是整个人生的重大挫折，并会在一定范围内产生震动。因此，有些女性离婚后在一段时间内会变得自卑。

(二)孤僻心理

离婚者常常有意无意地将心里的痛苦埋得更深。他们不愿意、实际上也难以做到与正常人进行心灵沟通，即使与他们的亲人也不例外。离婚后的独身者，从形式上看，似乎又回到了单身生活形态，但他们的内心世界早已不像以前那样轻松、愉快。他们心中已有许多无法对人言说的愁苦和哀怨。这种精神上和感情上的自我封闭，不仅有害于心理健康，也会使人丧失斗志，缺少生活信念，产生逃避现实以至厌世情绪。

(三)仇恨心理

从主观愿望讲，大多数离婚者都想抛弃旧的一切，可事实上，他们却难以摆脱那种阴影。因为他们所经历的，已经成为他们个人生活史的一部分。旧生活的"伤口"遇到"阴天下雨"，还会隐隐作痛。这以一方伤害了另一方的感情居多，被伤害的一方会鄙视、憎恨对方，也会仇视那个第三者。这种仇恨心理一旦爆发，很容易酿出形形色色的暴力事件。离婚是从法律意义上解除夫妻的婚姻关系。人们常把离婚看作旧生活的彻底结束，是解脱心灵痛苦的有效措施，其实不然。虽然离婚割断了婚姻关系，但并不意味着痛苦从此不复返，离婚有可能会使人陷入感情和心理的新危机。

(四)痛苦心理

婚姻破裂带给离婚者的，除了感情痛苦外，还有其必须面对"半个家"的现实。首先是经济收入减少了，以前两个人共同维持的生活，现在只能靠一个人；其次是家务劳动增加一倍。带孩子的一方，更是当爹又当娘，备感艰辛。与此同时，许多正常家庭习以为常的事情，如感情交流、家庭温暖，包括性生活等一些基本的欲望都无法满足。特别是看到别人成双成对时，心里更难过。在如此重压之下，他们怎会不感到人生的痛苦？

(五)再婚的随意和畏惧心理

长期处于生活和心灵重压之下的离婚者，就如落水者一样，会近乎本能地寻求解脱。但随着年龄的增长，使他们失去了一些结婚的优越条件，同时又增加了再婚的不利条件，如孩子问题、财产问题等。所以不少再婚者，感情因素已成了次要条件，主要是为了生存而随意结婚。经过失败婚姻的人，总希望在新的家庭中得到补偿。可是，现实与理想的差距很大，再婚家庭的矛盾远比初婚要复杂得多。"一朝被蛇咬，十年怕井绳。"所有这些，不能使再婚者不"怕"。

(六)醒悟心理

如果所有一切都做了，还是避免不了要破裂。离婚后经过一段实践的痛苦和反思，平静下来以后，她们对婚姻、人生往往会有所醒悟。也许自己是此间最美味和最令人羡慕的葡萄，但他想找的或许是香蕉。无论你多想变成另一种水果，你就是一颗葡萄，而他想要的就是香蕉。葡萄的最好归属应该是需要并能欣赏葡萄的人，而不是需要香蕉只会欣赏香蕉的人。这种醒悟会使女性从痛苦中解脱出来。

五、女性如何预防婚姻破裂

一段婚姻，在长久相处的过程中，总会出现这样或者那样的矛盾，若得不到及时的解决和沟通，就很容易引发家庭婚姻危机，遇到危机时，作为妻子，该如何对待？

(一)相互理解，回归理性

首先，应该清楚男人和女人在认知、情感表达等多方面是有差异的。正如《男人来自火星，女人来自金星》中所描述的：男人和女人因没有警觉彼此应该有所不同，因此纷争不断。由于忘记彼此不同的重要事实，我们常对异性生气或失望，我们期待异性和我们相像，希望他们要我们所要的，以及以我们的方式去感受。我们误以为如果配偶爱我们，他们必会以确定的方式反应和表达——如同当我们爱某些人时的反应与表达方式一般。这种想法使我们不断地失望，也阻碍我们花时间温柔地沟通彼此的不同……女人错误地期待男人要以女人的方式去感觉、沟通、反应；男人也同样如此。我们都忘了男人和女人应该是不同的。结果我们的关系充满了不必要的摩擦与冲突。男人需要的爱的形式，包括信任、接受、感激、赞美、认可、鼓励。在丈夫劳累了一天时，要适时给予感激，感激他为了这个家的付出；在丈夫做出一个重大决策时，要适时给予支持和鼓励，让他感受到你的爱意；在丈夫付出了努力完成一件事情时，要适时给予认同和赞美，满足他此刻的自尊心。而在你受伤难过的时候，记得不要强撑着，想着不要在他面前释放坏情绪，男人需要的是女人的信任，需要女人需要他，这样他才可以感受到自己的存在和成就感。

其次，夫妻双方还要清楚，由于两个人的原生家庭和生活成长经历不同，每个人有自己独特的情感、理解和利益背景，因此，人与人之间出现不一致或冲突是不可避免的。

最后，既然夫妻之间出现矛盾和争吵是难免的，一旦夫妻之间发展冲突，不要长时间怄气，至少夫妻其中一方能够实时回归理性，主动服软，化解情绪，恢复正常。如果双方冲突后都长时间处在"孩子"式情绪状态，没有任何一方主动化解，则这样的夫妻关系很难维持长久。

（二）学会有效沟通

著名的情感专家康纳先生说："每一段关系的破裂，都是由于问题处理不当而留下隐患，隐患日积月累，积压到一方无法再去合理化这些事情，觉得没有任何希望了，才最终爆发。"所以夫妻之间平时的主动沟通非常重要。痛苦的夫妻和幸福的夫妻吵架的频率和内容往往差异不大，主要差异在于如何进行有效沟通。夫妻之间沟通的顺畅是夫妻关系和谐的基础，如果夫妻之间缺乏有效沟通，矛盾没有得到及时解决，这样就会使矛盾不断累积，最后会一下子爆发出来，就很容易使夫妻感情破裂。

很多时候夫妻吵架的主要原因是以为事情只有一个答案。吵架者的基本态度"这件事是我对，你错了"。其实夫妻吵架并不是是非问题，而是看问题的角度问题，如果只站在自己的角度上看问题，当然会认为自己是对的，很多事情换一个角度问题就会迎刃而解。就像图8-3，这是一只兔子还是一只鸭子，换个角度就清楚了。这告诉我们夫妻相处要学会多换位思考，如果夫妻之间不懂得站在对方立场去看待事情，总是以自己的角度去评论对方的行为和做法，那么不仅对夫妻双方在沟通上造成困难，而且还会进一步制造许多不必要的矛盾，最终出现婚姻危机。

图8-3　这是兔子还是鸭子？

（三）发展独立的情趣与共同的兴趣

结婚后很多女人都把精力放在照料孩子、家庭事务上，没有重视自己的情趣。时间一长会使丈夫感到你只是一个家庭主妇，不再有两性之间那种神秘的吸引力。其实女人就要活得有情趣一点，无论是饮食美容还是爱好发展，都要去努力尝试，这是一种生活态度，更是女人生命力盎然的表现，你把生活打理的活色生香，自己的魅力自然随之体现出来。

共同的兴趣有助于夫妻双方积极互动，增加活动的交集。因此，想要维系夫妻感情，需要学会发展共同兴趣，例如一起参加户外活动、一起读书、一起看电影、一起旅游等，能让你们有更多共同的话题，使夫妻感情更融洽。共同的兴趣也是夫妻双方吸引力的纽带。因此，有人说，最好的婚姻是精神上的门当户对。

（四）共同进步

在一段感情中，双方都需要进行自我增值，只有不断提升自身的价值，达到共同进步，才能更好地维系感情，在婚姻中的一方如果一直不求上进，而另一方则在不断进步，就会造成双方在婚恋关系中的不平衡，由于成长的步伐不一致就会很容易导致矛盾的产生，比如会导致进步的一方会轻视另一方的存在。因此双方都要共同进步，同时还需要提升待人处事和处理问题的能力，才能有利于婚恋感情平稳发展。

（五）提升自己的女性魅力

有人说男人是视觉动物。这种说法虽然有些极端，但有一些道理。有的女性结婚后不再注重自己的穿着打扮，这是十分错误的。一个人的穿着打扮体现一个人的内涵、品味，也影响着人们常说的的吸引力。有一句话说得好："当你的外形都不能吸引别人的时候，更不会有人来关注你的内涵。"因此，美丽精致的妆容，得体优雅的穿着是你给别人的第一道好印象，也是你维持婚姻保鲜的秘诀。女性要结合自己的年龄为自己购置适合的衣服，扬长避短来体现自己的魅力。

要提升自己的女性魅力，还要注意不要每天唠叨。女人的气质修养会在喋喋不休的唠叨中破坏掉。频繁的唠叨会使丈夫感到你是个"老妈子"，不是妻子。

女性结婚后要使丈夫体验到母亲般的温暖，但不要让丈夫感觉到你是家里的"妈妈"，要保持自己女性的魅力，扮演好妻子的角色。

这么勤快的她为什么"被"离婚？

有这样一个耐人寻味的故事，讲述了一位女士结婚不久就离婚了。离婚的原因听起来像天方夜谭。用她丈夫的话说："你对我们太好了，我们都觉得受不了了。"原来这位女士非常喜欢关心照顾别人（母性自我强的人都有这种特点），甚至到了狂热的地步。每天除了正常的工作外，所有的家务，包括买菜、做饭、洗衣服、擦地板等，都由她一个人包办，别人决不能插手，弄得丈夫、公公、婆婆觉得像住在别人家里一样。好事几乎都被她做尽了。俨然家里的一个

"老妈子"，久而久之丈夫对其没有了妻子的感觉，终于提出了离婚。

（六）正确处理好婚后的自由与责任

结婚前每个个体相对行为上都可以比较自由，可以说想走就走。但结婚后作为一个有"家"的人，就要对这个"家"负责任。如果丈夫经常无缘无故地晚归，动不动就跟好友出去喝酒，扔下妻子一个人在家不管，妻子当然会生气。结婚前女方可以对着爸爸妈妈撒娇，享受爸爸妈妈的照顾，生活无忧，但如果结婚后还这样只是等着吃，不做家务不煮饭，这样丈夫回家后也会生气。总之，结婚以后，夫妻双方不能"为所欲为"，要做一个有责任心的丈夫和妻子，夫妻才能和谐相处，生活才能过得美好。

（七）要营造积极快乐的家庭气氛

首先，要求女性自身要懂得保持积极乐观的心态，无论遇到任何困难，都要懂得及时调整自己的情绪，女人要每天都开开心心地生活，把自己打扮得漂漂亮亮，脸上带着笑容，让自己的生活过得精彩。男人喜欢见到另一半的笑容和快乐，这让男人充满成就感、快乐与放松感。

同时，还要注意把家庭营造成温暖的港湾，男人在外面遭遇挫折和困难后，最希望能回到家里休养生息，让家人给予他们抚慰和支持。这就要求女人要营造良好的家庭气氛。婆媳关系方面要双方增强沟通，互相谅解。女人还要兼顾孩子家庭教育，培养孩子的优良品质。家庭环境也很重要，一个干净整洁、温馨有爱的家是现代生活必备的条件。

【本章小结】

恋爱较为自由、感性，而婚姻需要责任、理性，恋爱的参与者是两个人，婚姻的参与者是两个家庭。婚姻的构成要素包括爱情、性爱、责任、经济条件和心理相容。

一个人在选择恋人、与配偶的相处模式、对待配偶父母的方式等方面都会受到原生家庭的影响。家庭结构治疗理论可以帮助我们分析家庭的问题结构，该理论有三个核心概念，即家庭结构、次系统和边界。要有效处理家庭关系，要把握好夫妻关系，这是家庭核心。

离婚的心理过程大致可以分为分歧争吵、收敛冷漠、僵持、缓和、破裂等阶段。离婚原因大致包括：需求不满、认知与互动方式不和谐、价值观念不一致、远离的"自我"、不能共同成长进步、过分理性化的期盼、原生家庭成员的过多介入、出轨婚外情引发等。

预防婚姻破裂有效方法有：相互理解回归理性、学会有效沟通、发展独立的情趣与共同的兴趣、提升自己的女性魅力、营造积极快乐的家庭气氛等。

【关键术语】

婚姻；心理相容；原生家庭；家庭；家庭生命周期；家庭结构；离婚；婚姻承诺；婚姻的承诺投资模型

【思考题】

1. 爱情与婚姻有何不同？
2. 构成婚姻的要素有哪些？
3. 原生家庭对婚姻有何影响？
4. 如何有效处理家庭关系？。
5. 说明离婚发展变化的过程。
6. 结合案例分析离婚的原因。
7. 女性如何预防婚姻破裂？

第九章　女性的自我优势与职业领导力发展

> 一个人，拥有一份工作就拥有了一定的资产。但只有那些做他们最擅长的事情的人，才能赢得财富和荣誉。

> ——富兰克林

【学习目标】

1. 了解女性职业发展上的自我限制。
2. 领会优势的实质。
3. 学会发现与发挥自己的优势。
4. 学会打造自己的领导素质。

第一节　女性职业上的心理歧视与自我限制

一、女性就业与职业晋升上的心理歧视

(一)就业面试更看重女性外貌

同样是获得面试机会，招聘方更注重女性的外貌的吸引力。法国巴黎第四大学(Paris-Sorbonne University)做了一项关于女性着装与获得面试机会的研究，履历表附上"领口较低"的低胸照片，获得面试的机会比正统的照片要多19倍。研究员将受试者分为两组，每组各100名女性，进行服装对求职影响的调查。两组的资历填写类似，但一组的100名女性求职履历附上低胸照，另一组的100名女性则附上保守穿着的一般照，让她们各自向100份工作职缺投递履历。结果发现，"低胸组"获得面试的机会比"保守组"要多19倍。其中，应征销售相关类别的职缺时，"低胸组"比保守组多了62次面试机会；而会计行业中，"低胸组"则多得68次面试机会。研究员卡特西雍(Sevag Kertechian)表示，这项研究的结果反映出，穿着性感与否会影响面试的机会，不管是待在

198

办公室的文员或是要在外面对客人的销售员。当然，该结果的可靠性还有待重复研究并进一步证明①。

（二）女性职业晋升上的心理偏见

同样是面临职业发展和晋升，人们对女性的评价更消极。有研究人员设计了一项四组的对照研究②。首先，研究人员虚拟了一个航空公司副总裁助理的形象。接下来，四组研究对象，每组成员中男女比例相同，要求对这个虚拟人物的工作业绩进行评价。每一份被试都得到了一份关于这位副总裁助理的工作简要说明，第一组还获悉副总裁助理是一位男性这一额外信息。研究人员要求被试对这个虚拟的副总裁助理的能力和人缘情况进行评价。第一组被试给出了一个极尽赞美的评价，认为他"非常称职""很有人缘"；第二组被试得到的额外信息是副总裁助理是位女性，结果这位女性副总裁助理被评价为"很讨人喜欢"，但"不是很称职"；第三组被试被告知副总裁助理是一位男性，同时还获悉他在公司中处于快速上升的位置；第四组被试获悉，副总裁助理是一名女性，目前正在即将被提拔的位置上。第三组被试评价这位男性副总裁助理"非常称职""人缘极好"。第四组评价这位女性助理副总裁也"非常称职"，但不认为她"很可爱"，甚至还有非常敌意的词出现。

可见，同样是职业上的发展，对男性的评价比较积极，如"非常称职""很有人缘"；而对女性的评价比较消极，如"很讨人喜欢"，但"不是很称职"。"很有人缘"显示的是人际关系能力，"很讨人喜欢"显示的是性别（sex）特性。男性得到晋升就"非常称职""人缘极好"，女性得到晋升虽然认为"非常称职"，但不认为她"很可爱"。

从另一方面来说，广大女性一旦了解了就业以及职业晋升上的歧视，反过来也可以有效利用和化解这种歧视。如既然就业面试更看重女性外貌，就业时女性可以通过精心设计良好形象，以促进就业成功。

二、女性职业发展上的自我限制

关于女人，法国学者西蒙娜·德·波伏娃曾说："她们不是天使，也不是

---

① 研究称女性穿低胸装投简历岗位面试机会增19倍[EB/OL]. http：//shehui. china. com. cn/2016−06/30/content _ 38778049. htm，2016−06−30.

② ［美］约翰·梅迪纳. 让大脑自由[M]. 杨光，冯立岩，译. 杭州：浙江人民出版社，2015：212.

魔鬼，更不是斯芬克斯，她们只是被社会的愚蠢习惯降低到半奴隶状态的人。"这也说明了女性自我发展上的限制，这种限制更多的是由关于女性角色身份的社会文化习俗偏见内化为女性的自我概念而产生的。

(一)托付心态

很多呈现良好发展势头的优秀女性，结婚后不再继续努力，爱情取代事业或家庭取代事业，转而对自己的丈夫有一种托付心态，认为自己嫁给这个男人就把自己整个人交给了这个男人，男人从此开始应该对自己的人生和一切负责。这种托付心态会限制女性对工作和事业的进一步追求。使她丧失追求成功的原动力，也使她丧失思维的独立性，难以产生新的想法，创造出新的意念，制订出新的计划，严重制约自身潜能的发挥。其实这种托付心态实质是女性单方面的一种幻想，是很危险的，如果突然有一天这个男人离开她，她就会面临极大的痛苦，因为长时间放弃再重新开始，难上加难。其实，当双方的地位相当时，夫妻关系才趋于牢固，家庭地位才趋于平等。双方的经济地位发生变化，尤其是男性的地位得到大幅度提高时，影响夫妻关系稳定的不确定因素便在增多，女性的家庭地位会直线下降。女性社会地位的提高与发展有赖于自身的同步发展。盲目依赖他人，不自我奋斗，缺乏独立性就像一个放在身边的不定时炸弹，随时有爆炸的危险。因为在这个世界上唯一可以依靠的只有你自己！当你遇到困难、身陷困境时，只有自己才能彻底拯救自己。拥有爱情，但不要失去自我。为爱失去自我的女人最轻易被男人抛弃。

(二)成功恐惧

在现实生活中，人们常常对事业上非常成功的女性冠以"女强人"的代号，许多男性不希望自己的妻子超过自己，成为所说的女强人，许多女性自己也不愿做女强人，因为一旦成为女强人，她们就得承受事业家庭各方面的重担，同时还得承受来自社会上的一些不认同感。因此，不少女性有一种对成功的恐惧(fear of Success)。马斯洛把这种心理现象称为"约拿情结"(Jonah complex)，即害怕最高成就，惧怕成功，对理想有敬畏感。这种情节导致女性不敢去做自己本来能够做得很好的事情，甚至逃避发掘自己的潜能。因此，对成功的恐惧造成了很多女性不敢追求成功，限制了自身能力的发挥。

(三)自卑心理

自卑，通常被解释为一种消极的自我评价或自我意识，是指与别人比较时，由于低估自己、轻视自己而产生的一种情绪体验。一般说来，女性比男性的自卑感强。自卑是女性成功的天敌，它使女性失去奋力追求成功的动力，会限制女性去主动尝试和参与。这样自卑感最终导致女性人才的自我埋没，成为束缚女性成功的无形桎梏。

(四)从众心理

女性的从众心理主要体现为缺乏自我表现精神，遇事没有主见，人云亦云、随波逐流。女性产生从众心理的原因是多方面的。一是女性的自卑心理使然。由于女性的自卑心理较强，对自己缺乏信心，总感到技不如人，对自己的观点和看法没有把握，怕成为笑柄。二是由于在生活中受到局限和压抑，某些女性羞怯、胆小，喜欢习惯性的往后退，不敢公开表达自己的意见，缺乏主动表现自我的意识。三是对权威和领导的惧怕。尽管女性有好的方案和意见，但由于与领导和权威的观点不一致，所以不敢说出口。女性的这种心理在很大程度上影响和限制了自身的发展，使其永远不被人重视，难以脱颖而出。当一个人成为一个可有可无人物的同时也就失去了许多发展和成功的机会。因此，在一些重要的场合，女性也要学会勇敢地站到前面去，展示自己的能力和才华。同时，一个人要保持独立个性，拿出自己的特色，这样才能赢得别人的关注和尊重，从而赢得成功的机会。

第二节　优势理论与女性职业优势

过去的教育模式会让我们关注我们做得不好的事情，并对此产生愧疚感，而忽略那些我们做得很棒的事情，因此，很少会有成就感。清代的顾嗣协曾写过一首诗："骏马能历险，耕田不如牛；坚车能载重，渡河不如舟；舍长以就短，智者难为谋；生材贵适用，慎勿多苛求。"形象地说明了发挥优势对人生的价值与意义。美国积极心理学家塞利格曼在其《真实的幸福》这本书中写道：真实的幸福来自找出并培养你最突出的优势，并且在每天的工作、休闲和亲子游戏中运用它。可见，发挥和运用自身优势是个人生活幸福和事业成功的关键。

一、优势理论

盖洛普公司认为，每个人都有优势，优势即一个人能持久地把某件事做得近乎完美的能力。优势由才干、技能和知识组成，其核心是才干。并且，才干是先天和早期形成的，一旦定型，很难改变。才干有别于技能和知识，为个人所独有，贯穿一生，无法传授、培训和强求。才干并不等于优势。才干是种子，优势是结果。

皮特森（Peterson）和塞利格曼（Seligman）提出性格优势（character strengths)的概念，指反应人的思维、感知(feeling)和行为的积极特质。

约翰·H. 曾格在其《卓越的秘密》中提出了判断是否是优势的标准：①能够帮助个体产生良好绩效表现；②能够在各种情形、各种环境下都顺利发挥作用；③能够持续不断地产生好结果，而这种结果也是稳定不变的；④大家都喜欢使用；⑤因为其内在价值而不是外在结果被大家广泛认可；⑥能够超越文化限制；⑦既不与其他品质冲突，也不会让其他品质消失；⑧要通过专心致志的努力和坚持不懈的训练才能逐渐养成。

二、发现并塑造自己的核心优势

一般来说人的缺陷与优点相当，而且大部分的缺陷是无法弥补的。因为缺陷是为潜力优势而存在着的。缺陷与优势是一体两面。"尺有所短，寸有所长"，人最大的成长空间，在你最强的领域、在最强的方面才会取得最大的进步。

那么如何发现自己的优势呢？

找一个舒适、没有干扰的地方，闭上眼，深呼吸。准备好后，依次回忆以下三个时刻。

你童年的时候，最喜欢什么游戏？你会选择扮演哪个角色？哪些游戏最吸引你？玩这些游戏你有何感受？

你长大后，哪些活动会让你沉浸其中忘记时间？让你充满活力？这些活动对你意味着什么？

回想过去18个月中一个最愉快的时刻，你当时在做什么？对自己、他人及公司有何影响？纵观这些时刻，你最看重自己哪一点？假设有场为你举办的庆功宴，同事或亲朋好友会用哪些话语庆祝你的成功？

以上三种情况下的共同特点可以帮助你发现自己的优势所在。

盖洛普公司也提供了一个辨别优势的三个特点——渴望、学得快和满足。其中渴望揭示了优势的存在；如果你学习某种技能特别快，这充分说明了你具有某种强大的优势；如果你从事一项活动时感觉良好，那说明你正在使用某种自身具有的优势。

马库斯·白金汉在其新作《现在，发现你的职业优势》①中指出，优势很难通过一些人格测验测出，优势要通过你的实际行动来定义，即你所做的事，更进一步来说，就是那些你不断在做，已近乎完美的事。他还提出了识别自身优势的四大标志：

S 代表"成功"（Success）：在做的过程中，你会感到很充实、很高效。

I 代表"直觉"（Instinct）：在做之前，你对此事已充满了期待。在你的优势里有一种"情不自禁"的特质。你说不清楚为什么，但你发现自己不知不觉中反复为某事所吸引。

C 代表"成长"（Growth）：在做的过程中，你的求知欲很强，非常专注。

N 代表"需求"（Needs）：做完之后，你会感觉很有成就感和真实感。

当然一个人的优势不止一个，找出前几个就可以了。

立足于世界，人们都需要有自己的价值，因此人们需要塑造自己的核心优势，即那些能为社会或者他人创造价值的，自己喜欢做有激情的，并且在此方面非常擅长的领域。塑造核心优势一定是选择如上三者的重叠处，不然就会成为不喜欢干的苦差事、没有能力干好的拙劣者或不创造价值的业余爱好。塑造核心优势的核心在于找到自己的激情所在，只有有激情做的事情，才可能会发展出卓越的能力，才能创造更大的价值。

三、女性在职业选择上的素质优势

女性体质，普遍不如男性，这在以体力劳动为重要支撑的以前的人类社会，是一个主要弱势。但是，体力劳动在现在社会已经不是很重要，社会文明程度不断提高，安全也越来越有保障。女性在体质方面的弱势，已经非常淡化。而女性基于性别特点的独特优势越来越适应未来社会发展的需求。

(一)卓越的语言能力

女孩子在幼儿期与男孩相比，表现得口齿伶俐，而且会一直保持这种优势。女性的语言流畅清晰，在语法、造句、阅读能力等方面都很出色，有较好的外语接受能力，交际中女性的语言具有天生的使人折服、倾倒的能力。女性

---

① ［美］马库斯·白金汉 . 现在，发现你的职业优势［M］. 北京：中国青年出版社，2013.

的语言优势使其在与沟通有关的工作中表现出一种先天的职业优势。

(二)独特的形象思维能力

当女性与男同伴外出办事时，往往容易忘记路，这是因为女性对空间、方位的认识能力略逊于男性；但女性形象思维能力却十分出色，她们在构思设计方案、规划建设蓝图、制订工作计划时，往往使人感到优美和谐、典雅细腻和直观亲切；在追索事物的现象与奥秘方面天真、爽直。采取的方法新颖别致，近乎完美，不像男性那样因粗心大意而易露破绽。女性的形象思维特点，适于从事音乐、戏剧、美术、舞蹈、唱歌等艺术工作。

(三)韧性

尽管女性的肌肉没有男性发达，爆发力也不如男性，但女性更具韧性。女性的坚韧尤其表现在工作、事业、家庭面临突发的紧急情况时，例如，在突然失去依靠的情况下，会变得更坚强。

(四)善于交往沟通

心理学实验证明，女性在身心两方面都希望与别人亲密相处。在同一个工作部门，女性的人际交往一般都较密切，因为她们更需要情感交流，更能推心置腹；而且女性具有本能的驱使力，对人富有同情心。

(五)有爱心和同理心

女性因其母性本能，多心地善良，富于同情心、怜悯心和爱心。女性善于关心他人、帮助他人。她们往往在幼师、慈善事业和人道主义活动中做出职业优势。

女性的这种优势使得女性在其适应其先天优势特点的职业类别上表现出特长，但也存在消极的一面，使得女性的积极性和发展空间变小。所以作为新时代的女性，应当认识到自己的长处，努力突破职业层次和范围上的限制，创造属于自己的事业。

(六)善于合作

女性善于与周围的同事合作，亲和性高是女性的职业优势。

四、女性在工作中优势的发挥

随着女性的解放以及社会地位的提高，她们拥有更多的机会和选择，事物都具有两面性，也意味着女性要承受更多方面的压力。"每个人在自己擅长的领域都会眉飞色舞。"可见，如果一个人每天做的都是擅长的，那么优势可以为其带来成就感和幸福感。

(一)识别优势与工作的结合点

优势只有找到与工作的恰当结合点，才能变成真正的优势，才能产生效益。每一个工作岗位对人都会有很多要求，人很难同时具有岗位要求的众多优势，但关键是要找到能发挥你优势的岗位结合点，并经常用，把它发挥到极致。

怎样识别优势与工作的结合点呢？

第一，要分析你目前工作中关键的角色、任务、职责都有哪些，这些角色、任务、职责对人有哪些要求。

第二，根据第一步的分析，详细分析你所具有的优势的前几项是什么。

第三，找出岗位工作要求与你所具有的几个优势的最佳匹配点。比如，工作中有一项重要职责就是与客户沟通，你的优势中有一项是逻辑性强。这样你可以在与客户沟通中充分发挥逻辑性强这一优势，多用说理的方式来进行沟通。

(二)控制劣势，化劣势为优势

有时候你所做的工作所需要的某种能力是你所不具备的，这样你的劣势就产生了。要控制劣势对你工作的不良影响，就要分析清楚这个劣势是知识、技能还是特质性素质，如果是知识或技能，通过学习和培训就可以比较容易补上，但如果是特质性素质就难以补上。就需要想办法建立一个支持系统或找一个助手来协助，或者干脆停止做这项工作。

相反，劣势用好了也是优势。如一个循规蹈矩、创造力差的人配置到生产部门，劣势也就化为优势。同样，把坐不住、心眼多的人配置到销售部门；把吹毛求疵的完美主义者安排到质量管理、现场管理岗位；把谨小慎微的胆小者配置到消防、安全管理，设备检修岗位；把斤斤计较的小气者安排到财务管理、仓库管理部门。上述案例一方面说明了劣势用好了也可以变成优势，其实，从另一方面来看，也是在发挥优势。

(三)聚焦优势，发挥优势

盖洛普公司在研究中发现，尽管人成功路径各异，但成功者都有一个共同点，那就是"扬长避短"。管理学家彼得·德鲁克认为"优秀的管理者以优势为基础——不管是自身优势，还是上级、同事以及下属的优势，同时还以环境的优势为基础"。他还认为"大多数极具竞争力的公司就像极具竞争力的国家一样，集中他们的优势，抛弃他们的弱势。"

百事可乐在中国的战略就是：他们把所有的制作、渠道、发货、物流全部外包，只保留市场部的寥寥几个人运营百事可乐的品牌。仅仅做好品牌这个优势就好。Google 在 2014 年年初宣布以 29.1 亿美金把摩托罗拉移动出售给联想，出售一周，Google 股价上涨 8%。Google CEO 佩奇解释说："这笔交易谷歌将精力投入整个安卓生态系统的创新中，从而使全球智能手机用户受惠。"也就是说 Google 就是做系统的，他们以前买个手机公司回来补不足（硬件），现在发现不如专注自己擅长的优势（系统）更好。

同样，人的时间和精力也是有限的，一个人要有所作为，也需要聚焦优势发挥自己的长处，把自己放到那些能发挥长处的地方。优势包括一个人独特的工作方式。彼得·德鲁克认为："同一个人的长处一样，一个人的工作方式也是独一无二的，这由人的个性决定。不管个性是先天决定的，还是后天培养的，它肯定是早在一个人进入职场前就形成了。正如一个人擅长什么、不擅长什么是既定的一样，一个人的工作方式也基本固定，它可以略微有所调整，但是不可能完全改变——当然也不会轻易改变。而且就像人们从事自己最拿手的工作容易做出成绩一样，他们要是采取了自己最擅长的工作方式也容易取得成就。通常，几个常见的个性特征就决定了一个人的工作方式。"

第三节　女性领导优势与领导力提升

一、发挥女性的领导优势

约翰·H. 曾格在其所著的《卓越的秘密》①中提到，一个人之所以能够成为卓越领导者，不是因为他们没有弱点，而是拥有卓越的优势。卓越的领导者只不过是因为他把不多的几件事做到极致而已。约翰·H. 曾格在研究卓越领导者时发现，这些领导者与众不同是因为他们能把自己的优势发挥到极致。仅

---

① ［美］约翰·H. 曾格等. 卓越的秘密［M］. 赵实，译. 北京：电子工业出版社，2014.

仅改掉几个不良行为只能让你回到平均的领导水平线以上。这能避免不良行为对工作的干扰，但是却不能立即打造出一位会让你真正备受鼓舞的领导者。一位卓越的领导者是由于他所拥有的那些少数的显著优势而成就的，这是我们所发现的成就卓越领导者的唯一途径。

约翰·H.曾格等通过对比最成功和最不成功的个人贡献者的评估数据，找出了16种素质，它们可以最有效地区分出谁是最高效的个人贡献者（见表9-1）。根据数据库分析，哪一种素质在实际中最具有区分性，以下五种素质排在前五名：激励他人；有效沟通；设立挑战性目标；战略思维；问题分析与解决。

表 9-1 16 种领导优势

品格	个人能力	关注结果	人际交往能力	引领变革
诚信正直	技术专长	结果导向	有效沟通	战略思考
	问题分析和解决	设立挑战性目标	激励他人	推动变革
	创新	积极主动	建立关系	外部视野
	发展自我		发展他人	
			团结协作	

二、女性领导的优势

有人说：当男人们热衷于用锐利的理性、权力、战争来肢解这个世界的时候，女人们正在用水一样的感性重新编织、修补、弥合并整合这个世界。当今女性正在适应世界发展的新形式。因此，世界上女性元首的频频出现，女性在领导这个世界的发展上越来越显示出适应性的独特优势。

（一）现代社会领导方式更需要"同化式权力"

当前，经济和互联网的快速发展，组织环境发生了剧烈的变化，组织成员受教育程度普遍提高，自主意识和创新精神日益增强，人们的工作和价值观也开始发生变化。显然那种强制式、命令式的传统领导方式已经不能适应时代的发展，取而代之的是信任、同情、民主、开放的领导方式，即用"同化式权力"实施领导。约瑟夫奈曾指出"同化式权力"也称为"软权力"，同化式权力就是通过"塑造他人的偏好来影响其行为，而非通过命令强制改变他人的行为"。通俗地来讲，就是通过领导人的个人魅力、行为举止、权威和影响力来影响其下属的选择能力。而这恰好与女性领导的天赋相符合。女性决策风格研究中的大量数据表明，女性领导非常擅长使用"软权利"，与男性相比女性本身内心就非常地细腻，她们总能细致地观察生活，注意细节。在工作中女性领导也能在细枝末节中了解到他人的偏好和期许，能更好地给予下属关心和理解，与下属建立共同的美好蓝图，也为自己树立起良好的口碑。女性领导的魅力也源于此，所以女性领导能赢得更多支持者，推动了决策的顺利进行。因此，管理大师德鲁克曾明确指出："这种时代的转变，正好符合女性的特质。"

（二）积极情感在领导中起着越来越重要的作用

现在，世界将属于具有高感性能力的另一族群——有创造力、具同理心、能观察趋势，以及为事物赋予意义的人。我们正从一个讲求逻辑与计算器效能的信息时代，转化为一个重视创新、同理心与整合力的感性时代。

领导力的本质是影响力，情感影响力是领导力的核心，优秀的领导者总是可以点燃团队的热情，激发团队的最佳状态。因此，卓越的领导力是通过情感来发挥作用的。

按照左右脑分工理论，人的左脑理性，主要负责逻辑等，记载着人出生以来的知识，管理的是近期的和即时的信息；右脑感性，储存从古至今人类进化过程中的遗传因子的全部信息，很多本人没有经历的事情，一接触就能熟练掌握就是这个道理。领导力是由右脑的感性决定的，即影响力；管理是由左脑的理性决定的，即计划、组织、协调、控制。

领导力总是发挥着一种原始的情感作用。人类最初的领导者，无论是部落酋长还是萨满巫师，他们之所以能够赢得领导地位，很大程度上是因为他们的领导力所具有的情感信服力。

在任何人类群体中，领导者对他人情感的影响是最大的。追随者希望从领导者那里获得支持性的情感互动，即同理心。当领导者带动人们的积极情感时，他们就可以激发出员工的最佳状态。

大量的研究指出，男女在内分泌、脑电和皮层功能等多方面存在差异。女性的催产素水平明显高于男性，因此女性比男性会有更加强烈的共情反应。女性情感细腻，富有同情心。"感人心者，莫先乎情。"女性的同理心优势，正顺应这一时代要求。

(三)女性的柔性领导优势

以刚克刚两败俱伤，以柔克刚如愿以偿。柔性领导是指在研究人们心理和行为的基础上，依靠领导者的非权力影响力，采取非强制命令的方式，在人们心目中产生一种潜在的说服力，使其自觉服从和认同，从而把组织意志变为人们自觉的行动的领导行为。

这也正体现了这一概念所涵盖的四个基本方面：依据是心理和行为的规律；方式方法是非强制性的；对人的影响是潜在的；最终目标是让人们自觉行动。柔性领导行为注重激发员工内在的驱动力，"柔性领导"强调"以人为中心"，即俗话说的"得人心者得天下"。

德鲁克在1993年就提出"过去的领导要知道如何下命令，而未来的领导却要懂得如何发问。"当前，员工期望的不是领导的独角戏，而是"遍地英雄"的局面，员工对领导提出了多样性的角色期望，要求领导者的团队角色多元化。柔性领导不是以单一的角色出现的，而是根据情况承担多种角色，以满足柔性领导履行职能的需要。德鲁克将柔性领导比喻为特遣队队长。Peters认为，柔性领导热衷于发展事业、发现人才、培养人才，他们是啦啦队队长、剧作家、教练，同时也是团队建设者。

现在很多大企业不乏女性高层领导者。如著名的滴滴公司，柳青加入滴滴公司，以其独有的柔美和智慧以及高超的公关能力促进了滴滴公司的快速合并与发展，并得到政府的认可。柳青成为滴滴出行总裁。可以说正是滴滴创始人程伟和柳青的合作，成就了滴滴出行的传奇，而这样男女高层搭配的组织架构正在创业公司里流行。比如，华为的任正非和孙亚芳、海尔的张瑞敏和杨绵绵、格力的朱江洪和董明珠、逻辑思维的罗振宇和脱不花、喜马拉雅FM的余建军和陈小余。这样男性阳刚与女性柔美的高层组合模式，正在显示出其强大的生命力。甚至有人提出，让每一个公司都有一个女性合伙人也许是以后创业公司的标配。正所谓：武力让人低头，柔美让人点头①。

三、女性领导个性素质提升的核心点

一般来说，在社会公共领域，对一个社会公共角色的定位不会因性别的不

---

① 迟忠波．滴滴出行 CEO 程伟：最大成功不是收购优步中国，而是赢得了两个人的心，男的叫马化腾，女的叫柳青。2016-08-02.

同而有不同要求。也就是说，社会对领导干部的工作要求的尺度是一样的，不会因为性别的不同而不同。因此，领导力的提升是没有性别差异的。领导个性素质提升的核心点总结如下。

(一)远见

作为领导要有远见卓识。第二次世界大战结束后不久，一批战胜国议定拟成立一个处理世界事务的联合组织。总部设在哪里呢？多数人主张设在美国的一座繁华的城市。经费从哪里来？刚刚起步的联合国组织资金非常困难。洛克菲勒得知此情后慷慨解囊，主动出资 870 万美元在纽约买下了一块地皮无条件地捐给了联合国。联合国喜出望外，高兴笑纳。而有远见的洛克菲勒在买联合国地皮时也同时买下了周边的全部地皮。谁也未曾想到，后来洛克菲勒借此毗邻联合国的地皮获得了多少个 870 万美元。这就是领导人的远见卓识。

领导要善于为团队开启愿景，尤其要善于用自己的思想给团队开启一个激动人心的愿景。巴尔扎克说过："一个能思想的人，才真正是力量无边的人。"思想的魅力是领导工作的灵魂。领导还要善于把自己的思想用形象化的方式传递出去才会有效。因此，领导要培养自己讲故事的能力。乌瓦尔·诺亚·哈拉利教授(Yuval Noah Harari)在其书《人类简史》中的一个主要观点：人类社会是构建于虚构的故事之上，整个人类社会的前提是发达的"讲故事(Story-telling)"能力。"讲故事"和"相信故事"的能力，是原始部落突破 150 人上限、展开大规模协作的前提。相信同一个虚构故事的人，就算相互陌生也能共同合作，社会行为快速创新发展。因此，正因为语言的出现和讲故事能力的提升，人们能够以极其灵活的方式与陌生人进行大规模的协作，从而开创了一个又一个人间神话。马云用自己的丰富想象力讲述了一个"淘宝"故事，很多人都相信这个故事，并开始追寻，"淘宝"这个故事就变成了现实。

我们正处长一个"全球化想象"时代，一个领导者要想实现自己的思想，就要开启一个愿景，用故事的方式传递出去，用故事把人连接起来，用故事把大家的目标统一起来。用故事构建的秩序，塑造人们的欲望，激发斗志。

(二)沉稳

领导是大家的主心骨，是团队的灵魂。因此，领导不要随便显露自己的情绪，尤其是消极情绪。领导不要逢人就诉说你的困难和遭遇，这样会动摇人心，也会影响别人对你的信任。

在征询别人的意见之前，领导自己要先思考，但不要先讲。领导先讲，下属就不便于说出自己的真实想法，尤其是与领导不一致的看法。

领导不要一有机会就唠叨不满，这样会影响其影响力，影响在下属心目中的形象。领导做重要决定时最好与别人商量，征求更多人的意见，不能一冲动就做出决定。做出的决定最好隔一天再发布，留下进一步考虑的时间。因为一旦决定发布出去感觉不合适再取消，会造成不良影响。

公开场合讲话要稳重，不要慌张，甚至走路也不要慌里慌张，否则会给人以不沉稳的感觉。

(三)胆识

胆是指胆量，识指见识，又表现为做事的胆略和魄力。看准的事情，甚至在条件还不成熟时，敢于做出大胆的决策，做出正确的选择。邓小平同志曾经指出："没有一点闯的精神，没有一点'冒'的精神，没有一股气呀、劲呀，就走不出一条好路，走不出一条新路，就干不出新的事业。""四渡赤水"彰显了毛泽东战略上的胆识和智慧，改革开放彰显了邓小平科学发展马克思主义、发展中国经济的胆识和智慧。

领导的胆识可以给团队带来自信，因此，平时讲话少用缺乏自信的词句，也不要常常反悔，轻易推翻已经决定的事。在众人争执不休时，领导要有主见，要有决断力。

胆识还表现为要敢于担当，应该做的事，顶着压力也要做，应该负的责，冒着风险也要担，需要创新的领域，总是失败也要敢为人先。事情不顺的时候，歇口气，重新寻找突破口，做事有始有终。孟子说："天将降大任于斯人也，必先苦其心志，劳其筋骨，饿其体肤，空乏其身，行拂乱其所为，所以动心忍性，曾益其所不能。"另外，当事情失败时，要先从自身开始反省，而不是责备他人。这样才能给周围的人留下良好的领导形象，大家才敢跟着你干，才能做出大事。

(四)大度

有些女性爱纠结于小事，但作为女性领导者要豁达，要宽容大度，大事清楚，小事不斤斤计较。尤其是对别人的小过失、小错误不要过于计较。要善于容人、容事。宽容是黏合剂，是一种大将风度。只有宽容，才能赢得别人的尊重和理解，不要刻意把有可能是伙伴的人变成对手。更不要有权力的傲慢和知识的偏见。成果和成就都应和别人分享，更不要把下属的成果据为己有。必须有人牺牲或奉献的时候，自己走在前面。要保持健康的心态，容得下与自己脾气、秉性不一样的人，容得下比自己强的人，还要容得下比自己弱的人。要看人所长，用人所长，用共识、共为、共赢的境界赢得周围人的支持。

(五)诚信

作为领导，做不到的事情不要说，说了就努力做到。不要耍弄小聪明，更不要用欺骗等"不道德"的手段。小胜靠智，大胜靠德。靠小聪明只能获得一时之利，最终长远的成就一定靠一个人的人品，即"德"。彼得·德鲁克认为"领导能力是把握组织的使命及动员人们围绕这个使命奋斗的一种能力；领导力是怎样做人的艺术，而不是怎样做事的艺术，最后决定领导者的能力是个人的品质和个性。"

(六)乐观

艾丽斯·里夫林(Alice Rivlin)在美国公共行政学会 2003 年会议上发表的演讲中，概述了成功领导的要求。其中，她列出的一条是："毫无理由的乐观"。作为领导当整体氛围低落时，你要乐观、阳光。同时，乐观者也更容易当选领导者。塞利格曼研究小组选取了从 1900 年到 1984 年以来的 22 次美国总统选举，对竞选者竞选总统时的演讲词记录，用言语解释的内容分析，对他们的解释形态进行了研究，发现美国人选了乐观的候选人 18 次。在所有选举中，那些原来不被看好但是后来居上的意外者，都是比较乐观的候选人。输赢的幅度与两位候选人悲观乐观分数的差距有很大关系，乐观程度比对手越高的人，赢的幅度也越大。选民为什么喜欢乐观的候选人，塞利格曼解释原因有三个：乐观者的竞选造势比较有活力；选民不喜欢悲观者；乐观可以带来希望①。毛泽东基于远见卓识的乐观奋斗精神，引领困境下的中国新民主主义革命走向最终的胜利。在革命进入低潮，有人提出"红旗到底能打多久"时，1930 年 1 月，毛泽东写了《星星之火可以燎原》，以此重振了革命的信心。1938 年 5 月，在抗日战争时期，面对速胜论和亡国论两种错误论调，毛泽东高瞻远瞩、慧眼独具提出了《论持久战》，把战争分为四个阶段，并提出最后胜利一定属于我们。因此，毛泽东基于长远战略做乐观地思考，基于现实的悲观做计划和准备，执行时轰轰烈烈，引领追随者们充满必胜的信心与希望。

因此，一位著名的政治家曾经说过："要想征服世界，首先要征服自己的

---

① [美]马丁·塞利格曼．学习乐观(第 2 版)[M]．洪兰，译．北京：新华出版社，2002：212－226.

悲观。"一个乐观的竞选者、一个给选民带来希望的竞选者，才能赢得选民的青睐，最终赢得竞选。

(七)认可他人

杜威认为，人类本性中最深刻的驱动力就是希望受到重视，一旦这一需求受到挫折，便会造成精神失常，让自己情不自禁地陷入自我编造的环境中，无法在真实的世界中找到自重感。也就是说人的内心都充满着被肯定、被发现、被称赞的渴望。如果我们在组织管理中能够传递给下属一种"你值得信任"的眼光，下属就能逐渐去发现自己的资源与能力，就能够带出很大的改变力量。信任能使人的自尊得到满足，对于文化素质越高的人来说，领导信任与否，对其工作热情和积极性将起到关键作用。满足别人对自尊的欲望，别人自然会变得更友好，更讨人喜欢。

人是一种很特殊的动物。如果接收到欣赏、肯定、赞美的信息，那我们就不仅感到高兴、得意、振奋并增进了彼此的关系，而且真的有可能朝着这种积极的方向去发展；如果接收到排斥、否定、批评的信息，那我们不仅会感到挫折、压抑、沮丧，还可能会激起强烈的自我防卫心理，拒人于千里之外，甚至还可能会自暴自弃，真的放纵自己滑向那个消极的、危险的深渊。

只有以欣赏的眼光去看待人与人之间的关系，人与人之间才能充满勃勃生机，并形成良性互动。因此，认可他人是一种重要的领导力素质。

【本章小结】

女性职业发展上的自我限制包括托付心态、成功恐惧、自卑心理、从众心理等。优势即一个人能持久地把某件事做得近乎完美的能力。优势由才干、技能和知识组成，其核心是才干。

女性在职业选择上的素质优势包括：卓越的语言能力、独特的形象思维能力、韧性、善于交往沟通、有爱心和同理心、善于合作等。

工作中优势的发挥方式：识别优势与工作的结合点；控制劣势，化劣势为优势；聚焦优势，发挥优势。

女性领导个性素质提升的核心点包括：远见、沉稳、胆识、大度、诚信、乐观、认可他人等。

【关键术语】

托付心态；成功恐惧；优势；同化式权力

【思考题】

1. 女性职业发展上的自我限制有哪些？
2. 请思考并发现自己的优势是什么。
3. 女性在职业选择上有何素质优势？
4. 女性的领导优势有哪些？
5. 女性领导个性素质提升的核心点有哪些？

第十章　职业女性的压力与管理

压力就像一根小提琴弦，没有压力，就不会产生音乐。但是，如果琴弦绷得太紧，就会断掉。

——佚名

【学习目标】

1. 了解压力的含义及其对人体的影响与危害。
2. 了解职业女性的压力来源。
3. 学会有效管理压力。

第一节　职业女性的压力及其来源

现代社会，女性也像男性一样有着强烈的工作欲望，她们不愿输给男人。因此，女性工作起来，往往比男性更投入、更卖力。这样必然造成压力，那么，何谓压力？压力对人有什么影响？主要的压力来源是什么？这是本节要阐述的重要内容。

一、压力的含义、特点与分类

(一)压力的含义

关于压力(stress)现在有三种含义。

第一，压力是指那些使人感到紧张的事件或环境；第二，压力是一种主观的反应，是一种心态，是人体内部出现的解释性的、情感性的、防御性的反应过程；第三，是对需要或伤害侵入的一种生理和行为上的反应。在这种情况下，人们会感到全身发冷、手掌心甚至脚心出汗、脸发热、双手颤抖等。

压力研究专家 Richard Lazarus 认为，压力是由于事件和责任超出个人应对能力范围时所产生的焦虑状态(紧张状态)。当工作要求与工作者的能力、资

215

源或需求不匹配时发生的有害的生理与情绪反应，就是工作压力。

压力也与需要有密切关系，压力产生的核心是需要得不到满足。压力是当你所拥有的与你所想望的东西之间有差距时，你所经历的一种感觉。差距越大，这件事对你来说就越重要，压力的潜在可能性也越大。换句话说：希望拥有×重要系数＝潜在压力。

总之，压力的大小，与压力源的大小成正比，与个人身心承受压力的强弱程度成反比。每个人的自身承受能力不同，对同一压力源的反应也不一样。所以，同样一件事对一个人可能造成很大压力，而对另一个人却无关紧要。

(二)压力的特点

压力具有主观性、评价性与活动性等特性。

主观性。主观性指的是同样的事件对不同的人所引起的压力状况不同。有时对某个人来说压力可能是真的，也可能是凭空想象的。

评价性。评价性指的是个体对压力会产生好坏优劣的看法，不同的评价会产生不同的压力感受。

活动性。活动性指的是压力的强弱，例如骤失亲人、遭遇意外事故等所引起的压力要比被主管纠正错误或与人口角的压力大。

(三)压力的分类

1. 根据压力来源的性质，可把压力分为预期的压力、情境的压力、慢性的压力、残留的压力

(1)预期的压力。预期的压力是由对未来的忧虑所引起的。如未来我的职位还能不能保住？万一考不上研究生怎么办？等等。诸如这些因对未来不确定性的担忧而产生的压力，都叫预期压力。

(2)情境的压力。情境压力是现在的压力，是由于情境环境而导致的压力，是一种立即的威胁、挑战，需要马上留意。例如，面对很多人上台发言，他就会感觉到有一种莫名的压力。这是一种对现实的反应，这就是由于情境环境而导致的压力。

(3)慢性的压力。慢性压力是长时间积累的压力，它源自一些你无法控制、只能忍耐和接受的经验，或者是从你平常可能感受不到的一些细微的事件沉积下来的。例如，有的人从工作开始一直忍耐，直到退休还在他心里有一种非常大的压力，怕犯错。这就是慢性的压力。这种压力在每个人的身上表现不一样，但是在职场里工作时间越长，这种慢性的压力就会越深。

（4）残留的压力。残留的压力是过去的压力，表现为经历过挫折或失败后不能将过去的伤痛或不好的记忆抹去，这种难以抹去的阴影称为残留压力，这种压力会在特定的场合爆发。例如，有的人在发布会上将一句台词念错了，事后，他自认为已经忘掉了此事，可在特定的场景下潜意识又会马上爆发出来，他会莫名其妙地发怵，将会念的台词念错。

2. 根据对压力程度的不同反应，可以将压力分为轻度压力、高度压力和适度压力

（1）轻度压力。在轻度压力下我们会觉得放松、平静。但是如果长时间如此，我们可能会变得懒散、没有斗志。

（2）高度压力。在高度压力下我们会非常兴奋，但压力过高会产生挫折感，就不能发挥平常应有的水平，长时间的高压力还会造成衰竭。

（3）适度压力。适度的压力会让我们感觉舒适，同时也会带来挑战性，能激励我们的行为。在适当的压力范围内人们能更有活力、更积极地参与工作、生活。

当然，不同的生活事件其压力程度也不一样，有研究生活事件与压力程度的调查如表 10-1 所示。

表 10-1　生活事件与压力程度

生活事件	压力程度	生活事件	压力程度	生活事件	压力程度
丧偶	100	家中有新成员	39	纠正个人习惯	24
离婚	73	职务调整	38	与老板相处不好	23
分居	65	财务状况改变	37	改变工作时间	20
坐牢	63	好友死亡	36	改变住所或转学	20
亲属死亡	63	换工作	35	改变休闲活动	20
受伤或生病	53	与配偶争执增多	29	调整社交活动	19
结婚	50	改变工作责任	29	改变睡眠习惯	18
被解雇	47	儿女离家出走	29	增减家人团聚	17
婚姻调解	45	与姻亲有争执	28	改变吃的习惯或度假	16
退休家属	45	杰出成就	26	圣诞节	15
健康变化	44	配偶开始或停止工作	26	轻微犯规	13
怀孕	40	开学或学期结束	25		
性生活障碍	39	改变生活状况	24		

3. 根据压力对人的好坏，可将压力分为正性压力、中性压力和负性压力

(1)正性压力。强调压力在某种情境下是具挑战性及正面性的，例如：许多运动员是在极端压力之下打破世界纪录，而好的压力是一种力量的源泉，可提高工作效率，进而加速达成目标，但是人所能承受的压力有其限度，一旦超过了限度，即使是好的压力也会带来反作用，转化为负性压力，绩效或健康状况随之下降。

(2)中性压力。一些不会引发后续效应的感官刺激，它们无所谓好坏。

(3)负性压力。压力是长期性或沉重的，导致人体无法承担及适应，往往带给人们懊恼的感受，会让人的心智及身体付出极大的代价。负性压力是需要管理的压力。

二、压力对人体的影响与危害

(一)压力与身体

在压力状态下，身体会持续地工作与紧张，以提供面对压力所需的注意力与体力，人的身体会分泌交感神经素与肾上腺皮质类固醇等荷尔蒙，其中交感神经素会让人的心跳加快，而交感神经长期太兴奋，首先会影响心脏血管。交感神经素太多，血液会较浓稠，易阻塞，易发生高血压、心血管疾病等。压力太大时，身体所分泌的肾上腺皮质类固醇会减少免疫系统淋巴球的数量，而使人的抵抗力减弱。越觉得有压力的人，接触呼吸道的病毒时，越容易受到感染而得感冒。处于长期精神压力下，生病的概率会增加3~5倍。而免疫力降低，等于身体内部的防御力不足，生病的概率便增多。小至感冒，大至癌症，都有可能。

由于面对压力需要大量的注意力与体力，尤其在面对重大压力时，身体自然会有许多症状出现。诸如，肠胃不适、头痛、偏头痛、肌肉酸痛、背痛、食欲异常(暴饮暴食或没有食欲)、睡眠异常等。

严重的还可以造成"过劳死"。造成过劳死的原因主要是长期高强度、超负荷的劳心劳力，加上缺乏及时的恢复和足够的营养补充，而导致细胞快速老化，一旦这种老化超过一定限度就会引发过劳死，因此，可以说慢性疲劳症候群就是造成过劳死的前兆。

(二)压力与心理行为

长期的过度压力还会导致如下心理与行为反应。

1. 认知改变

不专心、注意范围缩小、注意涣散、记忆力降低、反应迟钝、错误增加、组织规划能力降低、错觉(见图 10-1)。

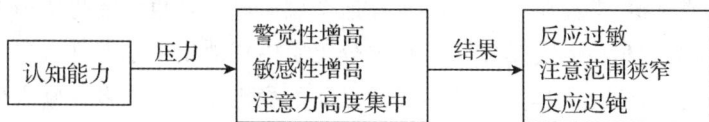

图 10-1 压力对认知的影响

2. 情感改变

压力下容易导致情绪焦虑、紧张、急躁、愤怒、情绪波动、悲观无望、自卑、沮丧与无助。

3. 行为改变

热情降低、工作效率下降、迟到或旷工、吸烟酗酒、吸食毒品、玩世不恭、睡眠困难、进食紊乱、离奇行为、自杀行为。

4. 人际互动改变

对周遭环境不注意,对别人的困难与痛苦不在乎,不关心别人、也逃避同理他人。造成个体对社会适应不良:人际交往减少、人际关系受损(见图 10-2)。

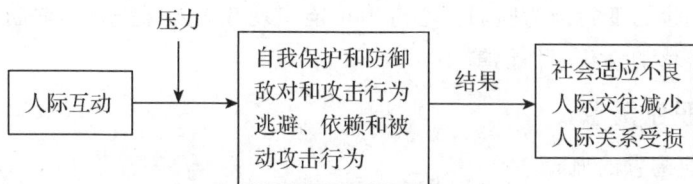

图 10-2 压力对人际互动的影响

压力也会影响家庭关系。过大压力下个体对家庭的兴趣和关心减少,缺乏耐心,冷淡。因此,压力是造成夫妻矛盾和最终离婚的主要原因之一。

三、应激三阶段与职业倦怠

(一)应激三阶段

加拿大心理学家塞立叶的研究表明,长期处于应激状态会使人体内部的生化防御系统瓦解,身体抵抗力降低,容易患病。他还把应激分为以下三个阶段。

1. 警觉阶段

觉察到刺激因子，人体就进入了警报反应阶段。在这个阶段人们将体会到一种"战斗或逃避"的感觉，会想要避开这个刺激因子，也可能想要面对并与之战斗。人体会发生生物化学变化，从内分泌腺中释放出荷尔蒙来抗击压力。这些荷尔蒙会尝试着让人体回到受到刺激之前的稳定状态，或者鼓励人体细胞与刺激因子进行抵抗。表现为肾上腺素分泌增加、心跳加快、血压升高、肌肉张力增大、血糖提高等现象；一般而言，这些变化具有一定的压迫意义，因为它们为机体应付挑战开始动员能量。

2. 阻抗阶段

表现为身体动员许多保护系统去抵抗导致危机的出现，此时，全身代谢水平提高，肝脏大量释放血糖。如果此时期过长，使机体糖的储存大量消耗，下丘脑、脑垂体和肾上腺系统活动过度，使内脏受到损伤，出现胃溃疡、胸腺退化等症状。

3. 衰竭阶段

如果压力持续时间太长，我们不能正常进行各种活动，症状也将持续。如果不能停止或变成动力，身体会出现疾病，身体产生过量的激素试图终止压力，但严重的可能导致器官的衰竭，当身体的防御能力耗尽时，即使对于微小的压力我们也会变得极为脆弱。心理上可能出现夸大的保护行为取向，思维的混乱以及人格的变化、抑郁等。

(二)职业倦怠

1. 职业倦怠的概念

职业倦怠又称职业枯竭(burnout)，指个体在工作重压下产生的身心疲劳与耗竭的状态。最早由 Freudenberger 于 1974 年提出，他认为职业倦怠是一种最容易在助人行业中出现的情绪性耗竭的症状[①]。随后 Maslach 等人把对工作上长期的情绪及人际应激源做出反应而产生的心理综合征称为职业倦怠。一般认为，职业倦怠是个体不能顺利应对工作压力时的一种极端反应，是个体伴随于长时期压力体验下而产生的情感、态度和行为的衰竭状态。

---

① Freudenberger H J. Staff burnout[J]. Journal of social issues, 1974, (30): 159—165.

2. 职业倦怠的三个方面

(1)情感衰竭：指没有活力，没有工作热情，感到自己的感情处于极度疲劳的状态。它被发现为职业倦怠的核心维度，并具有最明显的症状表现。

(2)工作漠视：指刻意在自身和工作对象间保持距离，对工作对象和环境采取冷漠、忽视的态度，对工作敷衍了事，个人发展停滞，行为怪僻，提出调度申请等。

(3)无力感或低个人成就感：指倾向于消极地评价自己，并伴有工作能力体验和成就体验的下降，认为工作不但不能发挥自身才能，而且是枯燥无味的烦琐事物。

3. 职业倦怠的原因

(1)缺乏控制感。缺乏控制感很容易让人产生无力感，对自己的工作失去兴趣。一个人的权力越大，对工作的掌控越强，他对职业产生的倦怠的可能性就越小。

(2)工作界定不清。当一个人不知道自己要做什么的时候，就很难对自己的工作充满自信，也无法得知工作方法是否正确。

(3)工作中的冲突。工作中的人际关系矛盾、组织规定与具体情况之间冲突、个性与工作性质之间冲突、上司之间的意见不统一。

(4)工作负担太重。无法收尾的工作，不可能完成的任务，无法满足的客户。

(5)缺乏成就感。强烈的迷失感，不知道自己为什么工作。反馈不足，完美主义，回报不足。感觉自己大材小用。

四、职业女性的压力来源

压力源(stressor)是指使个体产生压力反应的内外环境因素。具体来说，职业女性的压力源主要表现为以下几方面。

(一)工作来源

1. 工作本身来源

(1)工作负荷。工作量过大或过少、工作单调机械、时间短任务重、缺乏工作安全感、抱负受挫、组织变革(如并购、重组、裁员等)等。

(2)工作责任。由于工作的性质，个体不得不在工作中经常做出重大的决定，承担一定的风险和责任。社会心理学家威尔逊认为："所有对他人高度负责的角色，都要经受相当多的内在冲突与不安全感"。

(3)工作自主性。不能自主的安排工作时间，对自己工作的环境和资源不能自由控制。

(4)工作场所的人际关系。对领导管理的不满，与同事之间的冲突，与下属关系紧张等。

(5)职业发展与组织氛围。晋升的机会渺茫，晋升的途径单一，缺乏个人发展的机会；组织结构僵化、士气低迷、工作缺乏安全感、工作氛围不和谐等。

(6)角色冲突与角色模糊。Robbins 将角色冲突定义为：当个体面对分歧的角色期望时所产生的不平衡状态。个体如果顺从某个角色的要求，就很难顺从另一角色的要求，当无法同时满足各种角色的要求时，角色间冲突就出现了。例如，工作中不同管理者下达的指令不一致，不知听哪一位领导的，就出现了角色冲突。角色模糊是指工作的权利和责任划分不清，搞不清工作对自己的要求和自己必须完成的工作内容，使个体的工作处于混乱之中。

2. 工作场所的性骚扰

性骚扰是指一种带有性意识的不受欢迎或不被接受的语言或行为，性歧视的一种形式。性骚扰多发生在异性之间，主要表现形式有：①身体接触方式，是指故意触摸碰撞异性身体敏感部位；②口头方式，如以下流语言挑逗异性，向其讲述个人的性经历或色情文艺内容等；③非言语的暗示，即在工作场所展示淫秽图片、广告，使对方感到难堪，身体或手的动作具有性的暗示等；④以性作为贿赂或要挟的行为，指以同意性服务作为借口，来换取一些利益，甚至以威胁的手段，强迫进行性行为；⑤以电话、短信骚扰，即经常发信息写一些黄段子或肉麻不堪的话，多次提出与对方约会的请求，经常打电话说猥琐的话等。一般来说，容貌漂亮，富于魅力，性格软弱、柔顺的年轻女性容易受到性骚扰。女性工作场所的性骚扰具体表现多种多样，而以权力型性骚扰居多，并且难以处理，造成的压力较大。权力型性骚扰多发生在老板对雇员或上司对下属，尤以女秘书、助理居多。性骚扰会影响和限制被骚扰者的生活，损害她的形象以及自尊和自信；性骚扰的发生会增加她的厌恶和恐惧，使她生活在恐惧、怀疑和压抑之中。

(二)家庭来源及其工作—家庭冲突

婚姻、家庭对于女性的压力也很大。而职业女性不仅要承担工作压力，而且还要花相当大的精力在家庭和孩子身上。而现代生活环境不断变化，社会家庭的稳定性大大下降了，稍不留神家庭就会出现危机，孩子在当今的教育制度下，也是压力重重，问题繁多，这些方面一旦出现问题，就容易使职业女性产生挫败感，抑郁沮丧。

工作—家庭冲突。Kahnetal 等（1964）描述工作家庭冲突（Work-Family Conflict）为一种角色间冲突的形式，在该形式中，来源于工作角色的需求同来源于家庭角色的需求相互矛盾。Frone 等（1992）认为，工作—家庭冲突是一种双向性概念，可以分为工作干扰家庭与家庭干扰工作两种情况。如果个人工作上的问题和不信任干扰到家庭任务的履行时，这些未完成的家庭任务便会反过来干扰其工作情况；同样的，当个人家庭上的问题和不信任干扰到工作任务的完成时，这些未完成的工作任务亦会反过来干扰其家庭生活。可见工作—家庭冲突是一种角色交互冲突。Stephens 和 Sommer（1996）认为，工作—家庭冲突的三个组成部分是：①时间冲突：当多重角色对个人时间的需求发生争夺竞争的情形时，时间冲突的情形就会发生。关于时间的冲突又有两种形式：第一种是分身乏术。也就是说，参与了一种角色活动使得个体在身体上无法参与另一种角色活动。第二种是心不在焉。即尽管个体的身体条件允许，但他的精神却被另一种角色给提前占据了，注意力不能集中。②紧张冲突：当某一领域的角色压力使个人产生生理或心理上紧张，因而阻碍他完成另一领域的角色期望时，紧张冲突就会发生。③行为冲突：在工作及家庭领域中，合适的行为模式不尽相同，当这些模式之间产生矛盾，而必要的行为调整已无法完成时，行为冲突就会发生。对职业女性来说，工作单位要求她们具有敬业、进取和开拓精神，但在家里她们都被要求成为温柔、贤惠和本分的妻子和母亲。两者的角色规范和要求不一致，很难做到两全其美，必然会对她们的心理产生影响。①

（三）社会环境来源

社会赋予了女性更多的权利与义务，大部分女性都选择走入社会，拥抱事业。然而现实却是残酷的，当女性步入社会走入职场的那一刻起，也就意味着要承受职场所带来的重重压力。职场就是没有硝烟的战场，对于女性来说，要比男性付出更多的艰辛才有可能获得同样的社会地位。在职场中，除了同比自

---

① 李森，陆佳芳，时勘．工作—家庭冲突中介变量与干预策略的研究［J］．中国科技产业，2003，（7）．

己年纪小的女性竞争外，女性还要同没有"三期"的男性竞争。虽然我国的社会制度已经做出了赋予女性跟男性同等的权利，但是在现实生活中，女性在步入职场、实现自我价值的过程中，会遭受到各种歧视，其应有的权利得不到相应的保障，而且人们普遍认为女性的工作能力不如男性，同等工作同样能力，女职工工资低于同岗位男职工的现象也随处可见，这就造就了女性严重的心理缺失感。

(四)自我来源

1. 生理压力

女性的生育期、哺乳期和更年期，这些生理因素制约了女性在职场中发展深造的机会，降低了女性在社会中与男性进行竞争的条件。统计表明，女性抑郁症的发病率是男性的两倍。生育期、哺乳期、更年期，这些时期的职业女性，更易表现出严重的抑郁症、焦虑症等精神症状。

2. 压力与认知

同样的压力情境使有些人苦不堪言，而另一些人则能够平静地对待，这与认知因素有关。当一个人面对压力时，在没有任何实际的压力反应之前会先辨认压力和评价压力。如果把压力的威胁性估计过大，对自己应对压力的能力估计过低，那么压力反应也必然大。例如，你面对经理布置的一个非常重要的新任务，如果认为自己没经验，万一搞砸了，会引起经理极为不满，就会感到惊慌恐惧；而如果认为虽然自己没经验，可以请别人协助，就是没干好，也不至于很惨，并且这个任务会给自己带来从未有过的成长，就会感到一种兴奋。正如一位哲学家所说，"人类不是被问题本身所困扰，而是被他们对问题的看法所困扰"。

对压力的认知评估可以分为两个阶段。初步评估是评定压力来源的严重性，二级评估是评定处理压力的可能性。如果压力严重，又无有效的应付压力的良方，必然产生一种持续性的紧张状态。

3. 压力与不切实际的自我期望

不少职业女性事业心较强，对自己的期望比较高。但是，由于多种主客观原因的限制，有些人常常遇到挫折，使期望难以实现。于是怨天尤人，拒绝接受事实，以致出现心理障碍。

一个人如果没有理想抱负，就会碌碌无为，就不可能有大的成长进步。但是一个人如果不能正确评价自己，把目标定得过高，而自身的能力或客观条件又有限，就会因目标无法实现而遭受精神挫折，影响心理健康。不切实际的自我期望容易造成压力。可用下面的快乐公式来描述期望与所得之间的关系：

快乐（H，Happiness）＝成就（A，Achievement）÷期望（E，Expectations）

如果你的期望值很小，那么即使获得小小的成果也能带来极大的快乐。当你的期望值超过自己能力所及、超过环境所能提供的资源供给，成功微乎其微，就必然导致不快、沮丧等负面情绪。

有些职业女性对自己抱有不切实际的、过高的自我期望，对自己所做的每项工作都要求做得十分完美，例如，"我必须始终准时""我必须与任何人融洽相处""我必须时刻待在办公室里，以便上司或下属随时都能找到我""当别人要求我时，我必须说'是'"。结果导致对自己的表现永远不满意，永远不能从已经完成的工作中获得轻松感。

4. 压力与缺乏界限感

一个人要生活得轻松洒脱，需要人与人、人与事之间都应该有界限感。女性由于比较敏感，有时在很多与自己关系不大的人或事情上过多地情感卷入，分不清界限，从而引发不必要的压力。任何事件当与个人的自我没有发生联系时，就不会对这个人产生影响。许多事件只有当你认为与你有关，认为你应该负责等自我卷入时才造成压力。其实事情本身无关紧要，但自我卷入过多，就会痛苦、出问题。自我情感卷入过多的人在工作上常常表现出，对本来不该自己负的责任、本来不是自己的错误，往往也感到一种责任感、内疚感。"自我卷入"过多的人其实是不成熟的一种表现。因此，要增加界限感，从而减少不必要的自我卷入。

5. 压力与性格

压力与一个人的性格也有密切的关系，研究发现 A 型性格的人容易产生心理压力和产生心理疾病。

A 型性格是美国著名心脏病学家弗里德曼（Friedman. M.）和罗森曼（Roseman. R. H）于 20 世纪 50 年代首次提出的概念①。他们发现许多冠心病病人表现出一些典型的共有的特点，如雄心勃勃、争强好胜、醉心于工作但是缺乏耐心、容易产生敌对情绪，常有时间紧迫感等。他们把这类人的行为表现特点称为 A 型性格类型，而相对缺乏这类特点的行为称为 B 型性格类型。A 型性格被认为是一种冠心病的易患行为模式。冠心病病人中更多的人是属于 A

---

① 过慧敏，张伯源. 中国南方 A 型行为问卷测试结果的分析[J]. 中国临床心理学杂志，1995，3(4).

型性格，而且 A 型性格的冠心病病人复发率高，愈后较差。

A 型性格的人常处在中度至高度的焦虑状态中。他们不断给自己施加时间压力，总为自己制定最后通牒期限。这些特点导致了一些具体的行为结果。比如，A 型性格的人是速度很快的工人，他们对数量的要求高于质量的要求。从管理角度来看，A 型性格的人表现为愿意长时间从事工作，但他们的决策欠佳也绝非偶然，因为他们做得太快了。A 型性格的人很少有创造性，因为他关注的是数量和速度，常常依赖过去经验解决自己当前面对的问题。对于一项新工作，无疑需要专门时间来开发解决它的具体办法，但 A 型性格的人却很少分配出这种时间。他们很少根据环境的各种挑战改变自己的反应方式，因而他们的行为比 B 型性格的人更易于预测。

C 型性格，又称无助—绝望性格，由泰莫沙克和德赫（Temoshok & Dreher）研究提出，认为这种性格的人具有习得性无助的特点：取悦他人，渴望得到别人的认同；压抑愤怒与内心感受以及其他情绪；为表现自我美好的一面，甚至牺牲价值观；自我完整感常打破，被动而无助；持续低强度的负面情绪，缺乏发现快乐的眼光；习惯于放弃和自我否定。C 型性格的人容易产生压力，C 型人格特征的人癌症发病率是正常人的 3 倍以上。对于 C 型人格易患癌的现象，神经免疫学的回答是：抑郁心理状态打破了体内环境的平衡，干扰免疫监控系统的功能，不能及时清除异常突变细胞，这类细胞极易引发癌症。

坚韧型性格又称压力耐受型性格，Maddi & Kobasa（1979）研究认为，坚韧型性格具有 3 种独特的人格特质：①挑战性 Challenge，即把改变和难题视为成长的机会而不是威胁。挑战象征着心灵的渴望，给人鼓舞。②承诺 Commitment，即对自己、工作和家庭的贡献，使得个体有一种归属感。承诺包括个体价值和生活目的的投入，以获得个体潜能的增长，是个体意志的直接反映。③控制感 Control，即个体拥有的通过自身行动来改变生活事件的信念，明白事件发生的原因而不是无助的感觉。坚韧型性格具体表现为：因为喜欢工作而努力工作；容易满足，因阶段性的成功而养成努力的习惯；阶段性成功内化为逐步增强的自尊；能感受到压力事件对个人成长的价值；善于反思如何把困境变成机遇；个体可能表现出 A 型性格特质却没有心脏疾病的危险。①

---

① 李利娜.护士坚韧性人格、社会支持及生活质量关系的研究[D].郑州：河南大学硕士学位论文，2008。

6. 压力与抗拒

很多时候，一个人的压力源于对抗，源于不能接纳。希腊思想家修希德狄斯（Thucydides）早在 2500 多年前就揭示："幸福的秘密在于自由，自由的秘密在于勇气"。对自由的不懈追寻也是心理学精神分析学派真正的内核，内心越自由，在现实中越容易收发自如，感受到的压力就越小。孔子说："知者不惑，仁者不忧，勇者不惧。"勇气的心理层面隐含不惧怕，不惧怕则不焦虑，焦虑是日常压力的一个重要心理因素。真正高层次的勇气不是对抗的勇气，应该是接纳和包容，对抗会消耗生理能量，接纳包容会储存能量。这也就是孔子经常提到的一个字"仁"，"仁者爱人"，爱一个人、接纳包容一个人比对抗会更少压力。曾国藩临终时给家人的遗言中就提到"求仁则人悦"。

举重与压力

• 一个人举起一个 80 公斤的杠铃非常吃力，是什么给了他压力？

• 然后，给他一个 100 公斤的杠铃让他举，他举之前感受到很大的压力，是什么给了他压力？

• 然后，同样一个 100 公斤的杠铃让他举，告诉他如果能举起来将得到 1000 万元现金，他的压力有什么不同？

• 然后，给他一个 90 公斤的杠铃让他举，告诉他如果能举起来将得到 8000 万元现金，但一旦举了而没有举起来，他将失去他的妻子和儿女，他的压力有什么不同？

请分析以上四种情况下的压力来源各是什么？

五、职业女性压力来源的年龄特点

从职业女性有效的从业周期来看，20～30 岁的职业女性，无论工作还是生活都更具不稳定性，此时的压力主要来源于就业压力和竞争压力，她们在工作中渴望自我价值的实现，以及会面临感情的问题。而 30～45 岁的职业女性，虽然生活较为稳定，但工作也更易受到家庭、婚育和社会的影响，工作和家庭、婚育矛盾的压力日渐增加。45～55 岁的职业女性，关注的更多的是自我价值在社会和家庭中的实现，此时受到新人带来的竞争压力和家庭压力也会同时存在。

第二节 职业女性压力源的管理

心理学家曾形象地说：压力就像一根小提琴弦，没有压力，就不会产生音乐。但是，如果琴弦绷得太紧，就会断掉。管理好压力并不是要消除压力，因为适度的压力对人是有益的，完全没有压力的工作会变得单调乏味。另外，压力也不可能完全消除掉。因此，压力管理就是要将压力控制在适当的水平，使压力的程度能够与工作生活协调。

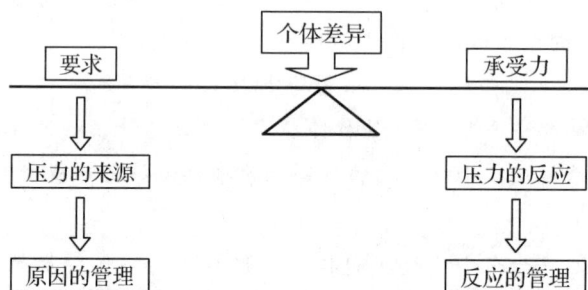

图 10-3 压力管理的模型

根据压力管理的模型(图 10-3)：要求是指生活、学习或工作中导致压力的各种事件(压力源)；承受力是指你在运用各种资源应对这些压力源时的身心反应。压力管理可分为两大方面：一是对压力源的管理；二是对压力反应的管理，即情绪、行为及生理等方面的纾解。下面先谈谈职业女性如何针对压力源实施有效管理。

一、树立正确的压力观

要管理好压力，需要树立正确的压力观。任何事物，只有理解了它，才能驾驭它。

(一)适当的压力会带来高绩效

压力能够对你个人的效率起到帮助或阻碍的作用，两者的关系通常如图 10-4 所示。当你的压力程度上升时，你的个人效率随之增加，但当压力程度超过了你的最佳压力点时，你的个人效率随之减低，并且长时间还会导致身心问题。这就意味着，当压力使你更警觉或更精力充沛时，它对你有益，并能使你全神贯注和高水平地运作。适度的工作压力可刺激机体处于紧张状态，提高工作业绩。著名心理学家罗伯尔说得好："压力如同一把刀，它可以为我们所用，也可以把我们割伤。那要看你握住的是刀刃还是刀柄。"

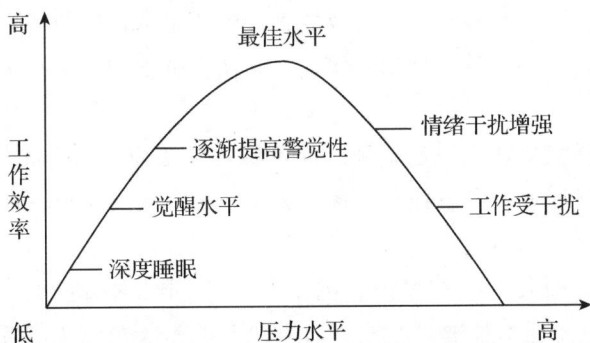

图 10-4　压力与绩效的关系

(二)压力带来乐趣和成长

为维持正常的状态，人们需要一个最低水平的刺激输入。贝克斯顿(Boxton)在美国麦吉利大学所做的感觉剥夺研究，募集了大学生志愿者作为参加实验的人。志愿者每天躺在床上睡觉，并有每天 20 美元的酬劳。他们可以自己决定何时退出实验。结果大多数被试在实验开始后 24～36 小时内要求退出，没有人坚持 72 小时以上。研究人员认为：维持大脑觉醒状态的中枢结构——网状结构，需要得到外界的刺激以维持一个激活的状态。实验证明，生命活动的维持需要一定水平的外界刺激。有时人还会主动寻求刺激，如观看恐怖片、参加户外探险活动、公园里体验惊险娱乐活动等。

行为医学研究发现，追求"成就感"或"事业的成功"是人类行为极其重要的动机之一。而工作正好是人们满足成就欲望的无可替代的途径。工作之中还可以帮助人们排解一些不必要的烦恼和忧愁。

人的成长和发展就是不断适应环境压力的过程。个体的一生发展，在每个阶段都需要应付新的要求。没有压力，就没有成长。压力是无处不在、不可避免的，也是必要的。人的生长与发展中，就得不断保持一定程度的焦虑、恐惧与不安全，才会维持个体的警觉性，不断提升自己、创造新的业绩，谋求更大发展，得到内心的宽慰。因此，要把压力视为一种动力，了解它、接受它、享受它所带来的张力。

二、有效管理时间并提升行动力

(一)有效管理时间

管理学家彼得·德鲁克说：有效的管理者不是从他们的任务开始，而是从他们的时间开始。不是从做计划开始，而是从发觉他们的时间实际花在什么地方开始。

工作压力重大症状之一是感到时间不够，无法应付所有必须完成的工作。那么，妥善安排时间，分解任务，逐一完成，可以缓解这种不良感觉。

1. 分清主次安排工作

把工作分成四大类：A(紧迫、重要)、B(紧迫、不重要)、C(重要、不紧迫)、D(既不重要也不紧迫)四类。如图 10-5 所示。重点做好重要又紧迫的，重要而不紧迫的往往是人容易忽视，而对长期发展非常重要的，应引起警惕。

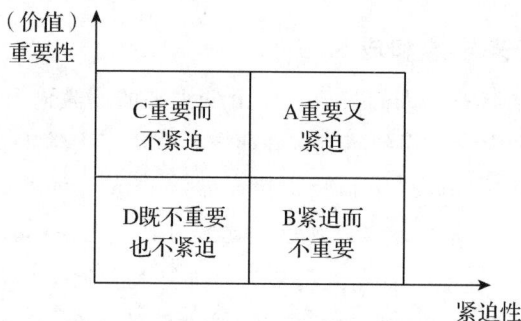

图 10-5　时间管理 ABCD 分类法

2. 分配时间

要想最有成效地使用时间，最大限度地减轻压力，你必须仔细周详地安排好每一天。综观所有计划完成的工作，给每项工作分配一个适当的时间量。可能的话，尽量把一个或多个重要的 A 类工作安排在上午完成，以免整天对其念念不忘而产生压力。利用适当方法制订工作安排，如利用日志、电脑、时间计划表。

每天进行工作列表：列出所有必须完成的工作，按工作主次排列顺序，即根据工作的紧急性和重要性来安排次序。

(二)提升行动力

有时为眼前困难的任务而处于焦虑、痛苦之中，迟迟不去行动。其实，许多压力其实并不像人们想象的那么难应对，如果一个人处在对压力的恐惧中，会越想越难，越难越怕，越怕压力就越大。

要认识到绝大多数忧虑是我们想象出来的；找出事情的真相，忧虑自然消失；了解事情最坏的状况并立即开始设法改变；把注意力集中在解决问题的方法与程序上；去做害怕的事情。对任何事情，一旦你行动起来去做就会发现，并不像想象中的那样难，有时反而会很容易。与其采取拖延的方式，整天生活在焦虑之中，不如马上行动，去做你害怕的事，害怕自然就会消失！

当然，面对困难、挫折，也并不是要盲目的行动，而是要善于行动，才能解决压力。还要善于发现困难、挫折面前的机会。一位富有的企业家跟他的小学同学碰面了，小学同学就问他，为什么你赚取了这么多财富，而我现在收入这么低。因为那个董事长每月赚的财富，相当于他的同学工作 85 年赚取的财富。董事长说我们两个脑部结构不一样。他的同学听完之后，非常生气，说我记得上学的时候，你抄我的作文，你现在给我讲，我们两个的脑部结构不一样，到底哪里脑部结构不一样。董事长说，因为我永远注意问题背后的机会。而你永远注意机会背后的问题，所以你会裹足不前。

三、有效处理工作—家庭冲突

Hall(1972)率先研究了个体层面的工作—家庭冲突管理，并开发了一个冲突管理的分类法[①]。它包括三种管理类型。

(一)进行结构角色再定义

结构角色再定义(Structural Role Redefinition)是指改变其他人对自己外在的、结构上的期望，使其与自己的兴趣和目标更一致，从而对角色任务进行重新分析、调整或分配。结构角色再定义可以分为工作角色再定义和家庭角色再定义。工作角色再定义是指与雇主、同事或下属进行沟通，使他们了解到自己所承受的角色冲突的压力，取得他们的支持与帮助，具体做法可以是获得上司的同意调休或提前下班、请求同事帮忙或代劳、向下属授权等。但是，在实际

---

① 王华峰，李生校．工作—家庭冲突的管理及其战略：国外研究述评[J]．工业技术经济，2007，26(12)．

工作环境中，人们或出于满足自尊和自我实现的需要，或出于功利主义的动机，往往希望能够在工作中取得更好的业绩、获得同事和上司的认可和赞赏，因而对于工作角色再定义采取十分谨慎的态度。相对而言，家庭角色再定义在实际应用中的使用频率显著高于工作角色再定义，其对于缓解工作—家庭冲突和生活压力之间的关系的作用也十分明显。家庭角色再定义是指与家庭成员（父母、配偶和子女）沟通，改变他们对自己的期望，获得他们的理解和支持。在实际操作中，可以有多种不同的做法，如夫妻双方在相互理解和支持的前提下，对家务进行重新分工，或聘请保姆帮助照看老人、孩子，料理家务。个体的工作成就不仅能够使其本人获得尊重和自我实现的需要，也能够给家庭成员带来自豪感。从功利主义的观点出发，个体的工作成就通常也能够给他本人及其家人带来更大的报酬。因此，个体能够较容易地实现家庭角色再定义，获得家庭成员的理解和支持。对于双职工家庭，夫妻之间的相互理解和支持能够有效地减轻双方由于角色冲突而导致的工作家庭冲突，促进双方在工作上取得更好的业绩，在家庭生活中更加和睦。

（二）进行个人角色再定义

个人角色再定义（Personal Role Redefinition）是指改变自己对所承担的角色需求的知觉，与结构上的角色再定义不同，其所改变的是对期望的知觉，而不是期望本身。感受到巨大的工作—家庭冲突的个体大多是完美主义者，她们在努力使自己成功地完成每一个角色赋予的责任，试图把每一种角色都做到极致。但是人的时间和精力是有限的，这种完美主义倾向给个体带来巨大的压力。因此，改变对自己角色的期望就显得尤为重要，"不求面面俱到，但求不愧我心"的想法更有利于减轻这种冲突压力下的不良影响。个人角色再定义的实施方法很多，比如，对于自己所扮演的角色按照重要性程度进行排序，优先满足重要的角色需求；对于角色进行明确的分离，尽量避免工作和家庭生活的互相影响与干扰；快速进行角色转换，在需要扮演另一种角色时，迅速抛开对于前一种角色的认知，专心履行新角色的职责和义务。以上方法能够有效地缓解角色冲突带来的压力，从而达到工作家庭平衡的目的。

（三）实施反应性角色行为

反应性角色行为（Reactive Role Behavior）指试图通过角色行为来试图提高角色绩效，从而更好地满足所有的角色需求。这种反应性的角色行为既可能是积极的，也可能是消极的，它不是试图去解决冲突，而是提高自己满足所有角色需求的能力。反应性角色行为对于处于特定时期的个体而言，不失为一种有效的解决工作—家庭冲突的方法。比如，对于孩子尚小的女性而言，选择较轻松的职业或者实行弹性工作制的工作，即可实现工作角色和家庭角色的兼顾，在保证工作绩效的同时，使家庭得到照顾；当孩子逐渐长大、不需要占用太多时间时，再选择更具挑战性的工作，更好地实现自己的价值。

四、构建和谐的人际关系

每天都在跟领导、同事打交道，人际关系处理不好就难以顺利地完成自己的分内之事，从而引发诸多情绪困扰。

因此，职业女性要协调处理好各种人际关系，除了掌握人际关系技巧外，还应该从深层次认知上认识到每个人都是独立的，每个人都有他自己的待人处事的方式，你不能强求他人按照你的理解方式来对待你，他人做出不符合你的期望的行为可能有其他多种多样的原因，并不是对你不满。否则，如果你非要他人按你期望的方式对待你，那么你在人际交往中必然遭受挫折，带来不必要的心理压力。

同时在与领导、同事和客户交往时，要有宽容之心，遇事以大局为重。在工作中人与人之间产生摩擦是不可避免的，对此应表现出宽大包容的胸怀，不斤斤计较个人得失，同时要注意团结那些与自己意见不同甚至相反的同事，这样才有利于工作的开展。

具体来说，和谐人际关系的构建可以从以下几个方面着手：对上司，先尊重后磨合，如要让上司接纳你及你的观点，就应在尊重的氛围里，有礼有节、有分寸地磨合；对同事，多理解慎支持，在与同事发生误解和争执时，要学会换位思考，理解对方的处境；对下属，多帮助细聆听，帮助下属，其实是帮助自己，因为员工们的积极性发挥得愈好，工作就会完成得愈出色，也让你自己获得了更多的尊重，而聆听为准确反馈信息又提供了翔实的依据；另外，接待一些有特殊关系和特殊背景的人员时也要把握一定的距离，既要笑脸相迎，也要敬而远之，不可过分，以免引起误解，使人际关系复杂化。

五、调整自己的需要

很多人压力大是因为追求的太多，他们把大部分的生命用在追求我们文化以及周围的人所鼓励你去追求的物质和荣誉报酬，全然不顾自己的真正需要，人之所以痛苦，在于追求了错误的东西。正像余秋雨先生在心理学书籍《相约星期二》序言中揭示的：每个人真实的需要被掩盖了，"需要"变成了"想要"，而"想要"的内容则来自于左顾右盼后与别人的盲目比赛。明明保证营养就够，但所谓饮食文化把这种实际需要推到了山珍海味、极端豪华的地步；明明只求舒适安居，但装演文化把这种需要异化为宫殿般的奢侈追求……大家都像马拉松比赛一样累得气喘吁吁，劳累和压力远远超过了需要，也超过了享受本身。现代人渐渐被"看重的外在条件"所驱使，被某种标榜、某种身份的外在符号所驱动（如名牌车、名牌服装等），而不是自己真实的需要。佛经说人有五个毒：贪、嗔、痴、慢、疑。佛家的五毒里，"贪"列为第一。

另外，人对某一事物过于"需要"即执着，也会受其困扰，产生压力，就不能获得心灵的自由，就不能自由发挥自身的潜能，处处受其限制。生活中执着的情况主要有：过分依赖某人、太看重某种东西或人或事、太需要某种东西、太想得到某种东西。人不能过于执着，否则会受其困扰，但也不能什么事都不做、什么都不追求，这样生活的也会没有意义。人需要有追求、有事做，但这里的追求是自己喜欢的或能给自己带来价值的，但这里的追求不同于执着，这里的追求不会给自己带来负担，不会带来困扰，反而能使自己生活得更充实、更有意义；追求不但不会限制自己能力的发挥，反而更能激发自身的热情。而执着会限制人的能力发挥。

因此，一个人要从源头上减轻压力，需要重新思考哪些到底是自己真正的需要，哪些只是想要。抓住对自己的人生真正有意义的需要，放弃不符合自己人生追求而被外界诱惑所产生的"想要"，聚焦精力，瞄准重要的价值目标，保持适当动机，轻装上阵。

六、恰当应对性骚扰

（一）工作场所与同事相处

很多女性为了美，容易穿着暴露，这样容易诱发性骚扰。因此，上班正常着装，不穿过于暴露衣服，夏天避免无袖衫和短裙。应避免单独一人在办公桌上睡着。避免夜间单独加班过晚，若实在需要加班，可找朋友陪同。不对男同事尤其是男上司有暧昧接触，否则容易引起他人注意甚至误认为你对他有意思。遇到单位同事故意对自己讲黄色笑话，应不予理睬，最好嗤之以鼻，不屑对待，对方应会自知无趣。

(二)工作场所与领导相处

工作期间，不要随意进领导办公室，如果的确有事向领导汇报或请示，踏入领导办公室时，别随手关门，让办公室大门敞开，别留有性骚扰的机会。

下班后不要随意与领导出去吃饭、喝茶、聊天，当两个男女出现在单独的空间里，如果再加上昏暗的灯光、柔和的音乐，在这种暧昧的环境里，极容易发生性骚扰。

当领导向你"揩油"或有语言上的挑逗时，请你表明自己的立场，以正式的口吻明确拒绝他，让他停止这些言行，千万别随声附和。有时领导故意说一些黄段子，或开一些低俗的笑话，在试探你的心理，如果你对他的黄段子与低俗的笑话感兴趣，他就会想实施下一步的性骚扰。所以，别去接他的茬，领导只会自讨没趣地停止他那低俗的言行。这样就有效避免了事态进一步扩大化。

在领导面前，不要谈及自己的感情与婚姻，尤其不能向领导倾诉老公的种种不是，否则领导以为你在向他暗示，向他暗送秋波。这样，领导接到错误的信号，极容易发生性骚扰。平时应在向你有骚扰举动的领导面前多夸夸自己的老公与孩子，向他表明你的婚姻很幸福，家庭很完美，没有出现裂痕，你别想插足。

同时，在职场上，见领导就称呼他某某领导，带上他的职务，时刻向他提醒您是领导，暗示其注意领导的形象。在单位遇到很好色的领导，应该敬而远之。

(三)社交场合的自我防范意识

女性生活中避免单独和多个或者单个男性出入暧昧场所，如酒吧包厢、KTV包厢、电影院等地。更要避免自己一个女性和一大帮男性相处太久；晚上回家不要单独经过小巷或者无人街道、地下通道，最好不要单独让男性送回家，就算被送回家，也请在楼下就道别，不要引狼入室。如果对方言语或行动不尊重，则可以假装打电话，发短信，以破坏对方兴致。警惕陌生人或者是不熟悉人的食物、饮料、香烟等，以防掺有药品。

第三节　职业女性压力反应的管理

压力管理并非是消灭压力，也没有必要消灭，而是通过疏导不良情绪、缓解压力造成的不良反应，从而避免对身心造成伤害。

一、认知管理

（一）利用积极问题引导认知改变

每个人的思维模式因信念系统的不同而对任何事情都会产生定框作用，输入决定输出。当面对某种压力时，你可以通过提出正确的问题来控制自己看事情的角度。从而决定你的压力是积极的还是消极的。

当你把压力源当成问题看待时，一定会将注意力集中在其负面影响上，那么你将不可避免地遭受负面压力的侵扰。可是当你把压力源视为挑战时，自然就会将注意力从可能带来的负面冲击上移开，而转移到如何解决问题上来。使事情由破坏性的转变为建设性的，由此带来的积极态度将使你跳出压力圈，看到事情中所蕴含的机会，这样，原来的压力反而变成了帮助你达成目标的助手。

（二）树立明确长远的目标，提高自我控制感

女作家丁玲说过：女人，只要有一种信念，有所追求，什么艰苦都能忍受，什么环境也都能适应。遇到困境着眼于长远，向前看是有助于降低焦虑，提高自我控制感的有效方式。控制感（perceived control）是与客观控制（即环境与个人实际具有的控制条件）相对的，是个体对于控制的一种主观的感知、感受或信念。控制感，就是个体所拥有的"一切尽在我把握之中"的主观感受。控制感的获得可以是在工作之外的其他活动中，也可以是工作中的某一个部分。研究表明，当人们相信自己拥有控制的时候，就会体验到一种处于良好状态的感受，可降低个体压抑的体验，缓解压力，帮助人们对付不可逃避的不愉快事件，甚至能使人延长寿命。而当人们失去控制的时候，就会开始体验到诸如焦虑、抑郁、压力等负性情绪。

树立明确长远的目标是提高自我控制感的有效方式。一个人一旦拥有了长远的、清晰的、有意义的目标，就可以使你充实、坦然，不至于为每天的烦心事感到苦恼，从而提高抗压能力，减轻眼前的困难和挫折造成的损害。精神心理学大师弗兰克尔（Viktor Frankl）曾说：有意义的目标，是克服困难与压力的能力之源。

（三）正确对待竞争

竞争是现代社会中人类心理防御机制遭遇到的最大的心理冲击。竞争是一

种普遍的社会心理现象，是互动的双方为了达到某种目的，在社会同一领域里与对方展开的竞赛争胜。竞争既是一次挑战，也可能成为一次机遇。

竞争是普遍现象，无可逃避。回避不必要的竞争，一个人没有必要在任何方面都争出个明堂，避免盲目竞争的前提条件是要做好自我定位。没有清晰的自我定位就容易盲目攀比。定位清晰后，在竞争上要具有"舍得"智慧，与自我定位无关的就"舍"，抓住主要的，不重要的也要"舍"。有时主动退让并不等于怯懦，而是一种聪慧。老子说："知人者智，自知者明；胜人者有力，自胜者强"。

要乐观对待竞争，需要正确理解成功。还有人认为成功就是超过别人。在这种竞争心态下的成功，所获得的幸福感往往是短暂的，长时间会使人变成"成功的奴隶"，为成功所累。而成功不仅仅是你超过别人，一个人真正的成功应该是发挥自己的优势，做最好的自己。这样的成功才会带来发自内心的深层次的满足，带来长久的幸福感。因为，为超越别人所作所为往往不是内心的真正所愿，而是被诱惑的。优势是自己内心所愿、是潜能所在，发挥优势所带来的成功是内心所愿为的成功，因此所带来的成功是伴随在做的过程之中，其结果也是内心所需的，所带来的满足和幸福是长久的。

(四)学会割舍与丢弃

随着人的年龄与阅历增长，会积累很多不愿回首的灾难和创伤，这些都会成为人生前进路上的压力和负担。这需要人们阶段性地进行割舍和丢弃。如果不懂得割舍，灾难和荣耀都有可能成为我们生活中的重负。割舍与丢弃要达到效果，应该似心境上"船过水无痕"的洒脱与看开，不是表面的姿态。

在经济社会飞速发展的今天，甚至有些帮助我们成功的东西也要学会定期割舍与丢弃，不然也会成为前进路上的负担和障碍。因此，割舍与丢弃有两种含义：一种是忘却过去的灾难和创伤；二是用于抹掉曾经的光环和荣耀。

扔掉木筏

一位行者来到了一条宽广的大河岸边，一眼望去，对岸平安无险，而这边危机四伏，于是决定尽快到对岸去。但由于刚下过雨，河流突然暴涨且水流湍急。可是怎么渡过呢？没有船只，只有杂草树木长满岸边。他需要一只木筏才能渡过河去。于是他从附近的森林中拾捡木材，以葡萄藤做绳，开始编扎木筏。这并不是件容易的事。终于他编好木筏，然后乘上它划到了河对岸。

到岸后，行者又想，木筏曾帮了我大忙，何不把它带在身边？从此以后，行者背着这只木筏，走上了遥遥路途。

可见行者的困苦。路途本已艰辛，何况重负在肩！其实世间有多少不懂割舍与丢弃的人们。

其实，人的学习成长分为两种。第一种是传统的"增加型学习"，使你按一定顺序获得信息。一段时间以后这些信息转化为知识。再通过教育及实践，这些知识又进一步发展成为能力和智慧。这一过程就如作画，画家不断地在布上添加颜料，直至最后，一幅美妙的画卷诞生。然而，到了特定的年龄与人生阶段，仍想持续发展，人们就必须采取另一种学习方式，即"削减型学习"。这种学习过程就如雕塑。一段时间以后，你已经累计了相当的知识，形成了各种观点以及态度。但事实上，它们中有一些已经过时，甚至阻碍你前进。这时，就必须像雕塑时一样，将无用的垃圾去除，直至最后，一尊优美雕塑诞生。你必须敞开心胸，客观地审视自我，并在必要的时候放弃自己的成见。否则，你就不可能真正地学习与发展。

(五)学会发现工作中的乐趣

特里萨修女说："没有爱的工作是劳役"。当我们做自己喜欢的工作时，很少感到疲倦。心理学家曾经做过这样一个实验。他把 12 名学生分成两个小组，每组 6 人，让一组的学生从事他们感兴趣的工作，另一组的学生从事他们不感兴趣的工作，没多长时间，从事自己不感兴趣的那组学生就开始出现小动作，再一会儿就抱怨头痛、背痛，而另一组的学生正干的起劲！这说明，人们疲倦往往不是工作本身造成的，而是因为工作的乏味、焦虑和挫折引起的，它消灭了人们对工作的活力和干劲。①

因此，善于发现工作中的乐趣是对抗压力的有效方式。你把工作当作负担，你就要承受压力；你把工作当成乐趣，你就会乐在其中而不知疲倦。洛克菲勒说过：如果你想工作为一种乐趣，人生就是天堂，如果你想工作为一种义务，人生就是地狱。因为你的生活当中，有大部分的时间是和工作联系在一起。不是工作需要人，而是任何一个人都需要工作。约翰·米而顿说过"一切皆由心生，天堂与地狱只不过一念之间。"

马克·吐温在其著作《汤姆·索亚历险记》的第二章写道：汤姆接到了一个

---

① ［美］凯普. 自驱力：工作态度决定一切［M］. 蓓蕾，译. 北京：中国工人出版社，2004：45.

无聊的任务，把波莉姨妈 75 平方米的栅栏刷成白色。这项工作一点都不能让他兴奋，"生活对他来说太乏味了，活着仅是一种负担。"就在汤姆正要灰心绝望的时候，一条"聪明绝伦，妙不可言"的妙计涌上心头。他的朋友本漫步到他面前准备嘲笑他的时候，汤姆做出了很疑惑的表情。他说，把颜料涂到栅栏上不是苦差事，它是一种特权。这活儿看起来很诱人，当本问他能不能亲自刷几下的时候，汤姆拒绝了。直到后来本以自己的苹果作为交换，汤姆才给了他刷栅栏的机会。马克·吐温总结道："所谓'工作'就是一个人被迫要干的事情，至于'玩'就是一个人没有义务要干的事情。"这个故事或许对那些把工作当成负担的人有所启发。积极心理学家奇克森米哈利认为：一旦意识到工作和游戏之间的界限是人为划出的，我们就能大局在握。

二、情绪纾解

(一)积极主动寻求社会支持

在构成人可持续发展总能力的五大系统——生存支持系统、发展支持系统、环境支持系统、社会支持系统、智力支持系统中，社会支持系统处于非常重要的位置，发挥着重要的作用，它直接或间接地影响着人的认知、情绪、情感、意志和心理健康。积极心理学认为：虽然并非任何已有的社会支持都会起作用，但社会支持能对压力所造成的负面影响起到缓冲的作用。在社会支持系统中，人际关系是最好的社会支持，不论什么年龄与文化背景，良好的人际关系都可能是达到生活满意、感情幸福的最重要的根源，良好的人际关系可以带来生命中一切美好的东西。

因此，当职业女性面对心理压力时，要主动并积极挖掘可利用的支持资源，包括上司支持、同事支持、家庭朋友支持及专业人士的支持。在同事支持方面，同事之间相互协调、支持、配合，在工作和生活中互相理解、赏识，将成为职业女性从容面对心理压力，保持心理健康的积极动力；在家庭支持方面，温馨和睦的家庭关系、幸福的家庭生活、相濡以沫的配偶关系是职业女性在心理压力自我管理过程中坚实的支持系统，在亲人的关心和支持下，职业女性在面对压力、面对误解、面对困难时，才能保持冷静，保持清醒，保持身心放松；当职业女性在工作中遭遇重大突发事件，或者遭遇对家庭、事业有重大影响的工作和生活事件之后，应主动寻求心理专业人士缓解因突发事件引发的心理压力，在与专家谈话中，可以帮助自己明确：任何人遭遇重大突发事件后，都会产生紧张、恐惧、焦虑等情绪，这很正常，绝大多数人都有能力自我处理、自我治愈。职业女性相信自己有能力充分调动自己内在的力量积极应对，没有必要过分担心和对自己"症状"的过分关注，充分运用积极心理学干预"淡化问题"原则激励自己尽快从危机带给自己的困扰中解脱出来。

社会支持系统对职业女性具有积极的意义，在寻求支持的过程中，职业女性深深体会自己不是在孤军作战，而是一直有人关心理解，随时有人准备施以援手，这种坚实的社会支持系统必将增强职业女性应对心理压力的力量与信心。

（二）培养积极的情绪，获取主观幸福感

现代脑科学认为，大脑的生物化学变化，是产生行为、情绪和认知方面变化的物质基础；反过来，精神的变化也可以导致大脑的物质基础的变化，人的积极情绪体验能力的获得与其他心理能力的获得一样，是在遗传素质的基础上，通过后天的环境、教育的影响形成的。

积极心理学的研究告诉我们，积极情绪的产生，不在于你的口号，而在于你的思维。你的思维反映了你是如何解释目前的情况的，你从它们当中找到怎样的意义。因此提升你的积极情绪的一个关键途径就是，要在你的日常生活情境中更加频繁地找到积极的意义。积极情绪源自从坏事情中找到好的方面，源自将消极的事物转变为积极的事物。当然，提高积极情绪的另一种策略是从好事情中寻找好的方面，将积极的事物变得更加积极，从而获得主观幸福感。

职业女性在心理压力自我管理的过程中，就是要学会自我调适的方法，始终保持积极的情绪。一要学会身心放松。职业女性于紧张中努力放松是十分重要的，它不仅使自身在处理复杂的事务中头脑保持清醒，还可以使自己的行动变得有条不紊，更有利于工作的进行。在努力放松心理的同时要时刻留意自己的生理机能，以生理机能作为心理评价的准则，学会有意识地控制自身的心理活动，降低机体唤醒水平，增强适应能力。二要寻找适合自身的宣泄方法。在面对压力时，每个人都有自己独特的宣泄方法，职业女性要保持健康的心理，就必须寻找适合自己的宣泄方法，在面对各种心理压力时可以及时有效地宣泄出来，缓解并消除心理压力，忘却心理压力引发的烦恼和忧愁，尽情地去释放自己的不良消极情绪，让愉快的心情重新回归，从而保持身心的舒畅。

积极情绪是可以习得的，职业女性要善于主动去发现和挖掘生活、工作中的乐趣，追求幸福的体验，战胜职业倦怠，迸发出更积极的工作与生活活力，

获得主观幸福感。许多资料均显示：主观幸福感是人们永不枯竭的生活动力。一个"感觉生活幸福的人"，会享受当下所从事的事情，而且通过目前的行为可以获得更加满意的未来。

快乐幸福是人类生命中非常美丽的一部分，职业女性要发展体验快乐幸福的能力，可以是体验宁静的、柔和的、缓缓的愉悦，亦可以体验强烈的、激动的快乐。女性要激励自我积极体验快乐幸福的能力，主动建构学习感悟，合理释放消极情绪，充分发挥积极情绪的拓展功能、建构功能、舒缓功能。

(三)逛商场购物

通过逛商场、购物等过程，女性可以获得精神上的满足，起到愉悦身心、缓解压力、表达情绪的效果。因此，对女性来说，购买的不是商品而是购买过程的快乐，消费的不是金钱而是焦虑。同时，在逛商场购物过程中，也是女性转移注意力，使其从烦心事中抽离，快速调整不良情绪的有效方式。不过，要注意不要对贵重物品做出冲动性购买，不然又会因此造成新的压力。因此，很多女性一遇到压抑就去逛街，很享受只逛街、不购物的轻松感。

为什么不要做冲动型购买，因为心理学大量实验证明：生活压力越大，情绪越低落，越让人难以抵抗诱惑。看完《死神来了》等恐怖片后，人们会不自觉地花上三倍的价钱，买上自己根本不需要的东西。电击实验小白鼠时，它们会疯狂地渴望糖类、酒精、海洛因。有一个心理学实验：实验人员在实验室里，摆满了巧克力蛋糕，每一个被试，都可以自由食用。然后让被试必须回忆自己最惨痛、最失败的一次经历，比如被盗窃、被羞辱、被贬低等，以此先人为制造消极情绪，当他们走出实验室，面对蛋糕，许多人都大肆吞咽。实验人员对比了一下，发现被试此时摄入的蛋糕量远比情绪正常时要多得多。因此，压力大时通过逛商场购物，重在散心这个过程，尽量避免购买贵重物品，不然会带来新的压力。

三、生理调整

(一)丰富自己的精神文化生活

职业倦怠者的人往往缺少了对工作、对组织、对人的热情和兴趣，也失去了人生的目标和动力。为了改善你的生活，需要广泛涉猎各种不同类型的知识、人群和兴趣爱好以重新唤醒对人生的美好追求和生活的渴望。利用升华技巧，把自己的原始需要、欲望投射到其他科学文化领域之中，抛开杂念和烦恼，追求高尚的目标。你可以做到的有很多，例如可以是多参加一些社交活动，因为许多沮丧的人放弃了他们最喜爱的业余活动，这只会让事情弄得更糟，所以，为了扭转你目前的心情心态，不妨每天多参加些社交活动，如朋友联欢会、聚餐或参加一个社团组织、一个沙龙等。也可以通过旅游、回归大自然的怀抱以调适自己的不适心态，因为当你精神压抑时，漫步于田间地头，跋涉于山水之间，看春华秋实，听蝉鸣鸟啼，置身于大自然的怀抱会让你产生许多联想与灵感，悟出很多人生哲理；可以参加和坚持锻炼身体，因为"健康的人格寓于健康的身体"。事实上，有许多职业倦怠者和无数的精神压抑者都是通过激烈的活动(如卡丁车、蹦极、攀岩、冒险竞赛)和体育锻炼(如散步、慢跑、游泳、瑜伽、拳击和骑车等)，出一身汗，压力就烟消云散了，精神就轻松多了，这是因为科学家经过科学实践，证明呼吸性的锻炼，可使人信心倍增，精力充沛，这些活动让人的肌体彻底放松，从而消除了紧张和焦虑的心情。

(二)腹式呼吸

找一个舒适的位置坐好，一只手放在你的胸部，另一只手放在你的腹部。你的目标是用你的腹部呼吸，所以，在你吸气和吐气的时候，只有在你腹部的手才会跟着你的腹部一起动，而在你胸部的手保持静止。同时数你呼吸的次数。

一旦适应了这种呼吸节律后，把你的手平放于你的大腿上，然后继续做绵长有力、有节奏的深呼吸。允许你自己每做一次深呼吸后就感到更加的放松(一次比一次放松)。

把你的注意力集中在呼吸上，并保持住。如果你的思想有一点点开小差，轻轻地把你的注意力带回到你的呼吸上来。慢慢地呼，慢慢地吸，并一次比一次更深。

持续这样呼吸2～5分钟。你的深呼吸要有节奏，你可以每分钟保持5～8次呼吸循环，也可以保持一次呼吸循环8～10秒。

在几分钟后，慢慢地打个呵欠、伸个懒腰，回到意识状态。

(三)放松训练

在一个安静的环境里，使自己静下心来，没有杂念。找张舒适的椅子或者沙发坐好，尽可能地使自己舒适，尽最大可能地让自己放松。松开所有紧身衣物，卸掉有碍放松的物品和鞋、帽子，以便减少感觉刺激。坐好，尽可能地使自己舒适，尽最大可能地让自己放松……

想象在一个风景优美的地方，躺在绿草如茵的小溪边，头上摇曳着鲜花，沁人心脾；耳边溪水潺潺，不时传来欢快的鸟鸣。在这世外桃源的仙境里，舒服极了，心里感到从未有的宁静，一切烦恼焦虑烟消云散。

同时缓慢地、均匀地呼吸。也可默数呼吸的次数，缓慢地呼，缓慢地吸……

逐步放松自己的前额、脸部、下颚、颈部、肩膀、胳膊、肘部、手、胸、腹，最后是双腿。

先使肌肉紧张 5～7 秒，然后放松 15 秒，注意肌肉的感觉。

在一次放松期间要重复 2～3 次，一般总共持续 20～30 分钟。

【本章小结】

压力现在有三种含义：压力是指那些使人感到紧张的事件或环境；压力是一种主观的反应；压力是对需要或伤害侵入的一种生理和行为上的反应。压力具有主观性、评价性和活动性等特点。

过度压力对身体、心理行为都会产生不良影响。长时间的工作压力会导致职业倦怠，它指个体在工作重压下产生的身心疲劳与耗竭的状态。

职业女性的压力来源包括工作来源、家庭来源、社会环境来源、自我来源等。管理好压力并不是要消除压力，因为适度的压力对人是有益的。压力管理可分为两大方面：一是对压力源的管理；二是对压力反应的管理，即情绪、行为及生理等方面的纾解。

【关键术语】

压力；预期的压力；应激三阶段；职业倦怠；压力源；工作家庭冲突；A 型性格；B 型性格；C 型性格；坚韧型性格；压力管理；控制感

【思考题】

1. 压力对人体有何影响与危害？
2. 说明职业女性的压力来源。
3. 职业女性如何管理压力源？
4. 职业女性如何管理压力反应？

参考文献

[1][美]Margaret W. Martin. 女性心理学 [M]. 赵蕾，吴文安，译. 北京：中国人民大学出版社，2010.

[2][美]Claire A. Etaugh & Judith S. Bridges. 女性心理学 [M]. 苏彦捷等，译. 北京：北京大学出版社，2003.

[3]罗慧兰. 女性心理学[M]. 长沙：湖南大学出版社，2014.

[4]程玮，周蓝岚. 女性心理学概论[M]. 北京：科学出版社，2015.

[5]钱铭怡，苏彦捷，李宏. 女性心理与性别差异[M]. 北京：北京大学出版社，1995.

[6][美]Mary Crawford & Rhoda Unger. 妇女与性别[M]. 许敏敏，等译. 北京：中华书局，2009.

[7][美]Vicki S. Hegeson. 性别心理学 [M]. 北京：世界图书出版公司，2005.

[8][美]Rowlan S. Miller & Daniel Perlman. 亲密关系 [M]. 王伟平，译. 北京：人民邮电出版社，2011.

[9][美]David Knox & Caroline Schacht. 情爱关系中的选择：婚姻家庭社会学入门[M]. 金梓，等译. 北京：北京大学出版社，2009.

[10][法]西蒙娜·德·波伏瓦. 第二性[M]. 郑克鲁，译. 上海：上海译文出版社，2011.

[11][美]吉利根. 不同的声音：心理学理论与妇女发展[M]. 肖巍，译. 北京：中央编译出版社，1999.

[12][美]霍妮. 女性心理学：爱和性的研究[M]. 许科，王怀勇，译. 上海：上海文艺出版社，2009.

[13][美]戴维·巴斯. 欲望的演化（人类的择偶策略）[M]. 谭黎，王叶，译. 北京：中国人民大学出版社，2011.

[14][美]朱迪斯·巴特勒. 性别麻烦：女性主义与身份的颠覆[M]. 宋素

凤，译．上海：上海三联书店，2009.

[15][奥地利]奥托·魏宁格．性与性格[M]．肖聿，译．南京：译林出版社，2011.

[16][美]季家珍．历史宝筏：过去、西方与中国妇女问题[M]．杨可，译．南京：江苏人民出版社，2011.

[17][美]奥利维雅·贾德森．性别战争[M]．杜然，译．太原：山西人民出版社，2010.

[18][英]德斯蒙德·莫利斯．亲密行为[M]．何道宽，译．上海：复旦大学出版社，2010.

[19][美]艾伦·米勒，金泽哲．生猛的进化心理学[M]．吴婷婷，译．沈阳：万卷出版公司，2010.

[20][英]迪兰．伊文斯．进化心理学[M]．合肥：安徽文艺出版社，2009.

[21][英]Robin Dunbar．进化心理学[M]．北京：中国轻工业出版社，2011.

[22][美]罗伊·F.鲍迈斯特．部落动物[M]．刘聪慧，刘洁，译．北京：机械工业出版社，2014.

[23][美]戴维·巴斯．进化心理学[M]．上海：华东师范大学出版社，2007.

[24][美]丹尼尔·戈尔曼．情商[M]．杨春晓，译．北京：中信出版社，2011.

[25]方刚．性别心理学[M]．合肥：安徽教育出版社，2010.

[26][美]Seligman, M.F.学习乐观(第2版)[M]．洪兰，译．北京：新华出版社，2002.

[27]朱新秤．进化心理学[M]上海：上海教育出版社，2006.

[28]董奇，陶沙等．脑与行为[M]．北京：北京师范大学出版社，2001.

[29][德]海灵格．谁在我家：海灵格家庭系统排列[M]．北京：世界图书出版公司，2003.

[30][美]戴维·迈尔斯等．心理学(第7版)[M]．黄希庭，等译．北京：人民邮电出版社，2006.

[31][美]乔纳森·布朗．自我[M]．陈浩鹰，等译．北京：人民邮电出版社，2004.

[32][美]约翰·梅迪纳. 让大脑自由[M]. 杨光，冯立岩，译. 杭州：浙江人民出版社，2015.

[33]林崇德. 发展心理学[M]. 杭州：浙江教育出版社，2002.

[34][美]弗罗姆. 爱的艺术[M]. 北京：华夏出版社，1987.

[35][美]莎伦·布雷姆，罗兰·米勒，丹尼尔·珀尔曼，苏珊·坎贝尔. 亲密关系(第5版)[M]. 郭辉，肖斌，译. 北京：人民邮电出版社，2011.

[36][美]凯普. 自驱力[M]. 北京：中国工人出版社，2004.

[37][美]马库斯·白金汉. 现在，发现你的优势[M]. 北京：中国青年出版社，2007.

[38][美]马库斯·白金汉. 现在，发现你的职业优势[M]. 北京：中国青年出版社，2013.

[39][美]约翰·H. 曾格等. 卓越的秘密[M]. 赵实，译. 北京：电子工业出版社，2014.

[40][美]约翰·格雷. 男人来自火星，女人来自金星[M]. 北京：中央编译出版社，2000.

[41]陈建国，沈福民. 味觉的生理学研究进展[J]. 生理科学进展，1998，29(2).

[42]蒋莱. 女性领导力研究综述[J]. 中华女子学院学报，2011(4).

[43]许一. 女性领导理论述评[J]. 当代经济管理，2007(8).

[44]汪丽艳. 女性领导如何提高决策能力[J]. 领导科学，2010(4).

[45]郭小艳，王振宏. 积极情绪的概念、功能与意义[J]. 心理科学进展，2007，15(5).

[46]王艳梅，汪海龙，刘颖红. 积极情绪的性质和功能[J]. 首都师范大学学报(社会科学版)，2006(1).

[47]黎明，盆盆，尘尘编译. 花心总是难免的？——科学家称基因决定伴侣是否忠诚[J]. 科技信息，2002(9).

[48]彭贤，马素红，李秀明. 大学生认知风格的性别差异[J]. 中国健康心理学杂志，2006，14(3).

[49]商卫星. 适应的心灵——进化心理学适应理论研究[D]. 上海：华东师范大学硕士学位论文，2007.

[50]李涛. 婚姻承诺的心理学研究[D]. 上海：华东师范大学硕士学位论

文，2006.

[51]宋洁云，冯俊扬. 经济危机时代该让女性掌舵[N]新华网. 2009-03-08.

[52]Bem. S. L. Genders chema theory：A cognitive account of sex typing[J]. Psychological Review，1981，4(88).

[53]Fredrickson B L，Branigan. C. Positive emotion. In：T J Mayne. G A Bonnano（Eds.)，Emotions：current issues and future directions[M]. NY：The Guilford Press，2001.